W0268808

ANKÜNDIGUNG.

In dem vorliegenden neunten Heft der „Wissenschaft" hat
es der durch seine Forschungen auf diesem Spezialgebiete bekannte
Verfasser unternommen, eine übersichtliche, möglichst knapp ge-
haltene Zusammenstellung unserer wichtigsten Kenntnisse über
„Tierische Gifte" zu geben. Der Inhalt des Bändchens dürfte
in gleichem Maße sowohl für den Zoologen, den Physiologen, den
Pharmakologen und den Pathologen von Fach, als auch für den
praktischen Arzt und den Kliniker, und schließlich für naturwissenschaftlich gebildete Kreise im allgemeinen von Interesse sein.
Gewisse Kapitel beanspruchen auch ein nicht geringes praktisches
Interesse und die Kenntnis der in diesen angeführten Tatsachen ist wichtig für Schiffsärzte, Reisende und Behörden, denen
die Überwachung der sanitären Verhältnisse in bestimmten Gegenden (Tropenhygiene) obliegt. Wissenschaftlich interessierten
Kreisen ist durch die Quellenangaben die Möglichkeit geboten, sich in der Fachliteratur eingehend zu unterrichten.

Braunschweig, im Dezember 1905.

Friedrich Vieweg und Sohn.

EX   LIBRIS
DII LABORIBUS OMNIA VENDUNT
FREUD
EHRLICH
MAIMONIDES
HUGO
ZOLA
SHAKESPEARE
JACOB ROSENBLOOM, B.S. MD. Ph.D.

DIE WISSENSCHAFT

SAMMLUNG

NATURWISSENSCHAFTLICHER UND MATHEMATISCHER

MONOGRAPHIEN

NEUNTES HEFT

DIE TIERISCHEN GIFTE

VON

EDWIN STANTON FAUST

DR. PHIL. ET MED.

PRIVATDOZENT DER PHARMAKOLOGIE AN DER
UNIVERSITÄT STRASSBURG

Springer Fachmedien Wiesbaden GmbH
1906

DIE

TIERISCHEN GIFTE

VON

EDWIN STANTON FAUST

DR. PHIL. ET MED.

PRIVATDOZENT DER PHARMAKOLOGIE AN DER
UNIVERSITÄT STRASSBURG

Springer Fachmedien Wiesbaden GmbH

1906

ISBN 978-3-663-19878-9   ISBN 978-3-663-20218-9 (eBook)
ISBN 10.1007/978-3-663-20218-9

SEINEM HOCHVEREHRTEN LEHRER

OSWALD SCHMIEDEBERG

GEWIDMET VOM

VERFASSER

VORWORT.

Der Titel des vorliegenden Bändchens „Tierische Gifte"
war bestimmend für dessen Inhalt und die Art der Behandlung des Stoffes, welche vom pharmakologisch-toxi-
kologischen Standpunkte aus geschah.

Demnach mußten zoologische und anatomische Angaben
und Details, insbesondere die genauere Beschreibung der
die Giftstoffe liefernden Tiere und der Giftapparate auf
ein Mindestmaß beschränkt werden, falls nicht der Titel
„Über giftige Tiere" der bezeichnendere sein sollte. Aus
diesem Grunde habe ich zunächst auch auf die Wiedergabe
von Abbildungen verzichtet, welche besonders bei den hier
sehr knapp gehaltenen Beschreibungen der betreffenden Tiere
und ihrer Giftapparate, das Verständnis der anatomischen
Verhältnisse wesentlich erleichtern würden.

Der dem Zwecke des Bändchens und dem Wunsche des
Verlegers entsprechende begrenzte Umfang desselben gestattet nur einen Überblick dieses Spezialgebietes; doch
wird eine rasche und eingehendere Orientierung an der
Hand der reichlich zitierten Literatur wohl keinen Schwierigkeiten begegnen. Eine auch nur annähernd vollständige
Zusammenstellung der Literatur gewisser Kapitel, so z. B.

desjenigen über Schlangen und Schlangengifte, würde allein den Umfang des vorliegenden Bändchens um ein Vielfaches überschreiten. Diesem Umstande ist bei der Benutzung und der Beurteilung dieser Zusammenstellung Rechnung zu tragen.

Straßburg i. E., im Dezember 1905.

E. S. Faust.

INHALTSVERZEICHNIS.

Wirbellose Tiere, Avertebrata.

Einleitung.

Eine Zusammenstellung unserer wichtigsten Kenntnisse über tierische Gifte entspringt dem Bedürfnisse, einerseits den wissenschaftlich interessierten Kreisen eine Übersicht über das in den verschiedensten Zeitschriften, Lehr- und Handbüchern der Pharmakologie, Toxikologie, Zoologie, Physiologie, Pathologie usw. zerstreute literarische Material zu gewähren und andererseits den naturwissenschaftlich Gebildeten in den Stand zu setzen, sich über dieses auch praktisch wichtige Gebiet zu orientieren, und dann seinerseits diese Kenntnisse zur Abwehr gegen Schädigung durch giftige Tiere weiter zu verbreiten.

Auf keinem Gebiete der Medizin herrscht ein derartiges Durcheinander von Wahrheit und Dichtung, Sage und Aberglaube, vermischt mit mehr oder weniger sicher festgestellten Tatsachen, als in diesem bisher so wenig bearbeiteten Teile der Toxikologie.

Die wissenschaftliche Erforschung der tierischen Gifte ist noch sehr im Rückstande. Ein Hauptgrund dafür ist in dem Umstande zu suchen, daß die Beschaffung des für solche Untersuchungen erforderlichen, ausreichenden Materiales in den meisten Fällen mit großen Schwierigkeiten und Unkosten verbunden ist; manchmal ist das Sammeln der tierischen Gifte geradezu lebensgefährlich.

Während die Gifte pflanzlichen Ursprungs aus leicht zu beschaffendem frischem oder trockenem Material bestehen und erhältlich sind, und letzteres, ohne Gefahr Veränderungen zu erleiden, im allgemeinen lange Transporte aus den entferntesten Ländern verträgt, kommt es bei Untersuchungen über tierische Gifte darauf an, die giftigen Produkte dem noch lebenden oder mindestens erst vor sehr kurzer Zeit getöteten Tiere zu entnehmen und sie in möglichst frischem Zustande zu untersuchen. Die Nichtbeachtung dieser Vorsichtsmaßregel kann leicht zu groben Irrtümern führen, weil nach dem Tode bald Zersetzung der Gewebsbestandteile eintritt, sei es unter dem Einflusse von autolytischen Fermenten oder von Bakterien und anderen Mikroorganismen, welche die tierischen Gifte zerstören oder selbst Gifte bilden. Die Wirkungen der letzteren können dann die des gesuchten, im lebenden Tiere vorhandenen Giftes wesentlich beeinflussen, in manchen Fällen vielleicht sogar ganz verdecken.

Es besteht demnach die Forderung, das lebende Material an Ort und Stelle der auszuführenden Untersuchung zu verarbeiten, soweit es sich um das Verarbeiten von ganzen Tieren handelt, oder mindestens dem lebenden Tiere die Giftsubstanz zu entnehmen, falls sie sich in einem bestimmten Sekret oder Organ findet. Diese Forderungen sind bei einheimischen Tieren relativ leicht zu erfüllen. Bei den aus entfernten Gegenden stammenden und unter anderen klimatischen Verhältnissen lebenden Tieren bereiten sie dem Experimentator jedoch häufig fast unüberwindliche Schwierigkeiten. Es gelingt beispielsweise nicht, die in tropischen Ländern, speziell in Indien, einheimischen Giftschlangen zwecks regelmäßiger Entnahme und Sammeln ihres Giftes im nördlichen Europa längere Zeit in Gefangenschaft lebend zu erhalten. Die Tiere verweigern hartnäckig die Nahrungsaufnahme, müssen künstlich gefüttert werden und gehen auch dann bald zugrunde. Die Giftsekretion pflegt mehr und mehr abzunehmen, die Wirksamkeit des Giftes außerdem geringer zu werden.

Die Kenntnis der tierischen Gifte und der dieselben produzierenden Tiere ist aus mancherlei Gründen wichtig. Abgesehen von den Forderungen der reinen Wissenschaft, deren Motto und Leitmotiv ja stets das „*veritas pro causa veritatis*" sein muß, bieten die Ergebnisse derartiger Untersuchungen eine vielversprechende Aussicht, Einblicke in den Chemismus des intermediären Stoffwechsels der Tiere zu gewinnen und somit den Forschungen auf dem Gebiete der vergleichenden chemischen Physiologie fördernd zur Seite zu stehen. Das tiefere Verständnis des Zusammenhanges der Erscheinungen wird den Eifer der Forscher anspornen und verstärken. Es kann keinem Zweifel unterliegen, daß die uns als pharmakologisch wirksam bekannten Stoffe, sowohl tierischen als auch pflanzlichen Ursprungs, den im lebenden Organismus sich abspielenden chemischen Vorgängen, welche wir in ihrer Gesamtheit kurzweg als Stoffwechsel bezeichnen, ihre Entstehung verdanken, und ihr Vorhandensein im Organismus nicht etwa von einer zufälligen oder gewohnheitsmäßigen Aufnahme präformierten Giftes abhängt.

Hierbei ist es gleichgültig, ob, wie in dem Organismus der chlorophyllhaltigen Pflanze, diese Stoffwechselprodukte in synthetischem Sinne, d. h. aus einfachen zu komplizierteren und hochmolekularen Verbindungen sich aufbauen, oder ob, wie im tierischen Organismus, eine im allgemeinen abbauende Richtung dieser Produkte, von komplizierten zu einfachen Verbindungen, innegehalten wird. In beiden Fällen können, wie leicht ersichtlich und den Tatsachen entsprechend, Stoffe entstehen, welche wir, falls ihnen besondere pharmakologische Eigenschaften zukommen, als Gifte bezeichnen.

Steht somit die Erforschung der Natur der tierischen Gifte in naher Beziehung zu den biologischen Wissenschaften im allgemeinen fest, so ergibt sich von selbst, daß auf diesem Gebiete gesammelte Kenntnisse auch den angewandten biologischen Wissenschaften, speziell der Medizin, praktischen Nutzen bringen können, wie das auf jedem wissenschaftlichen Gebiete erfahrungsgemäß früher oder später der Fall zu sein pflegt. Ist die Wissenschaft zunächst auch nur Selbstzweck, geht sie ihre eigenen Wege ohne Rücksicht auf praktische Anwendung der gewonnenen Ergebnisse und Resultate, so ergeben sich doch aus letzteren mancherlei Gesichtspunkte, für die Behandlung von praktischen Fragen des täglichen Lebens. Insbesondere hat die praktische Medizin von der Erforschung der tierischen Gifte vielleicht mancherlei Fortschritte und Vorteile zu erwarten, wie ja auch bisher das eifrigst betriebene Studium der Pflanzengifte eine große Anzahl von wichtigen Arznei- und Heilmitteln zutage gefördert hat. Wir verdanken der Forschung auf diesem Gebiete ein in neuerer Zeit in der Medizin, speziell in der chirurgischen Praxis bereits vielfach angewendetes tierisches Gift, das Adrenalin.

Abgesehen von einer möglichen Erweiterung und Vervollkommnung unseres Arzneischatzes ist aber auch die Kenntnis der tierischen Gifte und der giftigen Tiere für den praktischen Arzt von Bedeutung, insofern er den vergifteten Patienten behandeln soll, hierzu aber die Kenntnis der Wirkungsweise des betreffenden

Giftes unerläßlich ist und das Erkennen des Tieres, das die Vergiftung verursacht hat, höchst wünschenswert erscheinen muß.

Eine wissenschaftlich begründete Therapie fordert aber als erstes die genaue Kenntnis der Eigenschaften eines Giftes sowohl in chemischer als auch in pharmakologischer Beziehung.

Aus dieser Forderung ergibt sich dann die Notwendigkeit, ein gegebenes, giftiges, tierisches Produkt, welches in den meisten Fällen in Form eines Sekretes, d. h. eines Gemisches verschiedenartiger, wirksamer und unwirksamer Stoffe, vorliegt, chemisch zu zerlegen, giftige von ungiftigen Bestandteilen zu trennen und die giftigen Bestandteile rein darzustellen und genau chemisch und pharmakologisch zu charakterisieren. Ist dies geschehen, so wird sich voraussichtlich aus der Kenntnis der Natur des Körpers, welcher der Träger der Giftwirkung ist, eine wissenschaftlich begründete, rationelle Therapie ergeben.

Es fragt sich nun, was wir unter dem Begriffe „tierisches Gift" zu verstehen haben. Es ergibt sich da zunächst dieselbe Schwierigkeit, welcher wir bei der Definition des Wortes „Gift" im allgemeinen begegnen. Denn jedes der im tierischen Organismus vorkommenden Stoffwechselprodukte kann, wenn es in genügend großen Mengen dem Körper einverleibt wird, deletäre Wirkungen bedingen und hervorrufen, ebenso wie dies bei der Einverleibung großer Mengen der für gewöhnlich ganz ungiftigen Substanzen (z. B. Chlornatrium, Kochsalz) der Fall ist.

Halten wir daran fest, daß das Charakteristikum eines Giftes darin zu suchen ist, daß es auf chemische oder physikalisch-chemische Art seine schädliche Wirkung hervorbringt, und berücksichtigen wir, daß die Giftigkeit einer Substanz lediglich von quantitativen Verhältnissen abhängig ist, d. h., daß es auf die einverleibten Mengen der betreffenden Substanz ankommt, so können wir bei den Giften tierischen Ursprungs ebensowenig wie in der Toxikologie im allgemeinen eine für alle Fälle gültige und feststehende Definition geben. Der Sachverständige muß in jedem einzelnen Falle entscheiden, ob eine Substanz als Gift zu bezeichnen ist oder nicht.

So ist z. B. der nach der Transfusion des Blutes von einer Tierart in die Gefäße einer anderen Tierart häufig eintretende Tod nicht unbedingt als die Folge einer Vergiftung, d. h. einer durch chemische Einflüsse bedingten Störung zu betrachten; die Todesursache ist bei derartigen Versuchen in bestimmten Fällen in der Verlegung oder Verstopfung der Kapillargefäße infolge der Größe der fremden Blutkörperchen, also in rein mechanischen Vorgängen und Ursachen zu erblicken, obwohl ein fremdes Serum oder gewisse Bestandteile desselben auch bestimmte Wirkungen hervorrufen können[1]).

Nicht weniger schwierig ist es zu entscheiden, ob ein bestimmtes Tier als „giftig" oder „ungiftig" zu bezeichnen ist. Als bewegliches und selbständig handelndes Individuum kann ein mit einem Giftapparate ausgestattetes Tier sich willkürlich dieses Apparates zum Schaden seines Gegners oder Angreifers bedienen. In diesem Falle ist das Tier ohne Zweifel als „giftig" zu bezeichnen. Allein wir kennen andererseits eine nicht geringe Anzahl von Tieren, welche giftige Stoffwechselprodukte enthalten, jedoch nicht imstande sind, diese Giftkörper einem anderen Tiere willkürlich beizubringen. Derartige Verhältnisse finden wir z. B. bei unserer gewöhnlichen Kröte, welche in ihrem Hautdrüsensekret giftige Substanzen produziert, aber aktiv von letzteren keinen Gebrauch machen kann, sondern durch das Gift vor dem Gefressenwerden geschützt wird. Gewisse Schlangen, welche keine Giftzähne besitzen, produzieren ebenfalls in bestimmten Drüsen ein giftiges Sekret, dessen wirksame Bestandteile auch in ihrem Blute enthalten sind (vgl. S. 33).

Es empfiehlt sich daher, zu unterscheiden zwischen **aktiv** und **passiv** giftigen Tieren. Als Typus der ersteren Gifttiere sind die „Giftschlangen" (im populären Sinne) anzusprechen, welche ihren Giftapparat willkürlich in Funktion treten lassen können. Passiv giftig wären in diesem Sinne z. B. die Canthariden und alle Giftpflanzen. Als p a s s i v giftig kann man sogar den M e n s c h e n betrachten, da er in seinem Organismus sicherlich wenigstens eine Substanz, das in den Nebennieren enthaltene A d r e n a l i n, besitzt, welches in minimalen Dosen heftige Vergiftungserscheinungen hervorrufen kann.

In einer Zusammenstellung der Gifte tierischen Ursprungs müssen demnach nicht nur diejenigen Giftstoffe, welche von Tieren, die mit einem Apparate zum Einverleiben des Giftes versehen sind, berücksichtigt werden, sondern auch solche giftige Stoffe tierischer Herkunft, die von Tieren stammen, welche eines derartigen Apparates ermangeln.

---

[1]) Vgl. hierzu P. Nolf, Physiol. Zentralblatt **18** [26], 850 (1905).

Zu den tierischen Giften gehören demnach alle pharmakologisch wirksamen Stoffe, die von Tieren direkt, d. h. physiologischerweise, produziert werden, nicht aber solche, welche durch Bakterien und andere Mikroorganismen im Tierkörper entstehen oder, von letzteren produziert, in fertigem Zustande von außen aufgenommen werden.

Metzger und Gerber z. B. sind infolge ihrer Beschäftigung mit animalischen Materialien der Infektion mit Milzbrandbazillen oder einer Schädigung durch das fertige Milzbrandgift, Tierärzte, Kutscher und Kavalleristen dem Rotzgifte ausgesetzt, doch sind Milzbrand-, Rotz- und auch Wutgift keine tierischen Gifte, weil sie im Organismus nicht unter physiologischen Bedingungen, sondern erst nach dem Eindringen der spezifischen, die Bildung dieser Gifte im Organismus verursachenden Mikroorganismen als Produkte ihrer Lebenstätigkeit entstehen. Milzbrand, Rotz und die Wutkrankheit sind also keine Vergiftungen, sondern Infektionskrankheiten, welche unter dem Namen „Zoonosen" zusammengefaßt werden und für sich besprochen werden müssen.

Von Zeit zu Zeit ereignen sich Vergiftungen mit tierischen Stoffen infolge des Genusses tierischer Speisen, welche zuweilen giftige Eigenschaften besitzen oder unter Umständen annehmen können. (Vgl. weiter unten Fische, Muscheln.) Doch ist hierbei zu berücksichtigen, daß Unmäßigkeit oder Indigestion dabei eine ursächliche Rolle spielen können, z. B. bei dem Genusse von Austern, Krabben, sowie ferner Idiosynkrasien, z. B. gegen Muscheln, Krebse, Aale, Honig usw.

Die giftigen Zersetzungsprodukte toten, tierischen Materials gehören ebensowenig wie die unter dem Einflusse von Mikroorganismen im lebenden Organismus gebildeten giftigen Stoffe zu den tierischen Giften. Auch hier handelt es sich nicht um physiologischerweise im Organismus gebildete giftige Stoffwechselprodukte.

Historisches über Tiergifte. Aberglauben. Entwickelung unserer Kenntnisse über dieselben.

Die Entwickelung unserer Kentnisse über tierische Gifte ist auf das engste verknüpft mit der Geschichte der medizinischen Wissenschaften im allgemeinen. Wie von Anbeginn die Gegensätze der empirischen und der theurgischen Medizin sich ineinander verschlangen, ebenso wie Zauber, Gegenzauber und Mystizismus die Hauptrolle in der Therapie spielten, so finden wir die Ansichten und Auffassungen über die Ätiologie der Krankheiten, insbesondere der akuten Infektionskrankheiten, häufig zurückgeführt auf phantastische oder wirkliche Tiere, die als auf Erden sich geltend machende Mittel der Wirksamkeit höherer Mächte betrachtet wurden. Bei den Ägyptern galten beispielsweise Schlange und Wurm als Symbol der Krankheit im allgemeinen, und noch in neuerer Zeit wurde die Ursache der Lyssa in einem unter der Zunge befindlichen Wurme erblickt, der Tarantismus auf die bekannte giftige Spinne, die Variola auf den Stich eines Insektes zurückgeführt[1]). In südlichen, besonders in orientalischen Ländern, wo zahlreiche Tierarten den Menschen bedrängen und bedrohen, bot die Natur reichen Stoff zu derartigen Ideenassoziationen, welche als Vorläufer der „*Pathologia animata*" angesehen und aufgefaßt werden können. Verschiedene Tiere sollten nicht allein durch ihren Biß, sondern auch durch einfache Berührung, durch den Blick, durch ihre Exhalationen usw. töten. Besonders exzellierte in derartigen Angaben und Beschreibungen Ambroise Paré in seinem Werke „De venins et morsure des chiens enragez et autres morsures et piqueurs des bestes veneneuses" (Paris 1582); es finden sich bei demselben Abbildungen der sonderbarsten Art, z. B. eines gekrönten Basilisken, einer Art von Eidechse, welche nach seiner Angabe „der König sämtlicher Schlangen sein soll und dessen Kopf mit einem Diamanten geziert war". Der Atem sollte nicht allein für Menschen und Tiere, sondern auch für Pflanzen tödlich sein. So erzählt auch schon Nikander[2]) (Theriaka, Vers 805 bis 836) vom Stechrochen *(Trygon Pastinaca Cuv.)*, daß er mit seinem Stachel schmerzhafte Wunden verursachen kann, und „wenn er diesen in einen Baumstamm einbohrt, so sterben, und mag derselbe auch noch so kraftvoll grünen und blühen, dessen Wurzeln und Blätter ab, als hätte ihn die Sonne mit ihren Strahlen verdorrt. Beim Menschen aber fault das Muskelfleisch und siecht

---

[1]) Vgl. hierzu: M. Neuburger, Die Vorgeschichte der antitoxischen Therapie der akuten Infektionskrankheiten (Vortrag). Daselbst Literatur. Stuttgart, F. Enke (1901).

[2]) Übersetzung von M. Brenning, Allgem. med. Zentralzeitung 1904, Nr. 6, 7, 17 u. ff.

dahin. Es geht die Sage, daß einst Odysseus durch den unseligen Stachel des Rochens getroffen wurde und so zugrunde ging".

Ein tierisches Gift des Altertums, das Stierblut[1]), wird nicht nur bei den altgriechischen Schriftstellern (Plutarch — in Flaminio, T. 2, p. 426. Ed. Bryani; Nikander, Alexipharmaca, Vers 312—334) als giftig bezeichnet, sondern auch schon in der Sanskritliteratur als Gift angedeutet und wurde wahrscheinlich im alten Athen wie bei dem Volke der indischen Veden sowohl zum Selbstmorde als auch zu Gottesurteilen und selbst zur Vollziehung der Todesstrafe verwendet. Nach der Erzählung des Herodot (III, 15) mußte der ägyptische König Psammenit nach seiner Besiegung durch den Perserkönig Cambyses Stierblut trinken und „starb auf der Stelle".

Plutarch läßt den Feldherrn Themistokles sich mit Ochsenblut vergiften.

Ähnliche phantasievolle Angaben und Berichte über angebliche tierische Gifte finden sich außer bei den schon genannten Autoren auch bei Dioscorides, Plinius, Celsus, Mercurialis, Rhazes und anderen. Derartige Angaben von allgemeinem und historischem Interesse sollen in den einzelnen Abschnitten dieser Abhandlung bei den verschiedenen Tieren soweit wie tunlich erwähnt und berücksichtigt werden.

Die praktische Bedeutung der tierischen Gifte für die sie produzierenden Tiere ist wohl zweifellos in den meisten Fällen in einem durch dieselben den Produzenten gegebenen Schutzmittel zu suchen, doch darf bei dieser Auffassung nicht vergessen werden, daß es sich hier um Stoffwechselprodukte handelt, deren Anhäufung im Organismus wahrscheinlich nachteilig sein würde und welche daher aus dem Organismus entfernt werden sollen. Die tierischen Gifte können ferner von großer Bedeutung und von Nutzen bei dem Erlangen der Beute sein (z. B. bei Spinnen und Schlangen) und scheinen in manchen Fällen auch eine Rolle bei der Verdauung zu spielen, worauf

---

[1]) Literatur bei K. F. H. Marx: Die Lehre von den Giften. Göttingen 1827. Vgl. auch hierzu F. v. Oefele, Maskierte Kantharidinvergiftungen im Altertume, Pharmaceutische Post 31, Nr. 30, 1898, und Derselbe, Die Vergiftung durch Stierblut bei den Alten, ebenda 32, Nr. 6, 1899.

die Anwesenheit eines proteolytischen Enzymes im Giftsekret der
Schlangen hinweist. Die Entstehung giftiger Stoffwechselprodukte
oder die häufig beobachtete Steigerung der Produktion der letzteren
zur Zeit der Begattung scheint darauf hinzudeuten, daß es sich
auch um normale physiologische Vorgänge handeln kann, ohne daß
mit diesen irgend ein praktischer Zweck der Außenwelt gegenüber
verbunden wäre; doch ist andererseits zu berücksichtigen, daß
vielleicht gerade zur Zeit des Reproduktionsgeschäftes die Tiere
eines besonders wirksamen Schutzes zwecks Erhaltung der Art
bedürfen.

Die praktische Bedeutung der tierischen Gifte für
den Menschen besteht in den durch diese Substanzen verursachten
Vergiftungen und in der **therapeutischen Verwendung** derselben.

Unter den Veranlassungen zu Vergiftungen mit tierischen
Giften spielt der **Giftmord** nur eine untergeordnete Rolle.
Es existieren darüber nur wenige ältere, recht unsichere Angaben.
Eine der wenigen, mindestens der Quelle nach glaubwürdigen,
hierher gehörigen Angaben ist die von R. Schomburgk[1]) ge-
machte, daß bei einigen südamerikanischen, wilden Volksstämmen
Mord an Feinden in der Weise geübt werde, daß man diese im
Schlafe überfalle und ihnen einen Giftzahn einer dort einheimischen
Schlange in oder durch die Zunge bohre.

In der „Affaire Poirier“ (vgl. unter Kanthariden) handelte es
sich um einen Mordversuch mit Kantharidenpflaster.

Ebenso finden sich in der Literatur nur wenige Fälle von
Selbstmord durch tierische Gifte verzeichnet. Unter diesen ist
am besten bekannt der Tod der Kleopatra, infolge des Bisses
einer Giftschlange, wahrscheinlich der Naja Haje. Ein Fall von
Selbstmord durch Kantharidenpulver ereignete sich 1844 in Frankreich[2]), wo ein vierzigjähriger Paralytiker nach Einnahme von
8 g dieser Substanz in 25 Stunden starb.

Die Verwendung tierischer Gifte für die **Hinrichtung von**
Verbrechern soll nach der Angabe Galens bei den alten
Ägyptern üblich gewesen sein. Diese sollen zu genanntem Zwecke

---

[1]) Reisen in Britisch-Guayana in den Jahren 1840 bis 1844. Leipzig,
J. J. Weber, 1847 und 1848.

[2]) A. Tardieu: Étude médico-légale et clinique sur l'empoisonnement, p. 1060. Paris 1867.

sich derselben Schlange, der Naja Haje, bedient haben, durch welche Kleopatra sich den Tod gab. Auch später soll diese Art der Hinrichtung noch in der Türkei üblich gewesen sein.

Neben den von wilden Völkern noch vielfach zur Bereitung von **Pfeilgiften** verwendeten Pflanzengiften sollen auch Gifte tierischer Provenienz gewissen Stämmen zu diesem Zwecke dienen; manche afrikanischen Pfeilgifte enthalten angeblich (vgl. S. 46) Schlangengifte. Die südamerikanischen Chocoindianer sollen zum gleichen Zwecke das Gift von *Phyllobates melanorhinus Berth.*, einer Krötenart, verwenden. Ovid erzählt (Metam. IX, 158), daß die Pfeile des Herkules mit dem Gifte der Lernaïschen Schlange getränkt waren. Daran anknüpfend äußert sich Aelianus (Hist. animal. V, 16) über den Brauch der Vergiftung von Pfeilen dahin, daß der Mensch die Verwendung von Giftwaffen wohl von den Bienen gelernt habe.

Medizinale Vergiftungen durch tierische Gifte sind äußerst selten, weil in der Medizin seit geraumer Zeit nur ein hierher gehörender Stoff, das Kantharidin, Verwendung findet. Doch sind auch Fälle von Mißbrauch der Kanthariden und des Kantharidins bekannt, sowie auch solche, wo es sich um Verwechselungen dieser Präparate mit anderen Stoffen handelte. Die homöopathische Anwendung eines Auszuges von Theridion, einer Spinnenart, kann als völlig harmlos betrachtet werden.

Hier wäre noch an den von Alphonso le Roy ausgehenden Vorschlag, die Hydrophobie mittels Vipernbiß zu bekämpfen[1]), sowie auch an den der Inokulation von Schlangengift gegen das Gelbe Fieber zu erinnern.

In Amerika ist es an manchen Orten üblich, das Klapperschlangengift gegen „Lepra, Diphtherie und gewisse fieberhafte Krankheiten" anzuwenden. Die Erfolge dieser Therapie der genannten Krankheiten lassen sich vorläufig nicht beurteilen, doch beweist ein von Tschudi in seinen Reiseerlebnissen mitgeteilter und von Lewin[2]) wiedergegebener Fall, daß hierbei Vorsicht geboten ist und daß die akute Vergiftung durch zu große Mengen von Schlangengift (in diesem Falle handelte es sich um das Gift von *Crotalus horridus)* lepröse ebenso wie gesunde Menschen

---

[1]) Husemann, Handbuch der Toxikologie, S. 236. Berlin 1862.
[2]) Lewin, Über die Behandlung der Lepra durch das Gift der Klapperschlange. Deutsche med. Wochenschrift 1900, Nr. 48.

töten kann, die ersteren also keineswegs eine Toleranz oder Immunität gegen dieses Gift besitzen.

Die hauptsächlichste und häufigste Quelle der Vergiftungen durch tierische Gifte ist aber die **zufällige Verwundung durch Bisse oder Stiche giftiger Tiere**, welchen außer den Eingeborenen besonders Reisende in den Tropengegenden, Naturforscher, Arbeiter, meistens Neger auf den Zuckerplantagen, Jäger, sog. Schlangenbeschwörer, Jongleure usw. ausgesetzt sind. Die praktische Bedeutung dieser Kategorie von Vergiftungen durch tierische Gifte geht schon aus der Tatsache hervor, daß in Indien allein jährlich etwa 20 000 Menschen an den Folgen von Schlangenbissen zugrunde gehen.

Von den früher in der Medizin als Heilmittel häufig und in ziemlicher Anzahl verwendeten tierischen Produkten[1]) hat die Neuzeit nur zwei, das Castoreum, Bibergeil und den Moschus übernommen. Ersteres ist schon seit längerer Zeit, letzterer seit dem Jahre 1900 in Deutschland nicht mehr offizinell. Doch wird der Moschus auch heute noch von vielen, insbesondere von älteren Ärzten, als angeblich „erregend wirkendes" Arzneimittel verwendet.

Systematik.

Bei dem gegenwärtigen Stande unserer Kenntnisse der tierischen Gifte ist eine Einteilung des Stoffes nach pharmakologischen Gesichtspunkten, also die Aufstellung eines natürlichen Systems pharmakologischer Agentien tierischen Ursprungs vorläufig nicht durchzuführen. Es fehlen, wie oben bereits angegeben, bislang die erforderlichen Kenntnisse der Wirkungen und Eigenschaften der wirksamen Substanzen. In der großen Mehrzahl der Fälle bedienen und begnügen sich die Autoren bei ihren Versuchen noch gegenwärtig mit der Anwendung von mehr oder weniger unreinen Gemischen und Extrakten, ein Verfahren, welches die experimentelle Pharmakologie nicht als wissenschaftlich gelten lassen kann. Infolge dieses Verfahrens läßt sich dann auch nur schwer ein klares Bild der Giftwirkung eines gegebenen Stoffes gewinnen, weshalb eine Klassifizierung nach pharmakologischen Prinzipien untunlich erscheint.

---

¹) Vgl. hierzu: Brandt und Ratzeburg, Medizinische Zoologie. Berlin 1829 und 1833, und Apotheker-Zeitung 11, Nr. 5 und 6 (1896).

Ebensowenig durchführbar ist aus denselben Gründen eine Einteilung nach chemischen Eigenschaften, abgesehen davon, daß eine Klassifikation auf chemischer Basis sehr verschiedenartig wirkende Stoffe in einer Gruppe vereinigen könnte.

Es ergibt sich daraus die Notwendigkeit, einer Klassifikation der tierischen Gifte vorläufig die Stellung des das Gift liefernden oder produzierenden Tieres im zoologischen System zugrunde zu legen. Diese Einteilung unterliegt denselben Einwänden, die man gegen den Versuch einer Klassifikation der Gifte pflanzlichen Ursprungs nach botanischen Gesichtspunkten mit Recht erheben würde. Sie ist nach Lage der Dinge jedoch zurzeit die einzig durchführbare und bietet doch auch in naturhistorischer Beziehung manche Vorteile. Es soll demnach die folgende Zusammenstellung tierischer Gifte ohne Rücksicht auf deren Wirkungen und chemische Zusammensetzung nach zoologischen Gesichtspunkten, d. h. nach der Herkunft der Giftstoffe geordnet werden, wobei jedoch, soweit unsere Kenntnisse das gestatten, auf pharmakologische Eigenschaften dieser Stoffe hingewiesen und damit die Möglichkeit der Einreihung der tierischen Gifte nach ihren pharmakologischen Wirkungen in das von Buchheim begründete natürliche System pharmakologischer Agentien gegeben werden soll.

Ornithorhynchus paradoxus, Platypus.

Das Schnabeltier, zur Ordnung der Monotremata gehörig, deren eine Gattung Ornithorhynchus von diesem allein gebildet wird, nimmt im zoologischen System eine Sonderstellung ein und beansprucht auch hier als einziges, aktiv giftiges Säugetier ein besonderes Interesse.

Das männliche Schnabeltier besitzt an beiden Hinterfüßen je einen an der Spitze durchlöcherten und von einem feinen Kanal von etwa 2 mm Durchmesser durchzogenen, beweglichen Sporn, welcher vermittelst eines längeren (5 cm) Ausführungsganges mit einer, in der Hüftgegend gelegenen, etwa 3 cm langen, und 2 cm breiten lobulären Drüse kommuniziert[1]). Die beiden Drüsen

---

[1]) Anatomisches bei Meckel, Deutsches Archiv f. Physiologie 8, 1823, und „Descriptio anatomica Ornithorhynchi paradoxi", Lips. 1826. Vgl. auch Martin und Tidswell, a. a. O.

liefern ein eiweißreiches Sekret, welches durch den Ausführungsgang zum Sporn gelangt und durch den letzteren nach außen befördert werden kann. Seine Zusammensetzung und Wirkungen sind von C. J. Martin und Frank Tidswell[1]) und später von F. Noc[2]) untersucht worden.

Über die Wirkungen dieses Sekretes berichtete schon im Jahre 1817 Sir John Jamieson[3]) in einem an die Linnean Society of London gerichteten Briefe, in welchem er über einen von ihm miterlebten Jagdunfall berichtet. Jamiesons Begleiter holte ein von ihm angeschossenes Schnabeltier aus dem Wasser, wobei ihm das Tier seine Sporen mit solcher Kraft in die rechte Hand bohrte und sie daselbst so hartnäckig festhielt, daß sie erst nach dem Töten des Ornithorhynchus entfernt werden konnten. Die Hand schwoll sofort stark an und die Entzündung verbreitete sich schnell bis zur Schulter. Der Verwundete zeigte alle Symptome eines von einer Giftschlange Gebissenen. Äußerst heftige Schmerzen stellten sich sofort nach der Verwundung ein. Der Verwundete mußte mehrere Tage das Bett hüten und konnte erst nach neun Wochen die verletzte Hand wieder gebrauchen.

Fünf Jahre später (1822) berichtet Dr. Patrick Hill[4]) über Mitteilungen seitens eines Eingeborenen, nach dessen Angaben eine Verwundung durch das männliche Schnabeltier sehr schmerzhaft und von Anschwellen des getroffenen Gliedes gefolgt sein soll; von einem letalen Ausgang bei einer derartigen Verwundung eines Menschen habe er jedoch nie etwas erfahren.

Home[5]) machte in seinen „Lectures on Comparative Anatomy" (1823) zuerst darauf aufmerksam, daß sich beim weiblichen Schnabeltiere an einer dem Sporn des Männchens genau entsprechenden Stelle des Hinterbeines eine von verdickter Cutis ausgekleidete Vertiefung befindet, deren Form genau derjenigen des Spornes entspricht und welche für die Aufnahme des Sporns ge-

---

[1]) Observations on the femoral gland of Ornithorhynchus and its secretion etc. Proc. of the Linn. Soc. of New South Wales. July 1894.

[2]) Note sur la secretion venimeuse de l'Ornithorhyncus paradoxus. Soc. de Biol. **56**, 451 (1904).

[3]) Note on the venomous nature of wounds inflicted by the spurs of the male Ornithorhynchus. Trans. Linn. Soc. **12**, 584 (1818).

[4]) On the Ornithorhynchus paradoxus, its venomous spur and general structure. Trans. Linn. Soc. **13**, 622 (1822).

[5]) Homes Comparative Anatomy **3**, 360 (1823).

eignet und bestimmt erscheint. Home erblickt in den Sporen ein accessorisches Kopulationsorgan.

Unter den Vertretern der Ansicht, daß der oben beschriebene Sekretionsapparat und die Sporen des Schnabeltieres nicht als Waffe anzusehen seien, sind nach Home noch Thomas Axford[1]), G. Bennett[2]), Creighton[3]) und A. Nicols[4]) zu nennen.

Für die Giftigkeit des Sekretes und die Verwendung des ganzen Apparates als Waffe sprechen dagegen neben den Erfahrungen von Jamieson und Hill die Angaben von Blainville[5]), Meckel, R. Knox[6]), Spicer[7]) und eine in dem „Australian Journal of Education[8])" veröffentlichte Beschreibung einer dem Jamiesonschen Falle ähnlich verlaufenen Vergiftung eines Menschen, in welcher besonders auf die Ähnlichkeit der Vergiftungssymptome mit denjenigen nach Schlangenbiß hingewiesen wird. Anderson Stuart[9]) berichtet schließlich noch über die Wirkungen dieses Sekretes an Jagdhunden. Vier der verwundeten Tiere gingen unter den auch am Menschen beobachteten Symptomen in soporösem Zustande zugrunde; ein Hund erholte sich. Dieses Tier zeigte nur große Schlafsucht, aber weder Salivation, Erbrechen, Diarrhöe, Muskelzittern noch Krämpfe.

C. J. Martin und Tidswell haben dann das Sekret der *Glandula femoralis* des Ornithorhynchus chemisch und pharmakologisch untersucht. Nach diesen Autoren charakterisiert sich das Sekret chemisch als eine Lösung von Eiweißstoffen; in größter Menge findet sich ein zur Klasse der Albumine gehöriger Eiweißkörper, daneben eine geringe Menge einer Albumose.

---

[1]) Edinb. New. Phil. Journ. 6, 399 (1829).

[2]) Notes on the Nat. Hist. and Habits of the Ornithorhynchus paradoxus. Trans Zool. Soc. 1, 229 (1835), und Notes on the Duck-Bill. Proc. Zool. Soc. 1859, p. 213.

[3]) Journal of Anatomy and Physiology 11, 29 (1876).

[4]) Zoological Notes, Chap. 4, 116. London 1883.

[5]) Bull. Soc. Philomatique, p. 82. Paris 1817.

[6]) Observations on the Anatomy of the Duckbilled Animal of New South Wales. Mem. Wernerian Soc. Nat. Hist. 1824.

[7]) On the effects of wounds inflicted by the spurs of the Platypus. Papers and Proc. Roy. Soc., p. 162. Tasmania 1876.

[8]) Sydney 1869.

[9]) Royal Society of New South Wales. Anniversary address by the President, T. P. Anderson Stuart. 1894.

Nucleoalbumine fehlen. Welchem der Bestandteile das Sekret seine pharmakologischen Wirkungen verdankt, ist unentschieden.

Für ihre Tierversuche verwendeten Martin und Tidswell Lösungen des durch Alkohol aus dem Sekret von drei Paar Drüsen gefällten Substanzgemenges, dessen Gewicht nach dem Trocknen bei 40⁰ 0,4 g betrug. Die Substanz stellte ein in Wasser und verdünnten Salzlösungen zu einer opaleszierenden neutral reagierenden Flüssigkeit lösliches, weißes Pulver dar.

Nach subkutaner Injektion von 0,05 g dieser Substanz entwickelte sich bei einem Kaninchen innerhalb 24 Stunden in der Umgebung der Injektionsstelle eine Geschwulst von der Größe eines Enteneies. Bald nach der Injektion und an dem darauf folgenden Tage verhielt sich das Tier sehr ruhig, machte keine Fluchtversuche beim Anfassen und fraß wenig. Geringe Temperatursteigerung. Eine Blutprobe gerann normal und zeigte unter dem Mikroskop nichts besonderes. Am fünften Tage nach der Injektion war die Geschwulst vollständig verschwunden und das Versuchstier scheinbar ganz normal.

Bei intravenöser Applikation von 0,06 g sank der Blutdruck unmittelbar von 97 auf 60 mm, nach 90 Sekunden auf 27 mm Quecksilber. Die Respiration war zunächst sehr beschleunigt und vertieft und sistierte plötzlich um dieselbe Zeit, als der Blutdruck auf 27 mm gesunken war. Bei der sofortigen Öffnung des Tieres schlug das Herz noch schwach. Im rechten Herzen und im ganzen venösen System war das Blut geronnen.

Dieselben Resultate über das Verhalten der Zirkulation und der Respiration, nur in abgestuftem Maße, wurden erzielt, als in einem dritten und vierten Versuche an zwei Kaninchen zweimal je 0,04 g und zweimal je 0,02 g intravenös injiziert wurden. In letzterem Falle erfolgte der Tod nach 26 Minuten.

Die subkutane Applikation des Giftes bewirkt also dieselben Erscheinungen, wie sie nach Verwundungen von Menschen und Hunden durch die Sporen des Ornithorhynchus beobachtet wurden. Das Gift wird wahrscheinlich nur langsam resorbiert.

Bei der intravenösen Einverleibung sind die Wirkungen wohl als Folge der intravaskulären Gerinnung des Blutes aufzufassen. Darauf deuten u. a. die dyspnöischen Krämpfe und das anfangs sehr rasche, dann, insbesondere nach kleineren Gaben, aber langsame Sinken des Blutdruckes.

In diesen Punkten bietet das Ornithorhynchusgift eine weitgehende Ähnlichkeit mit dem Gifte von *Hoplocephalus* und anderer australischer Giftschlangen, welches aber das Gift des Schnabeltieres um das 5000 fache an Wirksamkeit übertrifft.

F. Noc hat dann im Laboratorium von Calmette gefunden, daß das Gift auch in vitro einige Eigenschaften der Schlangengiftsekrete zeigt. Wie das Gift von *Bothrops lanceolatus* ruft es Gerinnung des mit Oxalsäure versetzten Plasmas hervor. Erhitzen auf 80⁰ hebt die koagulierende Wirkung auf. Im Gegensatz zum Vipern- und Bothropsgift entbehrt aber das Ornithorhynchusgift der hämolytischen und proteolytischen Eigenschaften.

Im Organismus der Säugetiere finden sich zwei sehr genau charakterisierte, giftige Stoffwechselprodukte, deren Besprechung mit Rücksicht auf das oben auf S. 5 Gesagte hier geboten erscheint und deren eines bereits praktische Bedeutung erlangt hat. Es ist, wie schon oben erwähnt,

Das Adrenalin[1]).

Das Adrenalin, auch Suprarenin (v. Fürth) und Epinephrin (Abel) genannt, findet sich, wie schon die verschiedenen Namen andeuten, in den Nebennieren, deren physiologische Funktionen auch heute noch nicht aufgeklärt sind, nachdem bereits mehr als dreieinhalb Jahrhunderte seit ihrer Entdeckung durch Eustachius (1543) verflossen sind.

Auf die Physiologie der Nebennieren kann hier nicht eingegangen werden, doch mögen die hauptsächlichsten physiologischen Tatsachen,

---

[1]) Literatur bis 1899 in der ausführlichen Monographie von Hultgren und Andersson. Studien über die Physiologie und Anatomie der Nebennieren. Skandinavisches Archiv für Physiologie 9, 72 bis 313 (1899).

Literatur chemischen Inhalts bis Ende 1903 in dem Sammelreferat von O. v. Fürth, Biochemisches Zentralblatt 2, Nr. 1, 1904.

Vgl. auch S. Goldschmidt: Materialien zu einer Monographie über Nebennieren und Nebennierentherapie. Inaug.-Diss. Halle 1904.

F. Kasten: Über den therapeutischen Wert der Nebennierensubstanz. Inaug.-Diss. Rostock 1902.

weil dieselben auch von allgemeinerem Interesse sind, hier kurz an-
geführt werden.

Addison zeigte (1855), daß der unter den Namen „*Morbus addi-
sonii*", „Addisonsche Krankheit", „Bronzekrankheit" bekannte
Symptomenkomplex im Zusammenhange mit gewissen pathologischen
Veränderungen in der Nebenniere steht und Brown-Sequard wies
(1856) durch Versuche an verschiedenen Tieren nach, daß die Ex-
stirpation beider Nebennieren den Tod der Versuchstiere zur Folge
hat. Die seitdem von vielen Forschern ausgeführten zahlreichen Untersuchungen über die Physiologie der Nebenniere können dahin zusammengefaßt werden, daß dieselbe entweder wichtige Stoffe für die
Erhaltung des Gefäß- und Muskeltonus produziert (innere Sekretion)
oder dem Organismus schädliche, durch den Stoffwechsel entstandene
Produkte entzieht und zerstört (Entgiftungsorgan). Außerdem hat
die Nebenniere aber sicherlich noch andere Funktionen, welche wir
heute keineswegs übersehen.

Seit der von Oliver und Schäfer und fast gleichzeitig mit
diesen von Szymonowicz und Czybulski im Jahre 1895 gefundenen Tatsache, daß Nebennierenauszüge bei intravenöser Einverleibung eine hochgradige, aber nur kurz dauernde Blutdrucksteigerung hervorrufen, ist eine umfangreiche Literatur chemischen,
pharmakologischen und besonders therapeutischen Inhalts über
die diese Wirkung bedingende Substanz der Nebennieren entstanden, zum größten Teile angeregt durch das praktische Interesse
und die Verwendung des wirksamen Bestandteiles in der Medizin.
Infolge dieser regen Beteiligung an der Erforschung der chemischen
Natur und der pharmakologischen Wirkungen des Adrenalins sind
wir über diese Substanz heute genauer unterrichtet als über
manches andere Gift tierischen Ursprungs.

Die chemische Natur des Adrenalins wurde zuerst von
Moore untersucht, in unmittelbarem Anschluß an die Entdeckung
von Oliver und Schäfer. Er fand, daß das wirksame Prinzip
mit dem von Vulpian (1856) gefundenen Chromogen der Neben-
nierenmarksubstanz identisch ist, welches mit Eisenchlorid eine
grüne, mit Alkalien, sowie mit Jod- oder Chlorwasser eine
Rosakarmin-Färbung gibt.

Krukenberg stellte (1885) die wichtige Tatsache fest, daß
das Chromogen in gewissen Eigenschaften (Eisenreaktion, Reduk-
tionsvermögen, Dunkelfärbung durch Oxydationsmittel) mit dem
Brenzcatechin übereinstimmt und S. Fränkel, welcher zuerst
ein sirupöses Präparat von hochgradiger Wirksamkeit unter dem

Namen „Sphygmogenin" in den Handel bringen ließ, sprach zuerst (1896) die Vermutung aus, die wirksame, blutdrucksteigernde Substanz sei ein stickstoffhaltiges Derivat der Orthodioxybenzolreihe. Bald darauf veröffentlichte Untersuchungen von Abel, Abel und Crawford, v. Fürth, Moore u. a. wiesen darauf hin, daß die wirksame Substanz der Nebennieren ein hydriertes Oxypyridin darstelle. Diese Annahme fand in der blutdrucksteigernden Wirkung des Piperidins (Moore) eine weitere Stütze.

Schließlich gelang es J. Takamine[1] (1901), die wirksame, von ihm Adrenalin genannte Verbindung in kristallinischer Form darzustellen; fast gleichzeitig mit Takamine und unabhängig von ihm gewann auch Aldrich[2] diesen Körper in wohl ausgebildeten Kristallen.

Die Methode der beiden letztgenannten Forscher beruht im wesentlichen darauf, daß aus sehr stark eingeengten und von unwirksamen Produkten durch Alkohol oder Bleiacetat größtenteils befreiten Nebennierenextrakten sich die blutdrucksteigernde Substanz auf Zusatz von konzentriertem Ammoniak in Form von mikrokristallinischen Körnern abscheidet. Die so erhaltenen Präparate können durch wiederholtes Lösen in Säure und Fällen mit Ammoniak gereinigt werden und erscheinen dann als Kristalldrusen, die aus wohl ausgebildeten, prismatischen Nadeln oder rhombischen Blättchen zusammengesetzt sind. Diese Substanz ist jetzt unter dem Namen Adrenalin im Handel zu haben.

Das Adrenalin löst sich schwer in kaltem, etwas reichlicher in heißem Wasser. Es löst sich leicht in verdünnten Säuren unter Bildung von Salzen und reagiert schwach alkalisch auf Lackmuspapier. In Alkohol ist es schwer löslich; unlöslich in Chloroform, Amylalkohol, Schwefelkohlenstoff, Äther, Aceton und Petroleumäther. In kaustischen Alkalien ist das Adrenalin entsprechend seiner Phenolnatur löslich, nicht aber in Alkalicarbonaten und Ammoniak. Es wird durch Kaliumquecksilberjodid, Pikrinsäure, Gerbsäure, Phosphormolybdän- und Phosphorwolframsäure und Quecksilberchlorid nicht gefällt und reduziert Fehlingsche und ammoniakalische Silberlösung. Die wässerige

---

[1] American Journal of Pharmacy **73**, November (1901). Therapeutic Gazette **25**, 221 (1901).
[2] American Journal of Physiology **5**, 457 (1901).

Lösung färbt sich an der Luft rot und wird später braun; auf Zusatz von Eisenchlorid entsteht die für diese Substanz charakteristische Grünfärbung (vgl. oben S. 17).

Die Zusammensetzung des Adrenalins entspricht der empirischen Formel $C_9H_{13}NO_3$, welche durch zahlreiche Elementaranalysen und Molekulargewichtsbestimmungen (Aldrich, Takamine, v. Fürth, Pauly[1]), Jowett[2]), Bertrand[3]), Stolz[4]) begründet ist. Die Konstitution dieser Verbindung findet ihren wahrscheinlichsten Ausdruck in der Formel

$$HO \diagup\!\!\diagdown CH.OH.CH_2.NH.CH_3$$

welche die Bildung der erhaltenen Spaltungs- und Oxydationsprodukte und ihre Reaktionen in befriedigender Weise erklärt.

Die von F. Stolz (a. a. O.) zur Aufklärung der Konstitution des Adrenalins unternommenen Versuche bestätigen die folgenden, durch v. Fürth festgestellen Tatsachen:

1. Das Adrenalin enthält einen Benzolkern, welcher in 2, 5, 6-Stellung substituiert ist.
2. In seinem Molekül sind drei Hydroxylgruppen (OH) vorhanden, wovon zwei sich in 5, 6-Stellung am Benzolkern finden.
3. In dem Adrenalinmolekül ist eine Methylimidgruppe enthalten.

Durch Einwirkung von Methylamin auf Chloracetobrenzcatechin,

$$HO \diagup\!\!\diagdown CO.CH_2.Cl + HNH.CH_3$$

erhielt Stolz das Methylaminoketobrenzcatechin:

$$HO \diagup\!\!\diagdown CO.CH_2.NH.CH_3 + HCl$$

---

[1]) Ber. d. deutsch. chem. Ges. **36**, 2944 (1903); **37**, 1388 (1904).
[2]) Transactions of the Chemical Society **20**, 18. London (1904).
[3]) Compt. rend. **139**, 502 (1904).
[4]) Ber. d. deutsch. chem. Ges. **37**, 4149 (1904).

welches nach Untersuchungen von H. Meyer[1]) qualitativ wie das Adrenalin wirkt. Durch Reduktion des Methylaminoketobrenzcatechins bilden sich Produkte, deren Wirkungen sich denjenigen des Adrenalins quantitativ nähern.

Auf ähnlichem Wege erhielt E. Friedmann[2]) das „Adrenalon", von welchem bei intravenöser Injektion 5,4 mg den Blutdruck eines 2,4 kg schweren Kaninchens um 68 mm, 27 mg um 94 mm Quecksilbersäule steigerten.

Die Wirkungen des Adrenalins betreffen in erster Linie das Gefäßsystem und das Herz und äußern sich in einer hochgradigen Steigerung des Blutdruckes. Diese beruht auf der Verengerung der peripheren Gefäße und wahrscheinlich auf einer erregenden Wirkung des Adrenalins auf die motorischen Apparate des Herzens, sowie auf die Herzmuskulatur selbst.

Die Blutdrucksteigerung ist nicht auf eine zentrale Wirkung des Adrenalins, nicht auf die Erregung des in der *Medulla oblongata* gelegenen vasomotorischen Zentrums zurückzuführen, da bei Kaninchen und Hunden auch in der tiefsten Chloroform- oder Chloralnarkose die Blutdrucksteigerung zustande kommt[3]).

Die Wirkung des Adrenalins auf das Herz geht aus Versuchen an dem mit Kaliumsalzen vergifteten Herzen hervor, in welchem (bei nicht erschlafften Gefäßen) das Adrenalin sowie das Nebennierenextrakt die Herzlähmung und den plötzlich erniedrigten Blutdruck vollständig aufhoben. In diesen Versuchen konnte die Verengerung der durch Chloral oder Chloroform erweiterten Gefäße die Steigerung des Blutdruckes nicht bewirken. Auch an dem nach Bock oder Hering und nach Langendorff präparierten isolierten Säugetierherzen, also nach Ausschaltung des großen Kreislaufes, tritt Zunahme der Pulsfrequenz und Blutdrucksteigerung nach Injektion von Nebennierenextrakt ein. An dem nach Langendorff präparierten überlebenden Katzenherzen wurde eine bedeutende Verstärkung der Herzschläge beobachtet.

Wenn man das Adrenalin auf gefäßreiche Stellen, namentlich auf Schleimhäute appliziert, so beobachtet man, daß diese Stellen blutleer werden; daß also das Adrenalin ganz lokal eine Verengerung der kleinsten Gefäße, feinen Arterien, arteriellen Kapillaren und Kapillaren

---

[1]) Physiologisches Zentralblatt **18** [16], 501 (1904). Vgl. auch O. Loewi und H. Meyer: Archiv f. exp. Pathol. u. f. Pharmak. **53**, 213 (1905).

[2]) Hofmeisters Beiträge **6** [1/2], 92 (1904).

[3]) Gottlieb: Archiv f. exp. Pathol. u. f. Pharmak. **38**, 99 (1896) und **43**, 286 (1899).

im allgemeinen hervorruft. Daraus geht hervor, daß es eine besondere, eigenartige Wirkung auf die Wandungen dieser Gefäßgebiete ausübt.

In den Lungengefäßen und in dem rechten Herzen, d. h. in dem kleinen Kreislauf, wird der Blutdruck durch Adrenalin nur wenig, wenn überhaupt, gesteigert [Gerhardt[1]), Velich[2])].

Die genannten Wirkungen des Adrenalins treten bei seiner intravenösen Injektion schon nach Einverleibung von Bruchteilen eines Milligramms ein; bei Hunden brachten schon $^1/_5$ mg, bei Kaninchen $^1/_{20}$ mg Adrenalin Steigerung des Blutdruckes auf das Doppelte und — zumal wenn die Vagi durchschnitten waren — auf das Dreifache des Normalen hervor. Die Blutdrucksteigerung ist aber nur von kurzer Dauer und verschwindet selbst nach der Applikation großer Gaben nach wenigen Minuten, wahrscheinlich infolge der raschen Veränderung oder Zerstörung des Adrenalins im Organismus.

Die Zerstörung des Adrenalins im Organismus ist nach G. Embden und O. v. Fürth [3]) lediglich auf die Alkaleszenz des Blutes und der Gewebe, nicht aber auf eine durch Fermente bewirkte oxydative Zerstörung desselben (Langlois, Athanasiu) zurückzuführen.

Eine 0,1 proz. Sodalösung hebt bei einer Temperatur von 40° die Wirksamkeit des Adrenalins schneller auf als Pferdeserum oder Rinderblut unter gleichen Bedingungen.

Daß das schnelle Abklingen der Adrenalinwirkung nicht durch die rasche Ausscheidung der wirksamen Substanz durch die Nieren bewirkt wird, geht aus Versuchen von Czybulski[4]) hervor; in dem kurze Zeit nach der intravenösen Einverleibung größerer Mengen von Adrenalin aus der Blase entnommenen Harne findet sich keine blutdrucksteigernde Substanz[5]).

Auch nach der subkutanen Injektion des Adrenalins tritt die Wirkung auf Herz und Gefäße ein, nur sind dazu entsprechend

---

[1]) Archiv f. exp. Pathol. u. f. Pharmak. **44**, 173 (1900).

[2]) Wiener med. Wochenschrift (1898), Nr. 26.

[3]) Hofmeisters Beiträge zur chem. Physiologie u. Pathologie **4**, 421 (1903).

[4]) Gazeta Lekarska, Nr. 12, 1895 (Polnisch). Vgl. Physiolog. Zentralbl. **9**, 172 (1895).

[5]) G. Embden und O. v. Fürth, a. a. O., S. 427.

größere Gaben erforderlich, um eine gleiche Wirkung hervorzurufen, wobei dann aber Nachwirkungen, die noch am zweiten
oder dritten Tage zum Tode führen können, einzutreten pflegen.

Die Ausscheidung von Zucker im Harne (Glycosurie) nach
subkutaner Einverleibung von Nebennierenextrakt oder Adrenalin
beobachtete F. Blum[1]); bei längere Zeit fortgesetzten Ein-
spritzungen kleiner Mengen dauert die Zuckerausscheidung fort.
Die Glycosurie ist nach Herter und Wakeman[2]) eine pan-
kreatische.

Die Todesursache bei der akuten Vergiftung mit Adrenalin
ist beim Warmblüter entweder in der Lähmung des Herzens oder
in dem Stillstande der Respiration zu suchen[3]).

Die tödliche Dosis beträgt bei intravenöser Applikation
1 bis 2 mg, bei subkutaner Einverleibung etwa 6 mg pro kg
Hund[3]).

Die praktische Bedeutung und die therapeutische
Verwendung des Adrenalins beruhen auf der gefäßver-
engernden Wirkung desselben. Diese tritt auch bei lokaler
Applikation des Mittels ein und ist daher nützlich bei chirurgischen Eingriffen, wo es darauf ankommt, ein möglichst blut-
leeres Operationsgebiet herzustellen, Blutverluste zu vermeiden
oder Blutungen zu stillen.

Die dem Adrenalin zugeschriebene lokalanästhesierende
Wirkung, welche vielleicht nur als eine Folge der Anämie der
betreffenden Gebiete angesehen werden kann, ist jedenfalls eine
schwache. Man verstärkt sie durch Zusatz von stark anästhe-
sierend wirkenden Stoffen (Cocaïn, Eucaïn, Tropacocaïn usw.), doch
soll nach Läwen[4]) durch derartige Zusätze die gefäßverengernde
Wirkung des Adrenalins mehr oder weniger abgeschwächt werden.

Die subkutane oder intravenöse Injektion des Adrenalins
zu therapeutischen Zwecken am Menschen ist nicht ohne
Gefahr. Aus den Versuchen Gerhardts[5]) an Hunden geht hervor,

---

[1]) F. Blum: Deutsch. Archiv f. klin. Medizin 71 [2/3] (1901).
Pflügers Archiv 90, 617 (1902).

[2]) C. A. Herter und A. J. Wakeman: Virchows Archiv 169,
479 (1902).

[3]) S. Amberg: Archives internationales de Pharmacodynamie et
de Therapie 11, 57—100 (1902).

[4]) Archiv f. exp. Pathologie u. Pharmakologie 51, 416 (1904).

[5]) a. a. O., S. 178. Vgl. oben S. 21, Fußnote 1.

daß bei der Adrenalinwirkung die Herzaktion ganz plötzlich versagen kann, während der Blutdruck noch hoch über der Norm steht. Besonders leicht tritt die Herzlähmung bei geschwächten Herzen ein. Diese Erscheinungen, zusammen mit der nur kurz dauernden Steigerung des Blutdruckes nach intravenöser Einverleibung kleiner Gaben des Adrenalins, haben es bisher verhindert, das Mittel in dieser Weise für therapeutische Zwecke am Menschen zu verwenden, während bei lokaler Applikation seine medizinische Anwendung bereits eine sehr ausgedehnte ist.

Durch längere Zeit (10 bis 61 Tage) fortgesetzte intravenöse Injektionen von 0,1 bis 1,0 mg Adrenalin konnte W. Erb jun.[1]) an Kaninchen regelmäßig eine charakteristische und oft schwere Erkrankung der Aorta und bisweilen auch anderer großer Arterien erzeugen.

Die Ausdehnung und der Grad der Aortenerkrankung, welche sich durch die schon von außen erkennbaren zirkumskripten Ausbuchtungen als parietales Aneurisma charakterisiert, wobei durch Vereinigung und Verschmelzung einzelner kleinerer und flacher näpfchenförmiger Herde größere Aneurismen entstehen können, scheint im allgemeinen von der Zahl der Adrenalininjektionen und der Höhe der injizierten Dosen, d. h. also im wesentlichen von der Gesamtmenge des injizierten Adrenalins abhängig zu sein.

Ob zwischen dieser experimentell an Tieren hervorgerufenen Arterienwandveränderung und der menschlichen Arteriosklerose irgend eine Beziehung oder Zusammenhang besteht, muß vorläufig unentschieden bleiben.

Die bisher gesammelten Kenntnisse über die pharmakologischen Wirkungen des Adrenalins gestatten vorläufig nicht seine zwanglose Einreihung in eine der bekannten Gruppen des natürlichen Systems pharmakologischer Agentien. Die gefäßverengernde Wirkung desselben erinnert am meisten an die des Hydrastins und Hydrastinins, doch fehlen dem Adrenalin, wie es scheint, die Wirkungen der letzteren Stoffe auf das Zentralnervensystem und umgekehrt, jenen die lokale gefäßverengernde Wirkung.

[1]) Archiv f. exp. Pathologie u. Pharmakologie 53, 189 (1905).

Die Gallensäuren.

Die der Galle der höheren Tierklassen eigentümlichen stickstoff- und zum Teil schwefelhaltigen organischen Säuren, welche darin in Form ihrer leicht kristallinisch zu erhaltenden Natriumsalze enthalten und vom physiologischen Standpunkte als die wichtigsten Gallenbestandteile zu betrachten sind, müssen als tierische Gifte im weiteren Sinne hier besprochen werden, und verdienen auch wegen ihrer eigentümlichen Wirkungen unter pathologischen Verhältnissen beim Ikterus des Menschen ein besonderes Interesse.

Die Gallensäuren sind gepaarte Verbindungen, welche, soweit sie bis jetzt bei Säugetieren untersucht wurden, sich aus einer allen gemeinsamen Verbindung von saurer Natur, einer **Cholsäure** oder **Cholalsäure** und verschiedenen Paarlingen derselben zusammensetzen. Ihre Lösungen haben einen stark bitteren Geschmack.

Die Alkalisalze aller Gallensäuren sind in Wasser und Alkohol löslich und werden aus letzterem durch Äther in Form rosettenartig vereinigter feiner Nadeln oder Prismen kristallinisch oder einer bald kristallinisch erstarrenden sirupösen Masse gefällt (Plattners kristallisierte Galle). Die Gallensäuren und deren Salze sind optisch aktiv und drehen die Ebene des polarisierten Lichtes nach rechts. Bei vorsichtigem Erwärmen mit konzentrierter Schwefelsäure und wenig Zucker geben sie eine kirschrote oder rotviolette Färbung (Pettenkofersche Gallensäurereaktion), welche bei ähnlicher Behandlung aber auch andere Stoffe (Eiweiß, Ölsäure, Amylalkohol, Morphin) geben können, weshalb in zweifelhaften Fällen die spektroskopische Untersuchung der roten Lösung nicht zu unterlassen ist.

Die **Cholsäure,** $C_{24}H_{40}O_5$ oder $C_{20}H_{31}\begin{cases} CH.OH \\ CH_2.OH \\ CH_2.OH \\ COOH \end{cases}$ ist eine stickstofffreie, einbasische Säure, deren Konstitution noch nicht völlig aufgeklärt ist, in deren Molekül aber die Existenz von zwei primären und einer sekundären Hydroxylgruppe, sowie einer Carboxylgruppe angenommen werden muß.

Das Molekül der Cholsäure zeigt in seinem chemischen Verhalten eine gewisse Ähnlichkeit mit dem der Kohlehydrate. Sie bildet mit Jod eine kristallisierende Verbindung von blauer Farbe, welche ähnlich wie die Jodstärke beim Erhitzen dissoziiert und dabei ihre Farbe verliert.

Der Cholsäure chemisch und wahrscheinlich auch physiologisch nahestehend, in ihrer Zusammensetzung nur wenig von ihr abweichend, sind die in der Galle der Gans vorkommende Chenocholsäure, $C_{27}H_{44}O_4$, die Hyocholsäure, $C_{25}H_{40}O_4$, der Schweinsgalle, die Choleïnsäure der Rindergalle, $C_{25}H_{42}O_4$ (Latschinow) oder $C_{24}H_{40}O_4$ (Lassar-Cohn), die Fellinsäure, $C_{23}H_{40}O_4$ (Schotten), aus Menschengalle und die aus orientalischen Bezoarsteinen gewonnene Lithofellinsäure[1]), $C_{20}H_{36}O_4$.

Die **Glykocholsäure,** $C_{26}H_{43}NO_6$, stellt eine Verbindung der Cholsäure mit dem Glykokoll (Aminoessigsäure) dar und wird durch Kochen mit Säuren, sowie durch gewisse Fermente und bei der Fäulnis unter Wasseraufnahme in ihre beiden Komponenten gespalten:

$$C_{26}H_{43}NO_6 + H_2O = C_{24}H_{40}O_5 + NH_2 . CH_2 . COOH$$

Glykocholsäure   Cholsäure   Glykokoll

In der Galle der fleischfressenden Tiere findet sich die Glykocholsäure, wenn überhaupt vorhanden, nur in sehr geringer Menge.

Die **Taurocholsäure,** $C_{26}H_{45}NSO_7$, kommt vorwiegend in der Galle der Fleischfresser vor und liefert bei der Spaltung Cholsäure und Taurin, $C_2H_7NSO_3$ (Aminoäthylsulfosäure):

$$CH_2 . NH_2$$
$$|$$
$$CH_2 . SO_3H$$

Die wichtigen und biologisch hochinteressanten Fragen über die Herkunft der Gallensäuren, ihre Entstehung im Organismus, über den Kreislauf derselben[2]), ihre Funktionen und Bedeutung gehören in das Gebiet der Physiologie. Hier kann nur darauf hingewiesen werden, daß alle diese Fragen noch der definitiven Lösung harren, obwohl es an Erklärungsversuchen keineswegs mangelt.

---

[1]) Vgl. E. Jünger u. A. Klages: Ber. d. deutsch. chem. Gesellschaft **28,** 3045 (1895). Daselbst auch die ältere Literatur.

[2]) Vgl. hierzu Stadelmann: Der Ikterus und seine verschiedenen Formen, S. 95 bis 110 (1891), und Zeitschrift für Biologie **34,** 1 bis 64 (1896).

Die pharmakologischen Wirkungen der Gallensäuren.

Die Wirkungen der Gallensäuren betreffen das Nervensystem, die Muskeln, den Zirkulationsapparat und das Blut. Die Galle sowohl als die reinen Gallensäuren und deren Natriumsalze bewirken eine Auflösung der roten Blutkörperchen unter Austritt des Hämoglobins (Hämolyse). Diese Wirkung ist zuerst von Hünefeld[1]) beobachtet und von Rywosch[2]) genauer untersucht worden. Letzterer führte vergleichende Untersuchungen über den Grad der hämolytischen Wirkungen der verschiedenen gallensauren Salze aus und fand, daß, wenn man die Wirkung des am schwächsten hämolysierend wirkenden

glykocholsauren Natriums . . . . . . = 1

setzt, die des

hyocholsauren Natriums . . . . . . = 4
cholsauren Natriums . . . . = 4
choloidinsauren Natriums . . . . . = 10
taurocholsauren Natriums . . . . . = 12
chenocholsauren Natriums . . . . . = 14

ist. Demnach scheint für den Grad der hämolytischen Wirkung der Gallensäuren nicht allein der Cholsäurekomponent maßgebend zu sein; auch der Paarling und die Art der Bindung desselben an die Cholsäure scheinen dabei eine Rolle zu spielen.

Die hämolytische Wirkung der Gallensäuren scheint auch im lebenden Organismus, aber nur bei ihrer Injektion in das Blut zu Stande zu kommen und den Übergang von Hämoglobin in den Harn (Hämoglobinurie) zu verursachen, welch letzterer dann auch Harnzylinder und Eiweiß enthalten kann.

Die weißen Blutkörperchen, sowie ferner Amöben und Infusorien werden ebenfalls durch die Gallensäuren geschädigt.

Die Gerinnung des Blutes wird durch die Gallensäuren (tauro- und chenocholsaures Natrium), wenigstens im Reagensglasversuche, in der Konzentration von 1 : 500 beschleunigt,

---

[1]) Hünefeld: Der Chemismus in der tierischen Organisation. Leipzig 1840.

[2]) D. Rywosch: Vergleichende Versuche über die giftige Wirkung der Gallensäuren. Arbeiten des Pharmakologischen Instituts zu Dorpat. Herausgegeben von R. Kobert, 2, 102 (1888). Daselbst auch die ältere Literatur ausführlich zusammengestellt.

bei der Konzentration 1:250 dagegen vollständig aufgehoben
(Rywosch).

Die Wirkung auf die Muskeln äußert sich zunächst in
einer Verminderung der Reizbarkeit (Irritabilität), welche
bis zur vollständigen Lähmung derselben fortschreiten kann.

Das Zentralnervensystem, sowohl das sensible als auch das
motorische Gebiet desselben, erleidet unter dem Einfluß der gallensauren Salze eine Herabsetzung seiner Funktionsfähigkeit bis zur
vollständigen Lähmung. Nach Rumpf und Rywosch sollen die
peripheren Nerven durch verdünnte Gallensäurelösungen eine
Herabsetzung ihrer Leitungsfähigkeit erfahren, welche auf
Veränderungen im Achsenzylinder zurückzuführen ist. Diese
Wirkungen dürften jedoch nur am herauspräparierten Nerven *extra
corpus*, nicht aber im Organismus, wenigstens nicht in dem von
Rumpf und Rywosch beschriebenen Grade, zustande kommen.

Die Wirkungen der Gallensäuren auf die Zirkulations-
apparate sind seit den Untersuchungen von Röhrig[1]) vielfach experimentell bestätigt worden. Sie äußern sich in einer
Verkleinerung des Pulsvolumens und Verminderung der
Pulsfrequenz, welch letztere besonders bei Ikterus häufig
beobachtet wird, und von Frerichs zuerst als eine Folge der
Gallenwirkung bei dieser Krankheit vermutet wurde.

Die Ursachen der verminderten Pulsfrequenz sind
höchstwahrscheinlich 1. die Lähmung der in dem Herzen ge-
legenen motorischen, nervösen Apparate und 2. die Wirkung der
Gallensäuren auf den Herzmuskel selbst, welcher wie die übrigen
Muskeln eine Verminderung seiner Funktionsfähigkeit erfährt.
(Schack, Ranke, Steiner 1874, Legg, Blay 1877.)

Das Sinken des Blutdruckes nach der Injektion von
gallensauren Salzen ist eine Folge der Herzwirkungen. Vielleicht
ist dabei auch eine Gefäßwirkung im Spiele.

Die an Tieren beobachteten Allgemeinerscheinungen
nach der subkutanen Injektion von gallensauren Salzen
bestehen in Durchfall, Mattigkeit, Somnolenz, verminderter Puls-
und Atemfrequenz; Einverleibung von größeren Mengen bewirkte
allgemeine Lähmung, von den Autoren als „sanftes Einschlafen"

---

[1]) A. Röhrig, Über den Einfluß der Galle auf die Herztätigkeit.
Leipzig (1863).

beschrieben, und einen comatösen Zustand, in welchem der Tod erfolgt. Konvulsionen scheinen bei dieser Applikationsweise nicht aufzutreten (Rywosch, a. a. O.).

Nach intravenöser Injektion sind mehr oder weniger heftige Krämpfe, Erbrechen, verlangsamtes Atmen und Tod unter asphyktischen Erscheinungen und tetanischen Krämpfen beobachtet worden.

Für Frösche sind nach Rywosch bei subkutaner Injektion die tödlichen Gaben:

chenocholsaures Natrium . . . . 0,05 g
taurocholsaures Natrium ⎱
choloidinsaures Natrium ⎰ . . . . . 0,06 bis 0,07 „
cholsaures Natrium . . . . 0,08 „
hyocholsaures Natrium ⎱
glykocholsaures Natrium ⎰ . . . . 0,10. „

Bei intravenöser Injektion betragen die tödlichen Mengen pro kg Körpergewicht:

	Kaninchen	Hunde
taurocholsaures Natrium	0,35 g	0,6 bis 0,7 g
glykocholsaures Natrium	0,50 g	0,8 „ 1,0 g

Die bei ikteruskranken Menschen häufig beobachteten schweren Symptome sind wahrscheinlich auf die Anhäufung von Gallensäuren im Blute zurückzuführen, deren Wirkungen die sog. „cholämische Intoxikation" in befriedigender Weise erklären und mit dem Krankheitsbilde des „*Icterus gravis*" eine weitgehende Ähnlichkeit zeigen.

Die Gallensäuren lassen sich nach ihren Wirkungen im pharmakologischen System am besten der Gruppe der „Saponinsubstanzen" anreihen. Mit diesen haben sie qualitativ die Wirkungen auf die Blutkörperchen, die Muskeln, den Zirkulationsapparat und auf das Nervensystem gemein.

Giftschlangen, Thanatophidia.

Übersicht.

Schlangen, Ophidia.

Seit dem biblischen Ursprung des Menschen besteht die Feindschaft zwischen diesem und den Schlangen, ohne daß aus dem mit allen Mitteln und mit vollster Erbitterung geführten Kampfe der Mensch bisher siegreich hervorgegangen wäre; denn auch heute noch sterben alljährlich viele Tausende von Menschen an den Folgen von Schlangenbissen, während andererseits die Ausrottung der Giftschlangen vom Menschen bisher ohne Erfolg angestrebt worden ist.

Die hervorragende Rolle, welche die Vergiftungen durch Schlangen und die Therapie dieser Vergiftungen schon im Altertum spielten, geht deutlich aus einer Reihe auf uns gekommener literarischer Denkmäler jener Zeiten hervor. In den medizinischen Schriften der Inder (in den Rig-Veda des Susruta), der alten Ägypter, der Araber, Perser, Griechen und Römer nimmt, zum Teil wohl durch die Häufigkeit und Gefährlichkeit der die warme und die heiße Zone bewohnenden Giftschlangen bedingt, die Behandlung des Schlangenbisses stets einen breiten Raum ein. Aber nicht nur die durch Giftschlangen entstehende Gefahr für das Leben ist es, welche das Interesse der weitesten Kreise zu allen Zeiten für diese Tiere geweckt und wachgehalten hat, denn auch die ungiftigen Spezies, die Schlangen ganz allgemein, spielten von jeher aus religiösen und mystischen Beweggründen eine hervorragende Rolle bei den Alten. Die Lebensweise und Gewohnheiten der Schlangen und ihr Habitus sind wohl für dieses tiefe und weitgehende Interesse verantwortlich zu machen, wobei unbewußt die Furcht vielleicht doch das inspirierende Moment darstellt; denn bei allen Völkern kommt die Furcht vor giftigen oder vermeintlich giftigen Reptilien in Sagen und religiösen Anschauungen zum Ausdruck.

Unter diesen Bedingungen und infolge der angedeuteten Verhältnisse kann es nicht überraschen, wenn sich gerade um die Schlangen ein aus dunkelstem Aberglauben entspringender Sagen-

kreis gebildet hat, welcher erst durch genaue Beobachtung und
an der Hand des wissenschaftlichen, streng logisch formulierten
und ausgeführten Experimentes durchbrochen werden konnte.

Um hier nur beispielsweise aus der Fülle von abergläubischen
Vorstellungen der Alten einiges wiederzugeben, sei auf gewisse
Angaben von Herodot, Aristoteles, Plinius und Aelian hin-
hingewiesen. Herodot[1]) beschreibt geflügelte Schlangen und
Aristoteles[2]) weiß, daß die ausgestochenen Augen und der ab-
gehauene Schwanz wieder wachsen. Aelian[3]) kennt eine Purpur-
schlange, welche nicht beißt, sondern den Feind anspeit, worauf
das getroffene Glied oder der betreffende Körperteil abfault oder
gangränös wird. Wie auf anderen Gebieten, so übertrifft aber
auch hier Plinius[4]) alle anderen an Produkten der Phantasie.
Nach ihm entstehen die Schlangen aus dem Rückenmark mensch-
licher Leichen und haben weder Wärme noch Blut. Die „Amphisbänen" genannten Schlangen haben auch am Schwanze einen
Kopf und können vorwärts und rückwärts kriechen. Eine andere
Schlangenart, die Jacula oder Akontias, vermag sich wie ein
Wurfspieß vorwärtszuschleudern.

Derartigen wunderlichen Erzählungen über Schlangen be-
gegnet man bei der großen Mehrzahl der Schriftsteller des Mittelalters und auch heute sind im Volksglauben dieselben noch Gegenstand häufiger und abergläubischer Erörterung. Die angebliche
oder vermeintliche Zauberkraft der Klapperschlange gibt immer
noch Veranlassung zu breit angelegten Diskussionen, mehr philosophischen als naturwissenschaftlichen Inhalts, worin man zu
ergründen sucht, warum ein von der Schlange zur Beute aus-
ersehener Vogel unter dem Einfluß und Banne der Augen des
Reptils schließlich nicht mehr imstande sein soll, zu entfliehen und
sich in den Rachen der Schlange stürzt[5]).

In der Volksmedizin spielt das Schlangenfett heute noch eine
Rolle als Mittel gegen Rheumatismus und ein aus Klapperschlangen-

---

[1]) Histor. 2, 75; 4, 191.
[2]) Histor. anim. 2, 12.
[3]) Histor. anim. 3, 11.
[4]) Histor. nat. 11, 62.
[5]) Vgl. hierzu Benjamin Smith Bartons Abhandlungen über
die vermeinte Zauberkraft der Klapperschlange usw. Übersetzung von
E. A. W. v. Zimmermann. Leipzig (1798).

eiern bereitetes Öl soll heute noch im Staate Connecticut in Nordamerika gegen Rheumatismus und Neuralgie verwendet werden. In Italien wird Vipernbrühe vom Volke gegen gewisse chronische Krankheiten, gegen Lähmungen, Hautkrankheiten, *Marasmus senilis* usw. angewandt. Ein „*Axungia viperarum*" genanntes Präparat fand sich noch in der Pharmacopoea Wirtembergica vom Jahre 1760. In ausgedehntestem Maße bediente sich aber die Homöopathie des Schlangengiftes als Heilmittel und zwar fast als Universalpanacee, wofür ein im Jahre 1837 erschienenes Buch[1]) beredtes Zeugnis ablegt.

Den Überlieferungen der Alten und der kritiklosen Übernahme der Angaben späterer Autoren von früheren wurde erst durch die Untersuchungen von Charas, Redi und Fontana um die Mitte des 18. Jahrhunderts ein Ziel gesetzt. Seitdem hat die experimentelle Forschung die Fragen nach der Herkunft des Giftes, dem Modus seiner Einverleibung und dessen Wirkungen sowie die anatomischen Verhältnisse des Giftapparates in den wesentlichsten Punkten aufgeklärt.

Es fragt sich vor allem, was wir unter Giftschlangen zu verstehen haben. Diese sind nicht immer leicht von den „ungiftigen" Schlangen zu unterscheiden, denn selbst das Fehlen von äußerlich sichtbaren und bei den zweifellos als Giftschlangen anerkannten Individuen auf den ersten Blick ins Auge fallenden Giftzähnen bietet keinen sicheren Anhaltspunkt für die Beurteilung der Giftigkeit oder Ungiftigkeit einer bestimmten Schlange.

Es handelt sich, wie es scheint, bei der Entscheidung dieser Frage um quantitative Unterschiede sowohl in der Entwickelung der Giftdrüsen und der Wirksamkeit des Giftsekretes als auch in dem mehr oder weniger dem spezifischen Zweck der Einverleibung des Giftes dienenden und diesem angepaßten charakteristischen Bau der Giftzähne und um die Stellung der letzteren im Kiefer.

Unter Zugrundelegung dieser Anschauung und auf den genannten Tatsachen basierend, können wir eine natürliche Reihe oder Serie der Giftschlangen aufstellen, an deren einem Ende

---

[1]) Denkschriften der Nordamerikanischen Akademie der homöopathischen Heilkunst. Erste Lieferung. Wirkungen des Schlangengiftes usw., von Constantin Hering. Leipzig u. Allentown, Pa, 1837.

als Repräsentant der „ungiftigen" Schlangen der sog. „*Serpentes innocui*", eine Schlange vom Typus der Ringelnatter *(Tropidonotus natrix, T. viperinus)* oder der Zornnatter (*Zamenis mucosus*) ihren Platz im System finden würde, während am anderen Ende dieser Reihe eine mit großen, hoch entwickelten, ein äußerst wirksames Giftsekret liefernden Giftdrüsen ausgestattete Schlange stehen würde, bei welcher außerdem die Einverleibung des Giftes mittels eines hoch differenzierten, spezialisierten Zahnes mit großer Kraft erfolgt, z. B. die Cobra (Naja Tripudians).

Die Giftdrüsen der Ringelnatter[1] und der Zornnatter[2] sind klein und liefern ein nur schwach wirksames Sekret, für dessen Einverleibung sogar ein besonderer Apparat fehlt. Doch ist zu berücksichtigen, daß das Serum aller darauf untersuchten Schlangen, gleichgültig ob dieselben einen Apparat zur Einverleibung des Giftes haben oder nicht, qualitativ die gleiche Wirkung wie das Sekret der Giftdrüsen zeigt[3]), so daß die Einteilung der Schlangen in „giftige" und „ungiftige" nur vom rein praktischen, nicht aber vom zoologisch-evolutionären Standpunkte aufrecht zu erhalten ist[4]).

Vom rein praktischen, speziell in bezug auf den Menschen, nicht aber vom wissenschaftlichen Standpunkte sind demnach als Giftschlangen nur diejenigen Schlangen zu bezeichnen, welche einen Giftapparat, d. h. Giftdrüsen in Verbindung mit Giftzähnen besitzen, dessen sie sich aktiv (vgl. S. 5) bedienen können.

Systematik der Giftschlangen, Thanatophidia.

Die nachfolgende Zusammenstellung der wichtigsten Giftschlangen erhebt keinen Anspruch auf Vollständigkeit. Sie bezweckt nur, dem Rahmen dieser Schrift sich anpassend, eine Übersicht der wichtigsten Familien und Arten der Giftschlangen zu geben, wobei es für die allgemeine Orientierung zweck-

---

[1]) Blanchard: Compt. rend. de la soc. de biologie 10 [1], 35 (1894).

[2]) A. Alcock and L. Rogers: Proc. of the Royal Soc. 70, 446 (1902).

[3]) Calmette: Compt. rend. de la soc. de biologie 10 [1], 11 (1894).

[4]) Vgl. hierzu auch Jourdain: Compt. rend. 118, 207 (1894), sowie Phisalix und Bertrand, Compt. rend. 117, 1099—1102 (1894).

Thanatophidia, Giftschlangen [1])

A. Colubridae venenosae, Giftnattern

I. Opistoglypha, „verdächtige Schlangen“, „*serpentes suspecti*“. Furchenlose Zähne vorn im Oberkiefer; hinten einen oder mehrere geriefte Giftzähne. Fast alle sind giftig; das Gift ist aber wenig wirksam und die Stellung der Zähne so ungünstig, daß sie für den Menschen und größere Tiere ungefährlich sind. Der Biß kann jedoch kleinere Tiere (Beute) lähmen.

Homalopsinae, Wasserschlangen

Dipsadomorphinae, Peitschennattern

Elachistodontinae, Kurzzähner

II. Proteroglypha, Furchenzähner. Kräftige, mit einer tiefen Furche versehene Giftzähne im vorderen Teile des Oberkiefers, in Verbindung mit oft mächtig entwickelten Giftdrüsen.

Hydrophinae, Seeschlangen

Elapinae, Prunkottern

B. Viperidae, Solenoglypha, Röhrenzähner

I. Crotalinae, Grubenottern. Kopf sehr breit. Auf beiden Seiten des Kopfes zwischen Auge und Nasenloch eine tiefe Grube, daher Grubenottern, englisch „Pit Vipers“.

II. Viperinae, Vipern. Kopf sehr breit. Die für die Crotalinae charakteristische Grube zwischen Auge und Nasenloch fehlt.

In den sehr kleinen Oberkiefern jederseits ein der Länge nach durchbohrter Giftzahn.

[1]) Nomenklatur nach G. A. Boulenger: Catalogue of the snakes in the British Museum. 3 Bände. London (1893—1896). Die den wissenschaftlichen Namen beigefügten deutschen Namen sind den bekannten Werken von Brehm oder Leunis entnommen.

mäßig und auch von allgemeinem Interesse ist, neben den wissenschaftlichen und deutschen Namen einiges über die geographische Verbreitung, über besondere Merkmale, Lebensgewohnheiten usw. dieser für den Menschen ein besonderes, in manchen Gegenden sogar hervorragendes praktisches Interesse beanspruchenden Gifttiere kurz anzugeben. An der Hand der hier gegebenen Übersicht wird dem Interessenten eine eingehendere Beschäftigung mit dem Gegenstande unter Zuhilfenahme der bekannten Hand- und Lehrbücher der Zoologie und der einschlägigen Fachliteratur nicht schwer fallen.

A. Colubridae venenosae, Giftnattern.

I. Opistoglypha.

Die **Opistoglyphen**, „verdächtige Schlangen" oder „*Serpentes suspecti*" sind lange Zeit Gegenstand lebhafter Kontroverse unter den Herpetologen gewesen. Seit der Mitteilung des holländischen Gelehrten Reinwardt (1826) über gewisse auf Java einheimische und von den Bewohnern dieser Insel sehr gefürchtete Schlangen, welche im hinteren Teile des Kiefers lange, gefurchte Zähne besitzen, und seit der Veröffentlichung der Angaben Reinwardts durch Boie[1]) in Leyden haben sich mit der Frage nach der Giftigkeit der Opistoglyphen eine Reihe von Forschern beschäftigt, darunter besonders v. Schlegel[2]), welcher die Giftigkeit dieser Schlangen leugnete. Die auf rein anatomischen Befunden ruhenden Angaben Schlegels erfuhren durch C. L. Duvernoy[3]) in Straßburg überzeugenden Widerspruch, infolgedessen Duméril und Bibron in ihrem monumentalen Werke, ihrer „Erpétologie Générale", die Schlangen mit gefurchten, im hinteren Teile des Kiefers stehenden Zähnen in eine be-

---

[1]) Erpétologie de l'île de Java. Bull. sciences nat., T. IX. Paris 1826, und Oken's Isis, p. 213 (1826).

[2]) Literatur bei L. Stejneger: The poisonous snakes of North America. Report of the U. S. National Museum for 1893, p. 346—351. Washington 1895.

[3]) Mémoire sur les caractères tirés de l'Anatomie pour distinguer les serpens venimeux des serpens non venimeux. (Lu à l'Académie des Sciences le 25. Octobre, 1830.) Extrait des Annales des Sciences naturelles 26 [3], 40—45 (1830).

sondere Klasse der Opistoglyphen einreihten. Schlegel verharrte in seiner „Physiognomie des Serpents" (1837) auf
seinem schon früher behaupteten Standpunkte und die wissenschaftliche Autorität dieses Forschers ließ diese interessante
Unterabteilung der Giftschlangen wegen ihrer angeblichen Ungiftigkeit in Vergessenheit geraten, bis die Italiener M. G. Peracca
und C. Deregibus (1883) bei der in der Umgegend von Nizza
und in Italien häufig vorkommenden Eidechsennatter, *Malpolon
lacertina* s. *Coelopeltis lacertina Wagl.*, *C. insignita* die Giftigkeit
und die tödliche Wirkung des Bisses dieser opisthoglyphen Schlange
durch Tierversuche an Eidechsen, Fröschen und Kröten experimentell
nachwiesen. Die Giftigkeit anderer in diese Klasse gehöriger
Schlangen wurde dann von:

A. Dugès   bei   *Trimorphodon biscutatus,*

O. E. Eiffe   „   *Tarbophis vivax* (Katzenschlange),

L. Vaillant   „   *Tragops prasinus,*

F. Niemann   „   *Tragops prasinus* und

                    „   *Leptodeira annulata,*

C. S. West[1]   „   *Dryophis* (Peitschenbaumschlange)

mit Sicherheit festgestellt.

Daß der Biß der opistoglyphen Schlangen auch für den
Menschen nicht ganz ohne Folgen sein kann, geht aus zwei
von J. J. Quelch[2] beschriebenen Fällen hervor, in welchen Bisse
von *Erythrolamprus aesculapii* und *Xenodon severus* lange dauernde
und schmerzhafte Entzündung des verletzten Fingers verursachten.

Die Tatsache, daß auch der Biß von *Xenodon severus* diese
entzündungserregende Wirkung haben kann, verdient Beachtung,
weil bei dieser Schlange die hinten stehenden Zähne überhaupt
nicht gefurcht sind, und es entsteht die Frage, ob nicht auch
das Speicheldrüsensekret der nur mit soliden, und nicht mit
gefurchten oder von einem Kanal durchbohrten Zähnen ausgerüsteten Schlangen ebenfalls giftig ist. Dieses scheint in der
Tat der Fall zu sein, denn Phisalix und Bertrand[3] haben bei
Tropidonotus, einer „aglyphen" (furchenlosen) Schlange, das

---

[1] Proceedings of the Zoological Society for 1895, p. 313.
[2] Zoologist 1893.
[3] Compt. rend. **118**, 76—79 (1894), und Soc. de Biologie **10** [1],
8—10 (1894).

Speicheldrüsensekret auf seine Wirksamkeit geprüft und dasselbe für Meerschweinchen tödlich gefunden.

A. Alcock und L. Rogers[1]) experimentierten mit wässerigen Auszügen von Speicheldrüsen der „aglyphen" Colubriden, der oben angeführten Zornnatter, *Zamenis mucosus*, und einer der Ringelnatter nahe verwandten Schlange, *Tropidonotus piscator*. Sie sahen Mäuse und Ratten innerhalb 21 bis 36 Minuten nach der subkutanen Injektion derartiger Auszüge unter Konvulsionen an Respirationsstillstand zugrunde gehen, wobei die Zirkulation die Respiration überdauerte. Das Serum der genannten Schlangenarten fanden Alcock und Rogers wenig wirksam.

Aus dem oben gesagten geht hervor, daß das Speicheldrüsensekret der opistoglyphen und aglyphen Schlangen sicherlich giftig ist, und daß dieselben unzweifelhaft zu den Giftschlangen gezählt werden müssen, wenn auch ihr Biß für den Menschen keine ernsteren Folgen zu haben pflegt.

II. Proteroglypha, Furchenzähner.

Von weit größerer praktischer Bedeutung als die erste, eben besprochene Gruppe der Giftschlangen ist die zweite Gruppe der Colubridae, die Proteroglypha, Furchenzähner, welche sich durch zwei kräftige, vorn im Oberkiefer stehende, mit mehr oder weniger tiefen Längsfurchen an der Vorderfläche versehene Giftzähne auszeichnen; die Giftzähne kommunizieren an ihrer Basis mit den Ausführungsgängen der oft mächtig entwickelten Giftdrüsen. In diese Gruppe gehören

1. Die **Hydrophinae**, Seeschlangen, mit abgeplattetem, ruderförmigem Schwanze und seitlich mehr oder weniger zusammengedrücktem Körper, leben alle in der Nähe der Küste im Meere mit Ausnahme der *Distira semperi*, welche einen Süßwassersee, den Taalsee auf Luzon (Philippinen) bewohnt. Man findet sie oft in großen Scharen im Indischen und im ganzen tropischen Teil des Pacifischen Ozeans; sie sollen dagegen an der Ostküste Afrikas ganz fehlen. Alle sind giftig, doch sind die Angaben über

---

[1]) Proceedings of the Royal Soc. **70**, 465. 22. Aug. 1901.

ihre Bös- oder Gutartigkeit sehr verschieden. Calmette[1]) bezeichnet sie als „sehr bösartig", während Brenning[2]) behauptet,
daß sie die am wenigsten gefährlichen Giftschlangen sind und
auch die relativ kleinsten Giftzähne haben[3]). In ihrer Lebensweise im Wasser dürfte jedoch der Grund zu suchen sein, weshalb
sie dem Menschen selten gefährlich werden.

Die häufigsten Arten sind:

Platurus fasciatus Latr., die Zeilenschlange, im Indischen und
Chinesischen Meere vorkommend. Länge des Giftzahnes 1 mm bei
75 cm Körperlänge.

Platurus laticaudatus L. Giftzähne 2 mm bei 90 cm Totallänge.

Hydrophis cyanocincta Gthr., die Streifenruderschlange, im
Meere zwischen Ceylon und Japan. Giftzähne 2 bis 3 mm lang;
Totallänge 45 bis 75 cm.

Hydrophis pelamoïdes Schl., im Indischen Ozean, und

Pelamis bicolor Daud., die Plättchenschlange, die gemeinste
giftige Seeschlange, deren Verbreitungsgebiet sich von Madagaskar
bis zum Golfe von Panama erstreckt. Die Giftzähne sind sehr
fein und $1^1/_2$ mm lang bei einer Körperlänge von 50 cm. Es
sollen Menschen vier Stunden nach ihrem Bisse gestorben sein,
doch sind Todesfälle nur ausnahmsweise beobachtet worden.

Untersuchungen über das Gift einiger Hydrophinae haben
erst in letzter Zeit Leonard Rogers[4]) sowie T. R. Fraser und
R. H. Elliot[5]) ausgeführt.

Rogers fand, daß das getrocknete Gift von *Enhydrina
bengalensis* gegen Siedehitze erheblich weniger widerstandsfähig
ist als Cobragift und daß es qualitativ wie letzteres, quantitativ

---

[1]) A. Calmette: Vergiftungen durch tierische Gifte in C. Menses
Handbuch der Tropenkrankheiten 1, 297. Leipzig (1905).

[2]) M. Brenning: Die Vergiftungen durch Schlangen, S. 22.
Stuttgart (1895).

[3]) Brenning sowie Fayrer haben bei einer großen Anzahl von
Giftschlangen die Länge der Giftzähne gemessen. Die bei den einzelnen
Schlangen hier wiedergegebenen Zahlen sind der Monographie von
Brenning entnommen.

[4]) Proc. Royal Soc. 71, 481—496, und 72, 305—319. London (1903).

[5]) Contributions to the Study of the Action of Sea-snake Venoms.
Scott. med. and surg. Journ., January (1904), und Proc. Royal Soc. 73,
June 9. London (1904).

aber bedeutend stärker wirkt. Von dem von Fraser nnd Elliot untersuchten getrockneten Gifte von *Enhydrina valakadien* töteten:

Ratten . . . . 0,09 mg ⎫
Kaninchen . . . 0,06 „ ⎬ pro kg Körpergewicht.
Katzen . . . . 0,02 „ ⎭

2. Die **Elapinae**, Prunkottern, unterscheiden sich äußerlich von den Meerschlangen durch ihre fast zylindrische Körperform. Zu dieser Gattung gehört die Mehrzahl der gefährlichsten Schlangen Indiens und Indochinas, von welchen die Arten Bungarus, Naja und Callophis besonders gefürchtet sind.

Bungarus fasciatus und *B. coeruleus*, letztere von den Eingeborenen Krait oder Gedi Paraguda genannt, können eine Körperlänge von 1 bis $1^1/_2$ m erreichen. Trotz ihres häufigen Vorkommens sind sie wegen der kleineren Giftzähne für den Menschen weniger gefährlich als

Naja tripudians, die ostindische Brillenschlange, oder Cobra di Capello, die Hutschlange, häufig auf den Monumenten der Hindu abgebildet, wird $1^1/_2$ bis 2 m lang. Diese Schlange verdankt ihre populären Namen einer brillenartigen Zeichnung auf der dorsalen Halsfläche und der Fähigkeit, die ersten Rippenpaare auszubreiten, so daß der Hals fallschirmartig und viel breiter als der Kopf, etwa wie ein Hut (portugiesisch capello) erscheint. Sie findet sich außer in Ostindien auch auf Java und in Südchina und ist eine der gefährlichsten Giftschlangen. Die Mortalität wird auf 25 bis 30 Proz. der Gebissenen geschätzt.

Ophiophagus elaps, die Königshutschlange, die Sunkerchor (Schädelbrecher) der Indier, welche auch auf den Andamanen, den Sundainseln und in Neuguinea vorkommt, ist die größte und nach Fayrer[1]) wahrscheinlich die gefährlichste Giftschlange Ostindiens. Sie wird 3 bis 5 m lang und soll durch ihren Biß einen Elephanten in drei Stunden töten können und auch den Menschen angreifen.

Die verschiedenen Spezies von Callophis sind wegen ihrer bunten und zierlichen Färbung auffallend und bemerkenswert. Sie sind im allgemeinen klein und selten über 70 cm lang; ihr Gift ist

---

[1]) J. Fayrer: Thanatophidia of India. London, J. u. A. Churchill, 1872. Daselbst auch vorzügliche farbige Abbildungen der Giftschlangen Indiens.

von heftiger Wirkung auf kleinere Tiere; für den Menschen sind die Callophis-Schlangen, obgleich bei den Eingeborenen sehr gefürchtet, wegen der geringen Länge ihrer Giftzähne ($^3/_4$ mm bei einem 37 cm langen Exemplar, Brenning) jedoch wenig gefährlich.

Callophis intestinalis Gthr., in Indien einheimisch, zeichnet sich durch die Lage ihrer Giftdrüsen aus, welche sich nicht wie bei den meisten Giftschlangen im Maule, sondern in der Bauchhöhle finden.

Callophis japonicus ist eine der wenigen Giftschlangen Japans.

Die wichtigsten der in Afrika einheimischen Elapiden sind:

Sepedon haemachates Merr., die Speischlange, fast ebenso giftig wie *Naja tripudians* und *Naja haje*, in Süd- und Mittelafrika vorkommend. Die Halsrippen sind wie bei den Najas beweglich und können ausgespreizt werden. Von den Einwohnern der von der Speischlange bewohnten Gegenden wird allgemein angegeben, daß dieselbe ihr Gift mehr als einen Meter weit speien oder schleudern kann und daß, falls die Giftflüssigkeit ins Auge gelangt, die eintretende heftige Entzündung Verlust des Sehvermögens bewirken kann; meistens erfolgt jedoch nur eine mehr oder weniger heftige Bindehautentzündung.

Naja haje Merr., die Uräusschlange, die Aspis der Alten, die ägyptische Brillenschlange, die Schlange der Kleopatra, die Schutzgöttin der Tempel der alten Ägypter, auf den altägyptischen Baudenkmälern häufig abgebildet, erreicht oft eine Länge von 2 bis $2^1/_4$ m und findet sich im nördlichen und westlichen Afrika, besonders häufig in Ägypten, wo sie sehr gefürchtet und eifrig verfolgt, von den Schlangenbeschwörern (vgl. Psylli, a. a. O., unten) jedoch viel für deren Vorführungen, ebenso wie *Naja tripudians* in Indien, benutzt wird. Bei einem 174 cm langen Exemplar fand Brenning 6 mm lange Giftzähne. Dieses Reptil soll, wenn verfolgt, sich tapfer zur Wehr setzen und auch in der Gefangenschaft, die es aber nicht länger als sechs bis acht Monate erträgt, stets wild und bösartig bleiben (Calmette).

Von anderen in Afrika lebenden Najaarten sind zu nennen:
Naja regalis Schl., an der Goldküste, und

Naja nigricollis Reinh., in Guinea, Sierra Leone und an der Goldküste.

In Australien sind die Elapinae die einzig vorkommenden Giftschlangen. Die wichtigsten sind:

Pseudechis porphyriacus Wagl., die Trugotter, „black snake", in Australien am häufigsten vorkommend, erreicht eine Länge von $1^1/_2$ bis $2^1/_2$ m und wird allgemein wegen ihres oft todbringenden Bisses gefürchtet.

Hoplocephalus curtus Schl., Tigerschlange, Tigersnake, häufig in der Umgegend von Sidney, deren Biß oft tödlich ist.

Hoplocephalus superbus Gthr., „large scaled" oder „diamond snake".

Acanthophis antarcticus s. *cerastinus*, die Todesotter oder Todesnatter, Death adder, ist die gefährlichste der australischen Schlangen, ein häßliches, plumpes Reptil. Die Acanthophisarten sind an ihrem mit dachziegelförmig angeordneten, rauhen und stacheligen Schuppen bedeckten Schwanze zu erkennen, welcher in einen spitzen Dorn oder Stachel ausläuft.

Von den in Amerika vorkommenden Elapiden sind hauptsächlich zu nennen:

Elaps corallinus, die Korallenschlange, Coralsnake, findet sich in Florida, Columbien, Guayana, Venezuela und Brasilien. Sie erreicht eine Länge von nicht über 80 cm und ist für den Menschen wegen der Kleinheit der Giftzähne und deren ungünstigen Stellung im Kiefer nicht sehr gefährlich, obwohl das Giftsekret äußerst wirksam ist. Die Farbe dieser Giftschlange ist eine prachtvoll glänzende rote; außerdem ist der Körper mit 25 bis 27 schwarzen, bläulich weiß geränderten Ringen geschmückt.

Elaps fulvius L., Harlequinsnake, von sehr eleganter und phantastischer Färbung, und

Elaps euryxanthus, durch weiße, rote und schwarze Querstreifung (Ringe) ausgezeichnet, finden sich im südlichen Teile der Vereinigten Staaten und in Arizona bis zu einer Höhe von 1800 m über dem Meeresspiegel. Giftigkeit wie bei *E. corallinus*.

In Europa fehlen die *Colubridae venenosae* oder Proteroglyphen gänzlich.

B. Viperidae.

Solenoglypha, Röhrenzähner,

zerfallen in zwei Unterabteilungen, von welchen sich die

I. **Crotalinae**, Grubenottern, durch eine jederseits zwischen Auge und Nasenloch gelegene tiefe Grube unterscheiden von den

II. **Viperinae**, Vipern, bei welchen diese, die Crotaliden charakterisierende Grube zwischen Auge und Nasenloch fehlt.

I. Crotalinae, Grubenottern.

Über die Bedeutung oder die Funktion der charakteristischen Grube ist nichts sicheres bekannt. Leydig[1]) fand bei der histologischen Untersuchung dieses „Organes" einen, am Boden der Grube nach Art des Opticus in der Retina oder des Acusticus im Ohrlabyrinth endigenden dicken Nerven und schloß aus diesem morphologischen Befunde, daß die Grube mit ihren Adnexa ein „sechstes Sinnesorgan" darstellt. Über die Funktion des letzteren wissen wir nichts, auch läßt sich aus den Lebensgewohnheiten dieser Tiere kein Schluß auf die mögliche Funktion des Organs ziehen.

Die Familie der Crotaliden umfaßt die Gattungen Crotalus, Lachesis, Trigonocephalus, Bothrops, Trimeresurus, welche sich im allgemeinen durch sehr lange und kräftige Giftzähne auszeichnen und deshalb zu den gefährlichsten Giftschlangen zu zählen sind.

1. Die Gattung **Crotalus** unterscheidet sich von den übrigen Gattungen dieser Familie und auch von allen anderen Schlangen durch ein am Ende des Schwanzes sitzendes, eigenartiges und charakteristisches Gebilde, welches aus einer Anzahl von kegelförmigen, beweglich ineinander greifenden Schuppen oder Hornkegeln besteht. Durch rasche Bewegungen der Schwanzspitze vermag die Schlange mittels dieses Apparates ein rasselndes Geräusch oder „Klappern" zu erzeugen; diesem Vermögen ver-

---

[1]) Nova acta Acad. Caes. Leopold. Nat. Curios. 34 [5], 89—96 (1868).

dankt die Gattung die Namen „Klapperschlangen" im Deutschen, „rattlesnakes" im Englischen und „serpents à sonnettes" im Französischen.

Die Frage nach dem Zwecke dieses Apparates und des eventuellen Nutzens für das Tier hat ebenso wie die Frage nach der vermeintlichen „Zauberkraft der Klapperschlange" (vgl. oben S. 31) zu einer Unmenge von „Meinungsäußerungen" und philosophischen Spekulationen Veranlassung gegeben[1]), durch welche die Frage jedoch keineswegs aufgeklärt oder gar gelöst worden ist.

Die Zahl der die Klapper bildenden Hornringe oder Kegel ist keine konstante, beträgt aber selten mehr als 20. Sie gestattet keinen Schluß auf das Alter der Schlange. Während der Häutung verliert die Schlange ihre Klapper; diese wächst aber bald wieder nach.

Die Klapperschlangen finden sich nur in Amerika. Sie greifen den Menschen nicht an und beißen nur, wenn sie überrascht oder angegriffen werden.

Crotalus durissus Daud., die nordamerikanische Klapperschlange, ist die am häufigsten vorkommende Giftschlange der Vereinigten Staaten und wird bis 1,5 m lang. Giftzähne 10 bis 15 mm lang.

Crotalus horridus Daud., die südamerikanische Klapperschlange, die *Cascavela* oder *Boiquira* der Brasilianer, nach Stejneger aber auch in Nordamerika vorkommend, Länge 1 bis 1,6 m; Giftzähne 10 bis 13 mm, kräftig und stark gekrümmt. Bei jedem Biß sollen etwa 1,5 g Gift entleert werden. Todesfälle häufig, wenn die Zähne tief eindringen.

Crotalus adamanteus Pall., die Rauten- oder Diamantklapperschlange, wird bis zu 2½ m lang und findet sich vorwiegend in Florida und im Südosten der Vereinigten Staaten. Trotz der Größe des Tieres und dessen bedeutendem Giftvorrat sind Todesfälle selten.

2. Bei der Gattung **Lachesis** finden sich an Stelle der Klapper am Schwanzende mehrere Reihen dorniger Schuppen. Die wichtigste Schlange dieser Gattung ist *Lachesis rhombeata Pr. Neuwied*, s. *Lachesis muta Daud.*, s. *Crotalus mutus L.*, die Surucucu oder der „Buschmeister" der holländischen Kolonisten von Surinam. Sie kommt hauptsächlich in den Urwäldern der Ost-

---

[1]) Vgl. Stejneger, S. 389 bis 392. a. a. O., oben S. 35.

küste von Südamerika, am häufigsten in Guayana vor und ist, eine Länge von 3 m erreichend, neben *Ophiophagus elaps* (vgl. oben S. 39) die größte Giftschlange. Bei einem 175 cm langen Exemplare betrug die Länge der Giftzähne 20 mm.

3. Die Gattung **Ancistrodon s. Trigonocephalus** hat einen spitzen Schwanz, ohne Klapper und ohne Dornen, Kopf dreieckig.

Ancistrodon contortrix L. oder *Trigonocephalus contortrix Holbrook*, „Copperhead", auch „Upland Moccasin", „Chunk Head", „Deaf Adder" und „Pilot Snake" genannt, wird selten über 1 m lang, ist aggressiver als die Klapperschlangen und daher mehr gefürchtet, obwohl Yarrow[1] unter vielen Vergiftungsfällen in der Literatur nur einen Todesfall bei einem sechsjährigen Knaben erwähnt fand.

Ancistrodon s. Trigonocephalus piscivorus Lacépède, die Wassermoccasinschlange, „Water Moccasin" oder „Cottonmouth", erreicht eine Länge von 1,5 m. Giftzähne an einem Kopfskelett 7 mm lang (Brenning). Das Gift soll weniger wirksam als dasjenige der Klapperschlange sein und Todesfälle sind wohl sehr selten. Diese Schlange findet sich in den sumpfigen und wasserreichen Gegenden der südöstlichen Küstenstaaten der Union bis an die Grenze von Mexiko und ist der Schrecken der in den Reisfeldern arbeitenden Neger, weil sie angeblich jedes sich ihr nähernde Wesen, Menschen und Tiere, angreift. Eine eingehende Schilderung ihrer Lebensgewohnheiten in der Gefangenschaft hat R. Effeldt[2] geliefert.

Trigonocephalus rhodostoma Reinw., ist auf Java und in Siam, wo sie oft in die Wohnungen eindringen soll, sehr gefürchtet. Der Biß soll in weniger als einer Viertelstunde töten. Giftzahn 12 mm lang (Brenning).

4. Die Gattung **Bothrops** zeigt viel Ähnlichkeit mit der Gattung Trigonocephalus. Sie unterscheidet sich von dieser durch ein großes Supraciliarschild auf beiden Seiten des Kopfes.

Bothrops jararaca Neuw., die Jararacá (Schararaca), die häufigste Giftschlange Brasiliens, bis 1,8 m lang werdend und dem Menschen angeblich besonders gefährlich, weil sie denselben, auch

---

[1] Am. Journ. Med. Sc. (n. s.) **87**, 422—435 (1884).
[2] Zoolog. Garten **15**, 1 bis 5 (1874).

ohne gereizt zu werden, angreifen und sogar verfolgen soll;
jährlich ein Todesfall auf 100 bis 200 Einwohner.

Bothrops atrox Dum. (Lachesis atrox), die L a b a r i a d e r
K o l o n i s t e n, von den Macusis auch S o r o r a i m a genannt, hauptsächlich in den Urwäldern von Guayana und Brasilien. Exemplare
von 38, 75 und 85 cm Länge besaßen 4, 9 und 12 mm lange Giftzähne (Brenning). Sehr gefürchtet, weil der Biß fast immer,
wenn auch erst spät (24 Stunden), den Tod herbeiführt.

Bothrops lanceolatus Wagl., die L a n z e n s c h l a n g e, „F e r d e
l a n c e", findet sich auf den Antillen und kommt besonders häufig
auf M a r t i n i q u e vor, wo jährlich 50 bis 100 Menschen an den
Folgen ihres Bisses sterben. Die Giftzähne sind sehr lang, nach
R u f z[1]) 25 bis 34 mm; nach B r e n n i n g 15 mm bei einem 150 cm
langen Exemplar.

5. Von der G a t t u n g **Trimeresurus** ist besonders zu nennen
die H a b u s c h l a n g e, *Trimeresurus riukiuanus Hilg.*, auf den
Liu-Kiu-Inseln (Japan) so häufig vorkommend und derartig gefürchtet, daß ihr massenhaftes Auftreten die Räumung ganzer
Dörfer veranlaßt[2]). Aus diesem Grunde hat die dortige Regierung
einige japanische Gelehrte mit der Untersuchung der Verhältnisse
auf diesen Inseln und des Giftes der Schlange betraut. Einer
der beauftragten Sachverständigen, Herr Prof. T a k a h a s h i in
Tokio, teilte dem Verfasser mit, daß an manchen Orten tatsächlich
das massenhafte Vorkommen der Schlange die Einwohner zur
Flucht veranlaßt. Die Schlange kann eine Länge von 2 m erreichen; das Gift scheint sehr wirksam zu sein, obwohl der Tod
in manchen Fällen erst nach 48 Stunden eintritt. An Fröschen
konnte Verfasser mit einer von Prof. T a k a h a s h i ihm überlassenen Probe dieses Giftes das späte Eintreten des Todes
(72 Stunden) bestätigen.

Aus der vorstehenden Zusammenstellung der wichtigsten
Crotalidengattungen und -arten ist ersichtlich, daß diese Unter-
ordnung der Giftschlangen f a s t a u s s c h l i e ß l i c h a u f A m e r i k a

---

[1]) Enquête sur le serpent (Fer de lance) de la Martinique, p. 67.
Paris (1859).

[2]) Vgl. hierzu: L. D o e d e r l e i n, Die Liu-Kiu-Insel Amami Oshima.
Mitteilungen der Deutsch. Ges. für Natur- und Völkerkunde Ostasiens,
Heft 24, S. 22 bis 25. Yokohama (1881).

beschränkt ist und daß einige der für den Menschen gefährlichsten Thanatophidia derselben angehören.

II. Viperinae, Vipern.

Bei den meisten Vipern sind die Giftzähne kleiner als bei
den Grubenottern, können jedoch bei einzelnen Arten diejenigen
der Crotalinae an Größe und Stärke erreichen.

Die Gattung **Cerastes**, Hornvipern, ist in Afrika weit
verbreitet. Die verschiedenen Arten dieser Gattung zeichnen sich
aus durch die warzigen Schuppen, welche den Kopf be-
decken und sich über den Augen, vorn am Kopfe, zu hornartigen Gebilden oder Fortsätzen (Hörnern) erheben.

Cerastes aegyptiacus Wagl. ist die von den Schriftstellern des
Altertums oft genannte, von Herodot irrtümlich als ungiftig
bezeichnete „Hornviper", welche sich in Nordafrika besonders
in Ägypten, aber auch in Arabien findet. Länge des Giftzahnes
bei einem 51 cm langen Exemplare 6 mm.

Cerastes lophophrys Dum., bekannt unter dem Namen
„Helmbuschviper", im südlichen Afrika, am Kap der guten
Hoffnung lebend, ist ausgezeichnet durch ein über jedem Auge
sitzendes Büschel kleiner Hornfäden, daher Helmbuschviper.

Vipera arietans s. *Bitis arietans* s. *Clotho arietans Gr.*, die
im südlichen und äquatorialen Afrika einheimische Puffotter,
erreicht eine Länge von 1,6 m und hat einen dicken, gedrungenen
Körper mit kurzem Schwanze. Wird das Tier gereizt, so bläht
es den Leib bis zum Doppelten des normalen Volumens
auf und führt gegen den Angreifenden Stoßbewegungen aus
(puffen). Die Eingeborenen Südafrikas erzählen, daß die Puffotter außerordentlich gut springt, so daß sie z. B. einen Reiter
auf dem Pferde erreichen kann. Die Hottentotten verfolgen und
jagen sie wegen ihres Giftes, schneiden entweder die Giftdrüsen
heraus oder zermalmen den ganzen Kopf zwischen Steinen und
verwenden die mit gewissen Pflanzenextrakten vermischte Masse
als Pfeilgift (vgl. oben S. 10). Giftzähne bis 14 mm lang
(Brenning).

Bitis gabonica s. *Vipera rhinozeros Schl.*, die Rhinozeros-
viper, kommt nur im Gabungebiete im westlichen äquatorialen
Afrika, an den Ufern des Flusses Ogowe vor und zeichnet sich

aus durch ihre Größe (Länge bis zu $2^{1}/_{4}$ m) sowie durch ihr abschreckendes Aussehen. Menschen sollen nie von ihr angegriffen werden, doch ist das Gift sehr wirksam und führt rasch den Tod herbei. Brenning fand an einem Kopfskelett dieser Schlange im Berliner Museum 30 mm lange, sehr kräftige und stark gekrümmte Giftzähne.

In Ostindien, besonders in Birma, findet sich eine äußerst giftige, große und sehr schön gezeichnete Viper, die *Vipera Russelii Gthr.* s. *Daboia Russelii* s. *Echidna elegans,* von den Eingeborenen Katuka Rekula Poda oder auch Bora Siah Chunder genannt, welche eine Länge von 2 m erreichen kann und neben der Brillenschlange die meisten Todesfälle durch ihren Biß verursacht. Länge des Giftzahnes bei einem 110 cm langen Exemplare 14 mm (Brenning). Außer dem Menschen fallen auch weidende Rinder in großer Anzahl dieser Schlange zum Opfer.

In Australien und in Amerika[1]) fehlen zur Familie der Viperinae gehörige Schlangen gänzlich (vgl. oben S. 41).

Die in Europa vorkommenden Giftschlangen gehören sämtlich zur Familie der Viperinae, Gattung Vipera.

Vipera berus Daud. s. *Pelias berus Merr.,* die gemeine **Kreuzotter**, auch unter den Namen *Chersea, Prester, Torva* bekannt, kommt im ganzen nördlichen Europa bis zum 65. Grade nördlicher Breite und in Höhen bis zu 2000 m, aber auch in Norditalien, Spanien und Portugal vor. In manchen Gegenden Norddeutschlands[2]) wird die Kreuzotter zeitweise geradezu eine Landplage.

Besonders häufig findet sie sich im Königreich Sachsen, wo im Bezirke der Amtshauptmannschaft Ölsnitz in den Jahren 1889 bis 1893 je 2140, 3378, 2513, 2480 und 2741 Exemplare, in fünf Jahren also 13 452 Stück eingeliefert und für diese 3670 M. an Prämien bezahlt wurden.

In Frankreich wurden in den Jahren 1864 bis 1890 im Departement Haute-Saône 300 000 Kreuzottern gegen Prämie getötet und eingeliefert.

Varietäten der Kreuzotter sind die von den Alten unter dem Namen Prester oder Dipsas beschriebene *Vipera prester L.,* die

---

[1]) A. R. Wallace, Die geographische Verbreitung der Tiere. Deutsche Übersetzung von A. B. Meyer. S. 426 (1876).

[2]) Vgl. hierzu J. Blum, Die Kreuzotter und ihre Verbreitung in Deutschland. Abhandl. d. Senckenb. Ges. in Frankfurt, 15, 1888.

sog. Höllennatter und *Vipera chersea L.*, die Kupferschlange, nicht zu verwechseln mit der amerikanischen „copperhead". (Vgl. S. 44.)

Die Kreuzotter ist schon äußerlich leicht von den in Europa vorkommenden ungiftigen Schlangen zu unterscheiden durch die ihr eigenartigen Zeichnungen:

1. an einer Reihe über den Rücken laufender, mit den Winkeln aneinanderstoßender Rauten und

2. an den auf der oberen Fläche des Kopfes mit den Konvexitäten sich berührenden, meist dunkler gefärbten Bogenlinien, welche eine einem Andreaskreuze ähnliche Zeichnung bilden. Dieser verdankt das Tier seinen Namen;

3. an den kleinen, zwischen die drei großen, die Augen trennenden Schilder eingeschalteten Schuppen. Die „ungiftigen" Nattern haben zwischen den Augen nur drei große Schilder.

In ausgewachsenem Zustande ist die Kreuzotter selten über 75 cm lang. Die Länge der Giftzähne beträgt 3 bis 4 mm und die Menge des auf einmal entleerten Giftes etwa 0,1 g. Diese Tatsachen lassen schon auf die geringe Gefährlichkeit dieser, unserer einzigen einheimischen Giftschlange schließen; dementsprechend sind es auch in der großen Mehrzahl der Fälle Kinder, welche an den Folgen des Kreuzotternbisses sterben, doch sind auch vereinzelte Todesfälle bei Erwachsenen bekannt. Die Erscheinungen sind vorwiegend lokale und bestehen in Verfärbung, Schwellung und Schmerzhaftigkeit der Bißstelle und ihrer Umgebung; zuweilen kann das ganze betroffene Glied stark anschwellen. Die entfernteren Wirkungen nach der Resorption sollen weiter unten besprochen werden.

Vipera aspis Merr. s. *Vipera Redii Fitz.*, die Redische Viper, erreicht eine Länge von 50 bis 75 cm und findet sich im südwestlichen Europa in den Mittelmeerländern, besonders in Südfrankreich, in Italien und in der Schweiz. In Deutschland findet sie sich nur in der Umgebung von Metz und in dem südlichsten Teile von Baden. Sie ist kenntlich an der etwas aufgeworfenen Schnauze und an der Rückenzeichnung, welche durch vier Längsreihen unregelmäßiger, nicht konfluierender, dunkelbraun bis schwarz gefärbter Flecken charakterisiert ist. Die Giftzähne sind etwa 5 mm lang und die bei einem Bisse entleerte Giftmenge beträgt etwa 0,15 g.

Die Todesfälle betreffen in der Mehrzahl der Fälle Kinder. Die Mortalität schwankt zwischen 2 und 4 Proz.

Vipera ammodytes, die Sandviper, von den alten und älteren Autoren schlechtweg als „Viper", von Dioscorides als „Kenchros" bezeichnet, wird bis 1 m lang und findet sich in allen Mittelmeerländern, besonders in Dalmatien und in Griechenland. Sie ist die gefährlichste der europäischen Giftschlangen und leicht kenntlich an einem mit kleinen Schuppen bedeckten, vorn an der Nase sitzenden, hornartigen Auswuchs, welcher schwach nach vorn gebogen und nach oben gerichtet ist.

Die Giftzähne der Sandviper sind etwa 5 mm lang und ihr Biß ist für Kinder häufig, für Erwachsene nicht selten tödlich.

Die Giftorgane der Schlangen.

Die bei den Proteroglyphen gefurchten, bei den Solenoglyphen von einem Kanal durchbohrten Giftzähne, welche zur Einverleibung des Giftes dienen, sind fest mit dem Oberkiefer verwachsen und fast in ihrer ganzen Länge von einer breiten, häutigen Zahnfleischfalte bedeckt, welche gleichzeitig die Ersatzzähne verbirgt. In normaler Stellung, d. h. in der Ruhe, sind sie nahezu horizontal gelagert. Wenn das Tier seine Beute fassen oder den Feind beißen will, so erfolgt die Aufrichtung der Zähne durch das Heben des Kiefers nach oben und hinten. Durch diese rasch erfolgende Bewegung wird gleichzeitig mit Hilfe besonderer Muskeln ein Druck auf die Giftdrüse ausgeübt und das Gift, d. h. das Sekret der Giftdrüse, nach außen in die Bißwunde befördert.

Die Stellung und die Größe der Giftzähne ist bei den verschiedenen Giftschlangen eine sehr verschiedene, wie aus dem bereits oben Gesagten deutlich hervorgeht. Diese beiden für den Grad der Giftwirkung wichtigen Faktoren scheinen in einer gewissen Beziehung zu der Wirksamkeit des Giftes zu stehen. Die ein stark wirkendes Gift liefernden Schlangen (vgl. die auf S. 39 angeführten Angaben von Rogers und von Fraser und Elliot über die Hydrophinae) besitzen oft für die Einverleibung des Giftes unvorteilhaft gestellte Zähne, und umgekehrt haben die, mit Rücksicht auf die Größe der Giftdrüsen und die Menge des gelieferten Sekretes, ein schwach wirksames Gift produzierenden Klapperschlangen sehr große und lange Giftzähne.

Diese Einrichtungen lassen eine gewisse Zweckmäßigkeit in dem Verhältnis der Wirksamkeit des Giftes zur Einverleibungsmöglichkeit erkennen.

Die Giftdrüsen liegen in der Regel auf beiden Seiten des Oberkiefers hinter und unter den Augen und sind von sehr verschiedener Größe und Form, im allgemeinen aber der Größe des Tieres entsprechend. Bei manchen Schlangen erstrecken sie sich jedoch auch auf den Rücken und bei Callophis (vgl. S. 40) liegen sie innerhalb der Bauchhöhle, wo sie sich auf $1/4$ bis $1/2$ der Länge des ganzen Tieres, als langgestreckte drüsige Organe ausdehnen. Ihr Bau charakterisiert sie als acinöse Drüsen, und ist den Speicheldrüsen (Parotis) der höheren Tiere analog. Das von diesen Drüsen abgesonderte Gift häuft sich in den Acini und dem an der Basis des Giftzahnes ausmündenden Ausführungsgang an. Die Drüsen sind von einer fibrösen, kapselartigen Membran überzogen, in welche die Sehnen des *Musculus masseter* teilweise übergehen, so daß bei der Kontraktion des genannten und unter Mitwirkung anderer Muskeln der dadurch auf die Drüsen ausgeübte Druck die Entleerung des Giftes nach außen veranlaßt.

Die „ungiftigen" Schlangen besitzen ebenfalls eine Ohrspeicheldrüse (Parotis) und Oberlippendrüsen, deren Sekrete mehr oder weniger giftig sind; nur fehlen diesen die für die Einverleibung des Giftes nötigen Vorrichtungen, d. h. die Giftzähne (vgl. oben S. 36).

Besondere Beachtung verdient auch hier die Tatsache, daß das Blut bzw. das Serum ungiftiger Schlangen qualitativ wie das Sekret ihrer Speicheldrüsen (Giftdrüsen) wirkt. Es drängt sich daher der Schluß auf, daß die im Blute vorhandene und somit im ganzen Organismus der Schlangen verteilte giftige Substanz von den Speicheldrüsen „selektiv" aus dem Blute aufgenommen und sezerniert wird, nicht aber infolge einer „inneren Sekretion" der betreffenden Drüsen von diesen aus in das Blut übergeht.

Die Vorgänge und die an den Giftdrüsen bei der Sekretion des Giftes zu beobachtenden Erscheinungen, zum Teil unter dem

Einflusse pharmakologischer Agentien, sind von Lindemann[1]), Reichel[2]), Launoy[3]) u. A. studiert und beschrieben worden.

Die Mengen des abgesonderten Giftes stehen in einem gewissen Verhältnis zur Größe der Giftdrüsen, somit im allgemeinen zur Größe der betreffenden Schlange. Bei einem bestimmten Tiere ist die Menge des auf einmal (bei einem Bisse) gelieferten Giftes eine schwankende, je nachdem es längere oder kürzere Zeit nicht gebissen hat, doch sind auch andere, schwer zu bestimmende Einflüsse von Bedeutung für diese Verhältnisse, so vielleicht das Allgemeinbefinden der Schlange, nervöse Einflüsse, die Heftigkeit des Bisses, die Temperatur der Umgebung, Wasser- und Nahrungsaufnahme und die Art der Nahrung, sowie die Gefangenschaft.

Die nachstehenden Bestimmungen von Mc Garvie Smith in Sydney, Calmette in Lille und Feoktistow in Petersburg gestatten einen Einblick in diese Verhältnisse bei einigen der wichtigeren Giftschlangen.

Autor	Schlangenart	Menge des frisch entleerten, flüssigen Giftes in mg	Trockenrückstand in mg
Mc G. Smith	*Pseudechis porphyriacus*	100 bis 160	46 bis 94
"	*Hoplocephalus curtus*	65 bis 150	17 bis 55
Calmette	*Bothrops lanceolatus* (durch Ausdrücken beider Drüsen)	320	127
"	*Cerastes aegyptiacus*	85 bis 123	19 bis 27
"	*Crotalus durissus*	370	105
"	*Naja Tripudians* 2 m lang	135 im Mittel	30 bis 45
"	*Naja Tripudians,* welche seit 2 Monaten nicht gebissen hatte	220	—

[1]) Archiv f. mikr. Anatomie **53**, 313 bis 321 (1898).

[2]) Morpholog. Jahrb. **8**, 1882.

[3]) Contribution à l'étude des Phénomènes nucléaires de la Sécrétion (Cellules à venin. — Cellules à Enzyme). Thèse de Paris (1903). Literatur.

Autor	Schlangenart	Menge des frisch entleerten, flüssigen Giftes in mg	Trockenrückstand in mg
Calmette	Größte, von diesem Autor in beiden, nach dem Tode herauspräparierten Drüsen einer *Naja tripudians* gefundene Menge Giftsekret	1136	480
Feoktistow[1])	*Vipera ammodytes*	65	20
„	Kreuzotter	30	10
„	*Crotalus durissus*	300	90 bis 100

Der folgende von Calmette an zwei Exemplaren von *Naja Haje* ausgeführte Versuch, bei welchem sich die Giftentnahme

Tag	Nr.	Naja Nr. 1		Naja Nr. 2	
		Gewicht des		Gewicht des	
		frischen Giftes g	trockenen Giftes g	frischen Giftes g	trockenen Giftes g
20. April	1	0,129	0,031	—	—
23. „	2	—	—	0,151	0,043
14. Mai	3	0,124	0,035	—	—
21. „	4	—	—	0,132	0,037
28. „	5	—	—	0,091	0,019
2. Juni	6	0,127	0,039	—	—
19. „	7	—	—	0,121	0,043
1. Juli	8	—	—	0,078	0,026
2. „	9	0,122	0,048	—	—
25. „	10	—	—	0,111	0,034
26. „	11	0,079	0,021	—	—

über eine Periode von 102 Tagen erstreckte, zeigt, wie die ungünstigen Bedingungen der Gefangenschaft die Produktion der

---

[1]) Mémoires de l'Académie imp. des Sciences de St. Pétersbourg. [7], 36, Nr. 4 (1888).

abgesonderten Giftmengen beeinflussen und gestattet zugleich ein
Urteil über die von dieser Schlange produzierten Giftmengen.
Während der ganzen Dauer des Versuches nahmen die Schlangen
keine Nahrung zu sich, tranken aber Wasser und badeten häufig.

Die physiologische Bedeutung des Schlangengiftes.

Die physiologische Bedeutung des Schlangengiftes und seine
Rolle im Organismus der Schlangen lassen sich noch nicht übersehen oder mit genügender Sicherheit beurteilen. Ohne Zweifel
stellt dasselbe für die mit einem Apparat zur Einverleibung des
Giftes versehenen Schlangen, für die Giftschlangen im engeren
Sinne (vgl. S. 33), ein sehr gefährliches und wirksames Angriffs-
und Abwehrmittel dar und ermöglicht und erleichtert dem Tiere
das Erlangen seiner Beute.

Vom physiologischen Standpunkte müssen wir jedoch
in dem Sekret der Giftdrüsen Stoffwechselprodukte von weiterer
und größerer Bedeutung für den Schlangenorganismus erblicken,
weil auch bei den sog. „ungiftigen" Schlangen ganz analoge
Drüsen vorhanden sind und das Sekret derselben ebenfalls giftig
ist. Nach den Angaben verschiedener Autoren[1] findet sich in
dem Speicheldrüsensekret der Schlangen ein proteolytisches
(eiweißlösendes oder -verdauendes) Ferment, welches aber mit
der Giftwirkung wahrscheinlich in keinem kausalen Zusammenhange steht.

Das Gift der Viperiden löst Fibrin sehr rasch (Calmette).

Ein diastatisches, Kohlehydrate hydrolysierendes Ferment
scheint in dem Schlangengift nicht vorhanden zu sein. Lacerda[2]
fand, daß das Gift der brasilianischen Giftschlangen Stärke nicht
in Zucker umzuwandeln vermag. Wehrmann[3] und Launoy[4]

---

[1] Vgl. C. R. Acad. des Sciences. 1. September (1902).
[2] C. R. Acad. des Sciences. September (1881).
[3] Annales de l'Institut Pasteur 12, 510—516 (1898).
[4] Thèse de Paris, No. 1138 (1903). (a. a. O. oben S. 51, Anmerk. 3.)

zeigten, daß weder Stärke noch Inulin durch dieses Gift hydrolysiert werden. Cobra- und Viperngift sollen dagegen Saccharose, wenn auch sehr langsam, invertieren. Glykoside (Amygdalin, Coniferin, Salicin, Arbutin) wurden von den letztgenannten Giften nicht gespalten; sie enthalten also kein Emulsin.

Die genannten Tatsachen machen es wahrscheinlich, daß das Sekret der Giftdrüsen bei den Schlangen eine gewisse Rolle bei der Verdauung spielt. Alle Giftschlangen sind fleischfressende Tiere und es scheint daher das Vorhandensein eines stark proteolytisch wirkenden Fermentes im Speichel im Zusammenhang mit der Art der Nahrung zu stehen.

Über die Natur des Schlangengiftes.

Physikalische und chemische Eigenschaften.

Das frische, der lebenden Schlange entnommene giftige Sekret stellt eine klare, etwas visköse Flüssigkeit von hell- bis dunkelgelber, manchmal auch grünlicher Farbe und neutraler oder schwach saurer Reaktion dar, deren spezifisches Gewicht zwischen 1,030 und 1,050 schwankt. Es löst sich in Wasser zu einer trüben, opaleszierenden Flüssigkeit von sehr schwachem, fadem Geruch, die beim Stehen einen mehr oder weniger voluminösen Niederschlag fallen läßt. Dieser besteht aus Eiweiß oder eiweißartigen Stoffen, hauptsächlich Globulinen, Mucin, Epithelzellen oder deren Trümmern.

Die wässerigen Lösungen schäumen beim Schütteln stark und zersetzen sich unter der Einwirkung von Fäulnis- oder anderen Bakterien unter Entwickelung von Ammoniak und von höchst unangenehm riechenden, flüchtigen Fäulnisprodukten, je nach der Temperatur, nach längerer oder kürzerer Zeit, wobei die Wirksamkeit der Lösung allmählich abnimmt und schließlich ganz verloren gehen kann.

Beim Eintrocknen der Schlangengifte bei niederer Temperatur, am besten im Vakuumexsikkator über konzentrierter Schwefelsäure oder geschmolzenem Chlorcalcium, hinterbleibt eine dem Gewichte nach sehr stark variierende Menge Trockensubstanz (vgl. die Tabelle und Angaben auf S. 51 und 52), deren quantitative Zusammensetzung außerordentlichen Schwankungen unterworfen ist. Die Hauptbestandteile eines derartigen Trockenrückstandes, welcher, ohne an Wirksamkeit einzubüßen[1]), anscheinend unbegrenzt lange Zeit aufbewahrt werden kann, sind:

1. durch Hitze koagulierbares Eiweiß (Albumin, Globulin),
2. durch Hitze nicht koagulierbare Eiweißderivate (Albumosen und sog. Peptone?),
3. Mucin oder mucinartige Körper,
4. Fermente (vgl. S. 53),
5. Fett,
6. geformte Elemente; Epithel der Drüsen und der Mundhöhle und Epitheltrümmer,
7. Mikroorganismen, welche wohl Zufälligkeiten ihre Anwesenheit verdanken,

} Organische Bestandteile.

8. Salze. Chloride und Phosphate von Calcium, Magnesium und Ammonium.

Der Trockenrückstand hat die Farbe des ursprünglichen frischen, nativen Giftsekretes, nur in intensiverem Maße und hinterbleibt gewöhnlich in Form von Schüppchen oder Lamellen, welche kristallinische Struktur[2]) des Rückstandes vortäuschen können. Sie lassen sich von den Wandungen des Gefäßes leicht mit einem Spatel entfernen.

Aus dem nativen Gifte oder aus einer Lösung des eingetrockneten Giftes in Wasser fällt Alkohol bei genügender Konzentration die wirksame Substanz aus. Der Niederschlag ist in Wasser löslich und hat, wenn der Alkohol nicht durch zu langes

---

[1]) Diese Tatsache gebietet beim Hantieren mit Giftzähnen von Schlangen oder auch Schädeln mit erhaltenen Giftzähnen in Museen, im Laboratorium usw. Vorsicht, weil an den Zähnen eingetrocknetes, aber noch wirksames Gift anhaften kann und weil es bei etwaigen, ziemlich leicht erfolgenden Verletzungen mit den sehr spitzen Zähnen zur Resorption von Gift und schweren Vergiftungserscheinungen kommen kann; sogar längere Zeit in Alkohol aufbewahrte Giftschlangen können noch zu Vergiftungen Veranlassung geben, wie der Fall eines Assistenten am Museum in Petersburg zeigt. Der Betreffende starb infolge einer Verletzung durch den Zahn einer Giftschlange, mit welcher er in unvorsichtiger Weise hantiert hatte.

[2]) Mead: De vipera, Opera medica 2, 1749.

Einwirken Koagulation des Eiweißes und Einschluß eines Teiles der Giftsubstanz in dem geronnenen Eiweiß verursachte, an Wirksamkeit nicht eingebüßt.

Die Einwirkung der Wärme auf die Schlangengifte ist bei den von verschiedenen Schlangen stammenden Giften sehr verschieden.

Das Gift der Colubriden (Naja, Bungarus, Hoplocephalus, Pseudechis) kann Temperaturen bis 100⁰ ausgesetzt werden und verträgt sogar kurz dauerndes Kochen, ohne daß seine Wirksamkeit abgeschwächt wird. Durch längeres Kochen oder Erhitzen auf Temperaturen über 100⁰ wird die Wirksamkeit vermindert und schließlich bei 120⁰ vernichtet.

Wenn man durch Erhitzen auf geeignete Temperaturen (75 bis 85⁰) die koagulierbaren Eiweißkörper des Colubridengiftes ausscheidet und das geronnene Eiweiß durch Filtration entfernt, so erhält man eine klare Flüssigkeit, welche die wirksame Substanz enthält, und sich beim Kochen nicht mehr trübt. Der abfiltrierte und gewaschene Eiweißniederschlag ist nicht mehr giftig. Aus dem in den meisten Fällen noch Biuretreaktion gebenden Filtrate fällt Alkohol einen die wirksame Substanz enthaltenden Niederschlag, welcher sich auf Zusatz von Wasser wieder löst.

Das Viperngift[1]) (Bothrops, Crotalus, Vipern) ist gegen Temperatureinflüsse viel empfindlicher. Erwärmen bis zur Gerinnungstemperatur (etwa 70⁰) schwächt schon seine Giftigkeit ab und bei 80 bis 85⁰ wird diese vollkommen vernichtet. Das Bothropsgift verliert seine Wirksamkeit teilweise schon bei 65⁰ (Calmette).

Die Schlangengifte dialysieren nicht, d. h. sie diffundieren nicht durch vegetabilische oder tierische Membranen. In diesem Verhalten schließen sie sich den Eiweißkörpern eng an, deren bekanntere Reaktionen ihnen ebenfalls zukommen. Alle bisher untersuchten Schlangengifte geben die unter den Namen Biuret-, Millon- und Xanthoproteinreaktion bekannten Reaktionen und werden durch Sättigung ihrer Lösungen mit gewissen anorganischen Salzen (Ammonium- und Magnesiumsulfat) abgeschieden; auch durch Schwermetallsalze werden diese Gifte gefällt.

---

[1]) Vgl. S. 34, Systematik.

Alkalien und Säuren beeinflussen bei gewöhnlicher Temperatur und bei nicht zu lange dauernder Einwirkung und mäßiger Konzentration die Wirksamkeit der Schlangengifte nicht.

Gegen oxydierende chemische Agentien scheinen dieselben jedoch sehr empfindlich zu sein. Die Wirksamkeit wird wesentlich herabgesetzt oder gänzlich aufgehoben durch Kaliumpermanganat (Lacerda), Chlor (Lenz, 1832), Chlorkalk oder schneller noch durch unterchlorigsaures Calcium (Calmette), Chromsäure (Kaufmann), Brom, Jod (Brainard) und Jodtrichlorid (Kanthack). Die genannten Körper hat man wegen dieser schädigenden oder zerstörenden Wirkungen auf das Gift auch therapeutisch zu verwenden gesucht (vgl. unter Therapie).

Elektrolyse des Schlangengiftes (Gleichstrom) vernichtet dessen Wirksamkeit, wahrscheinlich infolge der Bildung von freiem Chlor aus den Chloriden und von Ozon, welche beide energisch oxydierend wirken (vgl. oben).

Durch Wechselströme von hoher Frequenz glaubte Phisalix, ausgehend von den von d'Arsonval und Charrin beim Diphtherietoxin gemachten Erfahrungen, das Schlangengift bis zur Umwandlung in „Vaccine"[1] abschwächen zu können. Marmier[2] wies jedoch nach, daß es sich hierbei nur um eine Wärmewirkung handele; bei Vermeidung jeglicher Temperatursteigerung wird das Schlangengift durch Wechselströme nicht verändert.

Der Einfluß des Lichtes, welcher beim trockenen Gifte gleich Null ist, macht sich nach Calmette beim nativen oder gelösten Gifte in der Weise bemerkbar, daß die Lösungen nach und nach weniger wirksam werden. Bei Luftzutritt bevölkern sich dieselben außerdem rasch mit den verschiedenartigsten Mikroorganismen, für welche das Schlangengift, wahrscheinlich wegen des Eiweißgehaltes und der darin enthaltenen Salze, ein guter Nährboden zu sein scheint, und welche dann ihrerseits vielleicht die Zersetzung der wirksamen Bestandteile beschleunigen.

Durch Chamberland- oder Berkefeldfilter filtriert und bei niedriger Temperatur (Eisschrank) in gut verschlossenen Gefäßen

---

[1] Vgl. unten, Immunisierung gegen Schlangengift.
[2] Annales de l'Institut Pasteur 10, 469 (1896).

aufbewahrt, sollen sich dagegen Giftlösungen mehrere Monate lang unverändert aufbewahren lassen.

Die Konservierung von Giftlösungen kann auch in der Weise geschehen, daß man ihnen in konzentriertem Zustande das gleiche Volumen Glycerin zusetzt. Indessen wird man wohl, besonders wenn es sich um später mit dem Gifte vorzunehmende chemische Untersuchungen handelt, dem Eintrocknen des nativen flüssigen Giftes und der Aufbewahrung desselben im trockenen Zustande den Vorzug geben.

Unsere Kenntnisse über die **chemische Natur der wirksamen Bestandteile** der giftigen Schlangensekrete sind noch sehr unvollkommen. Die bisherigen Untersuchungen haben meist nur negative Resultate ergeben oder zu unzutreffenden Ansichten über die Natur des Giftes geführt.

1. Als sicher darf man annehmen, daß es sich nicht um fermentartig wirkende Körper handelt, weil

    a) die Wirksamkeit der Fermente durch Erhitzen ihrer Lösungen auf Temperaturen, die die Schlangengifte unter Erhaltung ihrer Wirksamkeit noch vertragen, vernichtet wird und weil

    b) die Intensität der Schlangengiftwirkungen in einem direkten Verhältnisse zur einverleibten Menge des Giftes steht.

2. Die Wirkungen des Schlangengiftes sind sicherlich nicht bedingt durch die in demselben, auch in frischem Zustande, manchmal gefundenen Mikroorganismen.

3. Die Angabe, daß Cyanverbindungen, welche man auch für die Wirkungen anderer tierischer Gifte (vgl. unter Kröte) verantwortlich gemacht hat, die für die Wirkungen maßgebenden Bestandteile sein sollen, hat sich nicht bestätigen lassen.

4. Auch die von Gautier[1]) beschriebenen, von ihm aus dem Najagift isolierten Alkaloide, Najin nnd Elaphin, erwiesen sich nicht als die wirksamen Körper dieses Giftes.

5. Die von A. Wynter Blyth[2]) aus dem Cobragift in kristallinischer Form isolierte und von diesem Autor als wirksame Substanz beschriebene Verbindung erwies sich nach den Untersuchungen von F. Norris Wolfenden[3]) als Gips.

---

[1]) Bull. de l'Acad. de méd. [2] 10, 950. Paris 1881.
[2]) The Analyst 1, 204—207 (1877).
[3]) Journal of Physiology 7, 365—370 (1886).

6. Seit den Untersuchungen von Lucien Bonaparte (1843) und von S. Weir Mitchell und Reichert (1876 und 1886), welche zuerst die chemische Natur, ersterer des Viperngiftes, letztere speziell des Klapperschlangengiftes kennen zu lernen suchten, wird allgemein angenommen, daß die wirksamen Substanzen der Schlangengifte giftige Eiweißkörper oder den Eiweißkörpern nahestehende Derivate (Albumosen), sog. Toxalbumine, sind.

S. Weir Mitchell und Reichert[1]) fanden als wirksame Bestandteile des Klapperschlangengiftes verschiedene Globuline und ein „Pepton".

Kanthacks Untersuchungen[2]) über das Cobragift ergaben, daß die Wirkungen desselben auf eine Protalbumose zurückzuführen seien.

C. J. Martin und J. Mc Garvie Smith[3]) isolierten aus dem Gifte der australischen „black snake", *Pseudechis porphyriacus,* eine Heteroalbumose und eine Protalbumose, deren Wirkungen sie genauer untersuchten und mit denjenigen des nativen Giftes übereinstimmend fanden.

7. Die unter Ehrlichs Leitung ausgeführten Untersuchungen von Preston Kyes[4]) und von Kyes und Sachs[5]) erstrecken sich nur auf denjenigen Bestandteil des Cobragiftes, welcher seine Wirkungen auf das Blut und dessen geformte Elemente ausübt[6]), und welcher von Kyes in Form einer Verbindung mit Lecithin, einem sog. „Lecithid", isoliert und von ihm „Hämotoxin" genannt wurde. Die Zusammensetzung und die chemische Natur dieses Hämotoxins lassen sich nach den vorliegenden Daten noch nicht mit Sicherheit beurteilen.

8. Die neueren Untersuchungen von P. Kyes und Kyes und Sachs machten es wahrscheinlich, daß die wirksame Substanz, wenigstens der Bestandteil des Cobragiftes, welchem die hämolytische Wirkung zukommt, nicht ein sog. Toxalbumin sein kann. Ich habe mich bemüht, das auf das Zentralnervensystem wirkende Gift, in dessen Wirkungen bei dieser Vergiftung ohne Zweifel die

---

[1]) Smithsonian „Contributions to Knowledge". Researches upon the Venoms of Poisonous serpents. Washington 1886.

[2]) Journal of Physiology **13**, 272 (1892).

[3]) Proc. Roy. Soc. New South Wales. 1892 und 1895. Journal of Physiology **15**, 380 (1895).

[4]) Berliner klin. Wochenschrift Nr. 38 u. 39, 1902; Nr. 42 u. 43, 1903; Nr. 19, 1904. Zeitschr. f. physiol. Chemie **41**, 273 (1904).

[5]) Berliner klin. Wochenschrift Nr. 2 bis 4, 1903.

[6]) Vgl. unten S. 70 und 71.

Todesursache zu suchen ist, von den eiweißartigen Stoffen zu trennen, und das ist mir auch beim Cobragift gelungen. Doch konnten die Untersuchungen noch nicht zum Abschluß gebracht und das reine Gift noch nicht analysiert und seine Zusammensetzung festgestellt werden, weil das dazu in bedeutenden Mengen erforderliche Material an „Schlangengift" äußerst schwer zu beschaffen ist und große Mittel erfordert; indessen kann ich darüber schon jetzt folgendes als sicher mitteilen:

a) Es gelingt, den auf gewisse Gebiete des Zentralnervensystems lähmend und auf die peripheren, motorischen Endapparate curarinartig wirkenden Bestandteil des Cobragiftes in eiweißfreiem und wirksamem Zustande zu erhalten.

b) Diesen Körper, den ich bis zur erfolgten Feststellung seiner chemischen Natur und Zusammensetzung, in Übereinstimmung mit der pharmakologischen Nomenklatur der Klasse der stickstofffreien Verbindungen, zu denen auch die Gruppe des Pikrotoxins, des Sapotoxins und des Sphacelotoxins gehört, **Ophiotoxin** nennen will, habe ich bisher nur in wässeriger Lösung, nicht aber in festem Zustande wirksam erhalten, weil beim Einengen seiner wässerigen Lösung im Vakuumexsikkator über Schwefelsäure bei gewöhnlicher Temperatur die Lösung allmählich immer weniger wirksam wurde und der schließlich, in äußerst geringer Menge erhaltene, in Form eines amorphen, weißen Anflugs in der Glasschale zurückbleibende Rückstand sich mehrmals vollkommen unwirksam erwies.

c) Die aus stark wirksamen Lösungen des **Ophiotoxins** beim Einengen derselben zur Trockne erhaltenen Rückstände sind **stickstofffrei.**

d) Das Ophiotoxin ist nicht flüchtig.

e) Wässerige Lösungen des Ophiotoxins schäumen stark beim Schütteln.

f) Der Rückstand aus solchen Lösungen ist in Alkohol schwer, in Wasser unvollkommen löslich; in den übrigen gewöhnlichen Lösungsmitteln unlöslich.

g) Bei der subkutanen Injektion des Ophiotoxins kommt dasselbe, wenigstens in den von mir bisher injizierten Mengen, nicht zur Wirkung; vielleicht, weil es bei dieser Art der Einverleibung an Gewebseiweiß gebunden oder fixiert wird. Bei seiner intravenösen Einverleibung kommen dagegen die charakteristischen Wirkungen zustande, wie sie nach einer subkutan oder intravenös injizierten Lösung des ganzen Trockenrückstandes des Giftsekretes beobachtet werden.

Aus dieser Tatsache schließe ich, daß der Eiweißkomponent des nativen Giftes oder einer wässerigen Lösung seines Trockenrückstandes auf die Resorptionsverhältnisse .von Einfluß ist, d. h. die Resorption ermöglicht und begünstigt.

Aus meinen Untersuchungen geht ferner hervor, daß im nativen Gifte das Ophiotoxin wahrscheinlich salz- oder esterartig an Eiweiß oder eiweißartige Stoffe gebunden ist und daß es durch die Art der Bindung vor den in freiem oder ungebundenem Zustande leicht eintretenden und sein Unwirksamwerden herbeiführenden Veränderungen im Molekül geschützt ist. Es handelt sich beim Ophiotoxin, wie es scheint, um ähnliche Verhältnisse, wie wir sie bei den wirksamen, stickstofffreien, harzartigen Säureanhydriden der Jalapin-Elaterin-Gruppe der Abführmittel bereits kennen. Bei diesen Stoffen sind die freien Säuren und deren Salze unwirksam, ihre Anhydride dagegen wirksam. Ebenso wie es bei den letztgenannten Stoffen nicht gelingt, ihre unwirksamen Derivate durch Wasserentziehung in die wirksamen Anhydride überzuführen, konnte ich bisher aus Ophiotoxinlösungen erhaltene Trockenrückstände nicht in den wirksamen Körper überführen.

Wirkungen der Schlangengifte.

Die pharmakologischen Wirkungen der Schlangengifte sind scheinbar äußerst mannigfaltig und gestatten bei der Kompliziertheit und dem Durcheinander der beobachteten Erscheinungen nur schwer eine exakte pharmakologische und klinische Analyse. Sie betreffen die verschiedenen Gebiete des Nervensystems und die übrigen Organe des tierischen Organismus in höchst wechselvoller Weise, die von mancherlei Umständen ab-

hängig ist und oft die Entscheidung zwischen primärer Wirkung
und ihren Folgen sehr erschwert. Die Schwierigkeit der Beurteilung beruht zum Teil auf der Tatsache, daß es bisher nicht
möglich war, mit den reinen und einheitlichen wirksamen Bestandteilen an Tieren zu experimentieren. Bei Tierversuchen mit derartigen Gemengen, wie sie die nativen Schlangengifte oder
Lösungen der eingetrockneten Gifte darstellen, läßt sich eine
pharmakologische Analyse nicht durchführen, ganz abgesehen
davon, daß die wirksamen Bestandteile des nativen Giftes zu verschiedenen Zeiten in wechselnder Menge vorhanden sind. Wir
befinden uns hier auf einem von der Pharmakologie bezüglich der
Pflanzengifte längst verlassenen und überwundenen Standpunkte,
dem Experimentieren mit sehr kompliziert zusammengesetzten
Pflanzenextrakten.

Aber auch die beim Menschen nach Schlangenbiß beobachteten Symptome, die Krankengeschichten und Sektionsbefunde gestatten nur schwer einen Einblick in die Wirkungs-
weisen, weil die Gifte der verschiedenen Giftschlangen ihre
Wirkungen in sehr verschiedener Weise äußern, und weil
mancherlei, häufig nicht näher bestimmbare Umstände die Vergiftung wesentlich beeinflussen, ganz abgesehen von den hier eine
große Rolle spielenden subjektiven Momenten, Furcht, Angst usw.
Wird beispielsweise ein Mensch von einer kräftigen Cobra,
welche längere Zeit nicht gebissen hat und daher über
einen großen Giftvorrat in ihren Drüsen verfügt, an einer
gefäßreichen Stelle des Körpers gebissen, so daß sehr rasch
große Mengen des Giftes in das Blut gelangen, so kann der
Tod infolge von Lähmung gewisser Gebiete des Zentralnervensystems in kürzester Zeit eintreten, ohne daß an der Bißwunde
oder deren Umgebung oder auch an den inneren Organen bei der
Leicheneröffnung irgend welche sichtbaren Veränderungen zu beobachten sind.

Wesentlich verschieden von dem eben geschilderten Verlaufe
der rasch tödlichen Vergiftung durch Cobragift gestalten sich im
allgemeinen die Folgen des Klapperschlangenbisses, bei
welchem es in der Regel zunächst zu schweren lokalen Erscheinungen an der Bißstelle und deren Umgebung kommt und
erst spät, manchmal nach Tagen, zuweilen erst nach Wochen
infolge der entfernteren Wirkungen der Tod eintritt.

Aus dem eben Gesagten geht hervor, daß von einer charakteristischen, einheitlichen Wirkung der Schlangengifte nicht die Rede sein kann. Wir müssen uns daher bei der Beschreibung der Wirkungen dieser Gifte auf die hauptsächlichsten Punkte der allgemeinen Symptomatologie beschränken und dabei diejenigen Wirkungen, welche allen Schlangengiften, aber in verschiedenem Grade eigen sind, in den Vordergrund rücken, um soweit wie möglich zusammenfassende, einheitliche Gesichtspunkte zu gewinnen. Dabei müssen jedoch die für bestimmte Schlangengifte charakteristischen Wirkungen gebührend hervorgehoben werden.

Fassen wir zunächst diejenigen Umstände und Bedingungen ins Auge, welche von Bedeutung für den Grad der Vergiftung, für den Ausgang oder die Prognose sind. Hierbei sind die folgenden Faktoren zu berücksichtigen:

1. Die Spezies (Schlangenart), welche die Verwundung verursacht, weil die Schlangengifte sowohl quantitativ als qualitativ verschieden wirken.

2. Die Größe der Schlange und die Größe der Giftdrüsen, d. h. die Menge des einverleibten Giftes, wobei auch der Umstand, ob die Schlange längere oder kürzere Zeit nicht gebissen hat, in Betracht kommt.

3. Die Länge der Giftzähne, d. h. die Möglichkeit des mehr oder weniger tiefen Eindringens des Giftes in die Gewebe und die dadurch gegebenen günstigeren Resorptionsverhältnisse.

4. Die Lokalität der Bißwunde und die davon abhängige langsamere oder schnellere Resorption. Von gefäßarmen Regionen aus wird das Gift langsamer resorbiert als von gefäßreichen Stellen des Körpers. Bißwunden im Gesicht sind daher im allgemeinen gefährlicher als solche an anderen Körperteilen, zum Teil auch aus dem Grunde, weil sich dort nicht leicht Ligaturen (vgl. unten, Therapie des Schlangenbisses) anbringen lassen.

5. Die Jahreszeit. Die Bißwunden sollen an heißen Tagen gefährlicher sein als bei kühler Witterung; ob diese Angabe in gesteigerten Stoffwechselvorgängen infolge der höheren Temperatur im wechselwarmen Organismus der

Schlangen eine Erklärung oder Begründung findet, läßt sich mangels an Versuchen noch nicht entscheiden, doch ist diese Annahme nicht unwahrscheinlich.

6. Schließlich soll auch das Alter der Schlangen von Bedeutung für den Giftigkeitsgrad des Sekretes sein, und zwar soll der Grad der Giftwirkung dem Alter umgekehrt proportional sein. Dieses gilt nach den Aussagen indianischer Ärzte und brasilianischer Neger[1] besonders für die Klapperschlangen.

a) Über die Wirkungen der Schlangengifte beim Menschen.

Aus dem Vorstehenden ergibt sich, wie gerade beim Menschen die verschiedensten Umstände den Verlauf der Vergiftung beeinflussen können. Wenn aber auch hier die Mengen des durch einen Biß einverleibten Giftes immer unbekannt sind oder doch nur approximativ geschätzt werden können, die quantitativen Verhältnisse daher nicht zu übersehen sind, so läßt sich doch aus der Kasuistik, aus den in der Literatur in enormer Anzahl vorliegenden Berichten und Angaben über Vergiftungen durch Schlangen qualitativ ein Gesamtbild der Symptomatologie dieser Vergiftungen entwerfen. Hierbei ist, wie oben bereits hervorgehoben, die die Vergiftung verursachende Schlangenart maßgebend.

Als Beispiele für die charakteristischen Unterschiede in den Wirkungen und Erscheinungen nach dem Biß der beiden Unterabteilungen der Giftschlangen, der *Colubridae* und der *Viperidae*, mögen hier die Symptome nach dem Bisse der Cobra und der *Vipera Russelii* dienen.

Der Biß der Cobra[2] ist nach den übereinstimmenden Angaben aller Autoren wenig schmerzhaft und besonders durch die an der Bißstelle sich bald entwickelnde Gefühllosigkeit, Anästhesie oder Abstumpfung der Sensibilität, und Muskelstarre charakterisiert. Diese Wirkungen verbreiten sich langsamer oder schneller, je nach der Schnelligkeit der Resorption und dem Übergang des Giftes in das Blut, auf den ganzen Körper, worauf der Gebissene allgemeine Erschlaffung und unüberwindliche Schlaf-

---

[1] Naphegyi: Philad. med. and surg. Recorder. **18**, 249 (1868).
[2] Vgl. S. 39.

sucht empfindet. Die Atmung wird erschwert und nimmt diaphragmatischen Charakter an. Die Schlafsucht und Atemnot steigern sich allmählich, wobei der anfänglich rasche Puls nach und nach langsamer und schwächer wird; die Zunge und die Gesichtsmuskulatur sind gelähmt, weshalb der Speichel aus dem verzerrten, halbgeschlossenen oder offenen Munde fließt und die Augenlider sich schließen (Ptosis). Die allgemeine Lähmung schreitet langsam fort und der Vergiftete geht in komatösem Zustande nach einigen krampfhaften Atembewegungen unter Respirationsstillstand innerhalb zwei bis acht Stunden zugrunde.

Der Biß der Daboia[1]) oder *Vipera Russelii* verursacht dagegen heftige Schmerzen an der Bißstelle, welche sofort stark gerötet, später violett verfärbt erscheint, und sehr bald läßt sich eine serös-blutige Infiltration der benachbarten Gewebe erkennen. Der Vergiftete empfindet brennenden Durst, quälende Trockenheit im Munde und im Rachen, die Schleimhäute im allgemeinen werden hyperämisch und entzündet. Diese Erscheinungen dauern oft längere Zeit, manchmal bis zu 24 Stunden an, während · dessen hämorrhagische Blutungen in den Augen, dem Magendarmkanal (Mund, Magen und Darm) und in den Harn- und Genitalorganen auftreten können. Seitens des Zentralnervensystems bestehen die Erscheinungen in mehr oder weniger heftigen Delirien und, wenn eine letale Menge des Giftes einverleibt wurde, wenige Stunden nach erfolgtem Bisse in Stupor, allgemeiner Anästhesie, später Somnolenz, hochgradiger Dyspnoë und schließlich Respirationsstillstand, wobei das Herz noch längere Zeit, manchmal 15 Minuten lang, fortschlägt, nachdem die Atembewegungen vollkommen aufgehört haben.

Die eben beschriebenen Erscheinungen nach dem Biß der *Daboia* oder *Vipera Russelii* zeigen eine weitgehende Ähnlichkeit mit den Folgen des Bisses der Kreuzotter oder der europäischen Vipern schlechtweg und unterscheiden sich nur von letzteren in quantitativer Beziehung, beruhend auf der geringeren Größe unserer einheimischen Giftschlangen und der geringeren

---

[1]) Vgl. S. 47.

Faust, Tierische Gifte.   5

Menge des von ihnen produzierten und einverleibten Giftes, sowie der geringeren Wirksamkeit desselben.

b) Wirkungen der Schlangengifte an Tieren.

Bei Versuchen an Tieren lassen sich alle die oben genannten, den Verlauf und den Ausgang der Vergiftung beeinflussenden Umstände ausschalten und so die Wirkungen bestimmter Mengen von Trockenrückständen der verschiedenen Gifte beobachten. Auf diese Weise kann man dann die Wirkungen in ihren Einzelheiten genauer feststellen, wobei jedoch die Empfänglichkeit verschiedener Tiere dem Gifte gegenüber bedeutenden Schwankungen unterliegt.

Die den gewöhnlichen Verhältnissen bei Vergiftungen durch Schlangen entsprechende Applikationsweise ist im Tierexperiment die subkutane Injektion des Giftes.

Nach der Einspritzung von Cobragift oder des Giftes irgend einer anderen Colubridenspezies unter die Haut tritt bei Säugetieren und Vögeln der Tod infolge von Respirationsstillstand ein. Durch künstliche Respiration kann der Tod des Tieres verzögert werden.

Die Zirkulation wird nur wenig beeinflußt und das Herz schlägt noch einige Zeit, nachdem die Atmung aufgehört hat. Blutdruckversuche an Hunden, Katzen, Kaninchen und anderen Säugetieren ergaben übereinstimmend, daß der Blutdruck nach der Injektion von kleinen Mengen dieser Gifte nur wenig erniedrigt wird, und daß erst nach großen Gaben die nervösen Apparate des Herzens von der Wirkung dieser Gifte betroffen werden.

Das Sensorium scheint bis zum Tode unbeeinflußt zu bleiben. Die Muskeln scheinen von dem Gifte nicht direkt angegriffen zu werden. Die Todesstarre tritt rasch ein und löst sich erst lange nach dem Tode.

Bei der Sektion findet sich an der Injektionsstelle nur leichtes, manchmal hämorrhagisches Ödem. Die Bauchorgane, insbesondere die Leber und die Milz, sind häufig hyperämisch und zeigen an ihren Oberflächen cirkumskripte, kleine Hämorrhagien.

Die serösen Häute, Meningen, Endokard, Pleura und Peritoneum sind häufig ekchymosiert. Das Blut ist flüssig und lackfarben.

Bei der subkutanen Injektion von Viperngift treten dagegen die lokalen und hämorrhagischen Erscheinungen von vornherein stark in den Vordergrund und gestalten sich ähnlich, wie oben bei den Wirkungen des Daboiagiftes am Menschen angegeben ist (S. 65).

Bei der Sektion findet man das Blut fast regelmäßig geronnen. Die Ursachen dieser intravaskulären Gerinnung sind noch nicht genügend aufgeklärt, um ein Urteil über das Zustandekommen derselben zu gestatten. Sechs bis acht Stunden nach dem Tode soll sich das Blut wieder verflüssigen und dann, wie nach der Vergiftung mit Cobragift, lackfarben erscheinen. Der Tod erfolgt durch Atemstillstand, nachdem der Blutdruck sehr stark gesunken ist.

Die bei der Vergiftung mit Cobragift frühzeitig eintretende kurarinartige Lähmung der motorischen Endapparate scheint bei der Vergiftung mit Viperngift nur sehr spät, wenn überhaupt einzutreten.

Bei der intravenösen Applikation der Schlangengifte, d. h. bei der Injektion derselben in das Blut, treten die oben geschilderten Erscheinungen viel rascher und intensiver ein als bei der Einspritzung unter die Haut. Im Experiment entspricht diese Art der Einverleibung denjenigen unglücklichen Fällen beim Menschen, in welchen der Giftzahn sehr gefäßreiche Gebiete trifft oder direkt in eine Vene eindringt. Derartige· Vergiftungen verlaufen fast ausnahmslos sehr rasch tödlich, wenn es sich um den Biß einer der größeren, in den Tropen einheimischen Giftschlangen handelt; aber auch der Biß der europäischen Giftschlangen kann unter diesen Bedingungen sehr schwere, manchmal ebenfalls mit dem Tode endende Erscheinungen verursachen, wie ein von Eisner[1]) beschriebener Fall von Kreuzotterbiß lehrt, in welchem das Gift in einen Varixknoten entleert wurde.

Bei der Einverleibung per os bewirken erst viel größere Mengen der Schlangengifte Vergiftungserscheinungen, welche dann in der Regel nicht das Nervensystem betreffen. So weit die sich widersprechenden Angaben der Autoren ein

---

[1]) Therapeutische Monatshefte **6**, 321 (1892).

Urteil über diese Verhältnisse gestatten, scheint die Resorption von der unverletzten Schleimhaut des Magendarmkanals aus nur sehr langsam zu erfolgen und die Ausscheidung oder Zerstörung des Giftes im Organismus mit dieser Schritt zu halten. So sah C. J. Martin bei derartigen Versuchen mit dem Gifte von *Pseudechis porphyriacus* an Ratten diese Tiere das Hundertfache der bei subkutaner Injektion tödlichen Menge des genannten Giftes per os ohne irgendwelche Vergiftungserscheinungen eine ganze Woche lang vertragen. In diesen Versuchen wurde das Gift mit der aus Brot und Milch bestehenden Nahrung gereicht. Diejenigen Schlangengifte jedoch, welche durch heftig lokal reizende Wirkungen sich auszeichnen (Viperngifte im allgemeinen), können infolge dieser lokalen, nicht resorptiven Wirkungen schwere Erscheinungen hervorrufen. Das Bothropsgift bewirkt, in genügenden Mengen Tieren in den Magen gebracht, heftige Entzündung der Magenschleimhaut und die Tiere gehen infolge von Blutungen des Magendarmkanals zugrunde; die Wirkungen des Giftes auf das Nervensystem bleiben hier ganz aus (Calmette).

Vielleicht ist die Ausscheidung des Viperngiftes durch die Magen- und Darmschleimhaut die Ursache der schweren Erscheinungen, welche an dieser (und auch an anderen Organen) nach dem Biß der *Daboia Russelii* (vgl. oben S. 65) beobachtet werden.

Die lokalen Wirkungen mancher Schlangengifte äußern sich, neben den schon oben bei Besprechung der allgemeinen Erscheinungen angegebenen Folgen nach der subkutanen Injektion und nach der Einverleibung per os, auch bei der direkten Applikation auf andere als die dort genannten Schleimhäute.

Das Gift der besonders in Senegambien und im Hinterlande von Dahomey vorkommenden „Speischlangen" (vgl. S. 40) soll nach den Angaben der Eingeborenen Erblindung bewirken. Diese Angaben dürften übertrieben sein, doch können durch den „Speichel" dieser Schlangen bösartig verlaufende Augenentzündungen verursacht werden, wenn das Sekret in die Augen gelangt. Diese Entzündungen heilen jedoch, ebenso wie die experimentell erzeugten, bei geeigneter Behandlung in einigen Tagen.

Wirkungen der Schlangengifte auf das Blut.

Die Wirkungen der Schlangengifte[1]) auf das Blut sind höchst komplizierte und betreffen sowohl die geformten Elemente derselben, als auch das Plasma. Die Kenntnis der Blutwirkungen dieser Gifte ist wichtig, weil es bei der pharmakologischen Analyse der Gesamtwirkungen darauf ankommt, primäre von sekundären Wirkungen scharf zu unterscheiden, d. h. genau festzustellen, inwieweit die durch Schlangengifte verursachten Veränderungen des Blutes für das Zustandekommen des ganzen Symptomenkomplexes und für den Verlauf der Vergiftung verantwortlich sind, mit anderen Worten, Ursachen und Folgen hier scharf zu erkennen und auseinander zu halten.

Über diese Spezialfrage existiert bereits eine umfangreiche Literatur, deren Sichtung eine keineswegs leichte Aufgabe ist, weil die Angaben der Autoren sich häufig widersprechen und weil die sichere Basis für die Beurteilung der vorliegenden Angaben, die definitive Lösung der mannigfaltigen Fragen nach dem Wesen der Blutgerinnungserscheinungen und der Blutveränderungen unter dem Einflusse pharmakologischer Agentien noch aussteht.

a) Einfluß auf die Gerinnbarkeit des Blutes. Hinsichtlich dieser Wirkung der Schlangengifte zerfallen dieselben in folgende Kategorien:

1. Koagulierende oder koagulationsfördernde Schlangengifte.

2. Koagulationshemmende oder -hindernde Schlangengifte.

1. Koagulationsfördernde Schlangengifte. Noc[2]) hat im Laboratorium von Calmette neuerdings Versuche über diese Wirkungen verschiedener Schlangengifte angestellt und konnte die Angaben früherer Autoren über die koagulierende Wirkung der Viperngifte vollkommen bestätigen. Diese wird durch Erwärmen der Giftlösungen abgeschwächt oder ganz aufgehoben. Auch mit Oxal- oder Citronensäure versetztes Plasma wird durch die genannten Giftsekrete zur Gerinnung gebracht. Noc hat die quantitativen und zeitlichen Verhältnisse bei dieser Wirkung einiger Viperngifte genauer untersucht und folgende, nach zunehmender

---

[1]) Unter „Schlangengift" ist auch hier das Sekret der Giftdrüsen und nicht ein einzelner wirksamer Bestandteil zu verstehen.

[2]) Sur quelques Propriétés physiologiques des différents Venins de Serpents. Annales de l'Institut Pasteur 18, 387—406 (1904).

Intensität der koagulierenden Wirkung geordnete Reihe auf-
gestellt:

$$
Crotalinae \begin{cases}
\text{1. } \textit{Bothrops lanceolatus Wagl.} \text{ (Martinique),} \\
\text{2. } \quad \text{„} \quad \textit{urutu} \\
\text{3. } \quad \text{„} \quad \textit{jararaca} \\
\text{4. } \quad \text{„} \quad \textit{jararacussu} \\
\text{5. } \textit{Trimeresurus riukiuanus Hilg.} \text{ (Japan),}
\end{cases} \text{(Brasilien),}
$$

Viperinae   6. *Vipera Russelii* (Daboia, Indien).

2. Koagulationshemmende Schlangengifte. In diese
Gruppe gehören die Giftsekrete aller Colubriden und, als
Ausnahmen, die Gifte einiger nordamerikanischer Crotaliden, *Ancistrodon piscivorus* und *A. contortrix*. Dieselben heben die Ge-
rinnungsfähigkeit des Blutes auf[1]), sowohl in vitro als auch im
Organismus, im letzteren Falle jedoch nur dann, wenn eine
genügend große Menge des Giftes einverleibt wurde. Ein eigenartiges Verhalten in dieser Hinsicht zeigt nach C. J. Martin[2])
das Gift der australischen Colubridenspezies, *Pseudechis porphyriacus*, welches bei der intravenösen Injektion von großen Mengen
im Tierexperiment oder nach dem Biß kleiner Tiere durch diese
Schlange momentan intravaskuläre Gerinnung des Blutes
bewirkt, dagegen bei der Injektion von kleinen Mengen in das
Blut die Gerinnung vollkommen aufhebt. Die Injektion weiterer
Mengen des Giftes bewirkt dann keine Gerinnung des Blutes.
(Positive und negative Phase der Blutgerinnung.)

b) Wirkung der Schlangengifte auf die roten Blutkörperchen. Hämolyse. Die Schlangengifte haben mit einer
ganzen Anzahl zum Teil chemisch genauer charakterisierter Stoffe
(Sapotoxin, Gallensäuren [vgl. S. 26], Solanin, Helvellasäure) die
Eigenschaft gemein, die roten Blutkörperchen „aufzulösen", d. h.
auf dieselben in der Weise einzuwirken, daß der darin enthaltene
und unter normalen Verhältnissen fest gebundene Blutfarbstoff,
das Hämoglobin, aus denselben austritt und im Plasma
gelöst wird (Hämolyse), worauf der für den Organismus nun-

---

[1]) Vgl. hierzu P. Morawitz, Über die gerinnungshemmende Wirkung des Cobragiftes. Deutsches Archiv f. klin. Medizin 80, 340 bis
355 (1904), Literatur.

[2]) On the physiological action of the Venom of the Australian
Black Snake. Read before the Royal Society of New South Wales,
July 3., 1895.

mehr zum Fremdkörper gewordene Blutfarbstoff zur Ausscheidung durch die Nieren (Hämoglobinurie) gelangt.

Über das Wesen dieses Vorganges und der hierhergehörigen Wirkungen verschiedener Schlangengifte liegen eingehende Untersuchungen[1]) aus letzter Zeit vor. Diese Arbeiten beanspruchen ein hohes wissenschaftliches Interesse, doch soll auf deren Inhalt hier nicht näher eingegangen werden, weil es sich hierbei höchstwahrscheinlich um Wirkungen der Schlangengifte handelt, welche nur eine Begleiterscheinung der Vergiftungen, sog. „Nebenwirkungen", darstellen und, beim Menschen wenigstens, wohl niemals für den letalen Ausgang derartiger Vergiftungen verantwortlich sind (vgl. auch unter Kröten, Phrynolysin). Die hämolytische Wirkung eines bestimmten Schlangengiftsekretes ist bei verschiedenen Blutarten eine quantitativ wechselnde.

c) Dasselbe gilt von der mit dem Namen „Agglutination" bezeichneten Wirkung mancher Schlangengifte. Diese Wirkung, welche auch gewissen Bakterientoxinen eigen ist, äußert sich in dem Zusammenkleben (Agglutinieren) der roten Blutkörperchen.

d) Anders verhält es sich vielleicht mit dem von S. Flexner und H. Noguchi[2]) nach der „biologischen Methode" nach-

---

[1]) P. Kyes und Kyes und Sachs, vgl. Anmerkung 4 und 5 auf S. 59. Kanthack, Scientific Memoirs by Medical Officers of the Army of India, Part 9 (1895) and Part 11 (1898). Olinto Pascucci, Die Zusammensetzung des Blutscheibenstromas und die Hämolyse. Hofmeisters Beiträge 6, 543 bis 566 (1905). Stephens and Myers, British Med. Journal, p. 621 (1898). Myers, Journal of Pathology and Bacteriology 6, 415 (1899/1900). Stephens, ibid. 6, 273 (1899/1900). Calmette, Compt. rend. de l'Académie des Sciences 134, 1446 (1902). G. Lamb, On the action of the Venoms of the Cobra and of the Daboia on the red blood corpuscles and on the blood plasma. Scientific Memoirs by officers of the Medical and Sanitary Departments of the Government of India, Nr. 4, Calcutta (1903). S. Flexner und S. Flexner u. H. Noguchi, vgl. unten, Anm. 2. G. Lamb, Indian Medical Gazette 36, 443 (1901). C. Phisalix, Compt. rend. de la soc. de biologie 51, 834, 865 (1899). C. J. Martin and Mc G. Smith, Journal and Proc. Roy. Soc. of New South Wales 26, 240 (1892). Noguchi, Journal of Exp. Medicine 7, 191—222 (1905).

[2]) Snake venom in Relation to Haemolysis, Bacteriolysis and Toxicity. Univ. of Pennsylvania Med. Bulletin 14, 438 (1902); Journ. of Exp. Medicine 6, 277 (1902). Ferner: The Constitution of Snake Venom and Snake Sera. Univ. of Pennsylvania Med. Bulletin 15, 345—362 (1902) and 16, 163 (1903).

gewiesenen und mit dem Namen „Hämorrhagin" bezeichneten,
aber nicht isolierten Bestandteile mancher Schlangengifte, welcher
seine Wirkungen auf das Gefäßendothel entfalten soll. Die Folgen
der Wirkungen eines derartigen Körpers könnten begreiflicher-
weise zu schweren Störungen im Organismus führen, sei es durch
Veränderungen in der Gefäßwand selbst oder durch Blutaustritt
infolge der letzteren. Flexner und Noguchi fassen das „Hämorrhagin" als ein spezifisch oder elektiv auf Endothelzellen wirkendes „Cytolysin" auf.

e) Schließlich findet sich in verschiedenen darauf untersuchten Schlangengiften noch ein, „Thrombokinase" genanntes
Ferment, welches in eigenartiger Weise auf das Fibrinferment
„aktivierend" wirken soll.

Aus den oben in tunlichster Kürze beschriebenen Wirkungen
geht deutlich hervor, in wie mannigfaltiger Weise sich die Wirkungen
der Schlangengifte auf den tierischen Organismus äußern können;
berücksichtigt man die wechselnde quantitative Zusammensetzung
dieser Gifte und die verschiedenen Umstände, welche beim Menschen
den Grad der Vergiftung beeinflussen können, so ergibt sich ein
scheinbar nicht zu entwirrendes Durcheinander von Wirkungen
und Folgen derselben. Inwieweit die verschiedenen Wirkungen sich
etwa gegenseitig beeinflussen, läßt sich heute noch nicht beurteilen.

Als feststehend darf jedoch angenommen werden, daß
bei tödlich verlaufenden Fällen von Vergiftungen durch
Schlangengift, wenigstens beim Warmblüter, die Todesursache immer in den Wirkungen auf das Nervensystem
zu suchen ist. Insbesondere werden die nervösen Apparate, welche die Respiration regulieren, zuerst betroffen
und zwar werden diese gelähmt, so daß der Tod in den
typischen Fällen stets durch Respirationsstillstand
erfolgt.

Alle Autoren stimmen darin überein, daß, wenn die Wirkungen der Schlangengifte auf das Nervensystem über-
standen werden, eine Gefahr für das Leben nicht mehr
besteht.

Es fragt sich schließlich noch, mit welchen der uns bekannten
Gifte die Schlangengifte in ihren Wirkungen am meisten Ähnlich-

keit zeigen und welche Stellung denselben im pharmakologischen System zukommt.

Mit den unter dem Sammelnamen der „Sapotoxine" bekannten, im Pflanzenreich weit verbreiteten Stoffen haben die Schlangengifte folgende Eigenschaften und Wirkungen gemein.

1. Die Löslichkeit in Wasser.
2. „ schwere Resorbierbarkeit von Schleimhautflächen.
3. „ lokale, reizende Wirkung auf Schleimhäute.
4. „ lokalen Wirkungen nach der Injektion in das Unterhautzellgewebe, welche hier wie dort in Schwellung, Rötung, Blutaustritt, Schmerzhaftigkeit der Injektionsstelle und deren Umgebung und der manchmal eintretenden Entwickelung aseptischer Abszesse bestehen.
5. Die Wirkungen auf die Blutkörperchen. Hämolyse.
6. „ „ „ das Zentralnervensystem.
7. „ „ „ die Respiration.
8. „ „ „ den Blutdruck (Erniedrigung desselben) und das Herz.
9. Der auf das Zentralnervensystem wirkende Bestandteil, wenigstens des Cobragiftes, das Ophiotoxin, ist stickstofffrei. Die Saponinsubstanzen enthalten ebenfalls keinen Stickstoff.
10. Die zentralen Wirkungen der Sapotoxine kommen, wie das auch beim Ophiotoxin der Fall ist, entweder nur nach der Injektion in das Blut oder nach der subkutanen Einspritzung relativ großer Mengen zustande.

Die Vorstellung, daß es sich bei den Schlangengiften vielleicht um Wirkungen tierischer Saponinsubstanzen oder Sapotoxine handeln könnte, ist nicht ohne weiteres von der Hand zu weisen, nachdem wir in dem Bufotalin (vgl. unter Kröten) bereits ein tierisches Digitalin kennen gelernt haben und viele Körper der Digitalingruppe mit den Sapotoxinen doch mancherlei Ähnlichkeiten sowohl in chemischer als auch in pharmakologischer Beziehung zeigen, so daß vielleicht eine Analogie im Stoffwechsel der beiden, diese Stoffe produzierenden Tierarten, d. h. der Kröten (Amphibien) und Schlangen (Reptilien), vorläge.

Die Wirkungen der Schlangengifte auf Vögel gestalten sich im ganzen denjenigen bei Säugetieren ähnlich, nur dauert das asphyktische Stadium bei jenen länger als bei diesen, vielleicht wegen des in den Luftsäcken und Knochenräumen vorhandenen Luft- bzw. Sauerstoffvorrates.

Frösche sind viel weniger empfindlich gegen die Wirkungen der Schlangengifte als Warmblüter, wahrscheinlich wegen der bei diesen Tieren die Lungenrespiration zum Teil ersetzenden und vertretenden Hautatmung.

Die für das Gift der Hydrophinae besonders empfindlichen Fische unterliegen auch leicht dem Gifte anderer Schlangen.

Viele wirbellose Tiere werden ebenfalls schon durch sehr kleine Mengen Schlangengift getötet.

Von den Wirkungen dieser Gifte auf Schlangen soll weiter unten die Rede sein.

Über das **Schicksal der Schlangengifte im Organismus** ist wenig bekannt. Sie sollen zum Teil unverändert in den Harn übergehen und beim Menschen auch in den Sekreten mancher Drüsen in unveränderter und wirksamer Form ausgeschieden werden. Ein Säugling, welcher von seiner durch den Biß einer Cobra tödlich vergifteten Mutter nach erfolgtem Bisse nur einmal gestillt wurde, starb unter den bekannten Erscheinungen dieser Vergiftung. In einem ähnlichen Falle[1] wurde das schwer erkrankte Kind gerettet, während die Mutter starb. Der Hauptausscheidungsweg des Giftes scheint aber nach den Untersuchungen von Alt[2] der Magendarmkanal zu sein. Die Verteilung des Giftes im Organismus scheint sehr rasch zu erfolgen.

Die Versuche über die Wirkungen der Schlangengifte an Tieren erfordern selbstverständlich einen Vorrat dieses schwierig zu erlangenden Materials, dessen Gewinnung und Kostbarkeit, soweit dasselbe überhaupt käuflich zu erwerben ist, besonders der chemischen Untersuchung dieser Gifte, für welche das Material in großen Mengen erforderlich ist, fast unüberwindliche Schwierigkeiten bereiten. Die genauere, pharmakologische

---

[1] Lowther, Madras Quart. Journal of med. Science 5, 742.

[2] Alt, Untersuchungen über die Ausscheidung des Schlangengiftes durch den Magen. Münchener med. Wochenschrift Nr. 41 (1892). Vgl. auch oben S. 68.

Erforschung der Wirkungsweise dieser Gifte ist aber abhängig von der vorhergehenden chemischen Untersuchung, deren Endziel das Zerlegen der unter dem Namen „Schlangengift" bekannten Gemenge in die einzelnen wirksamen Bestandteile und die chemische Charakterisierung der letzteren sein muß.

Mit Rücksicht auf die praktische Bedeutung dieser Kenntnisse, aus welchen sich wahrscheinlich wichtige Gesichtspunkte für eine rationelle Therapie des Schlangenbisses ergeben werden, und in Anbetracht des hohen wissenschaftlichen Interesses, welches die Lösung dieser Fragen beansprucht, mögen hier für alle, welche durch Sammeln von Schlangengiften, d. h. durch Beschaffung des nötigen Materials zur Bearbeitung dieses wichtigen Problems beitragen können, die Methoden für

Die Gewinnung und das Sammeln der Schlangengifte

kurz besprochen werden.

1. Man faßt die Schlange mit der rechten Hand dicht hinter dem Kopfe am Halse und läßt dieselbe dann in ein in der linken Hand gehaltenes Uhrglas beißen. Hierbei fließt, ganz so, wie wenn das Tier freiwillig seine Beute ergreifen will, aus den Giftzähnen das Giftsekret auf das Uhrglas. Diese Methode der Entnahme von Schlangengift ist bildlich veranschaulicht im „Prometheus", Nr. 660, Jahrg. XIII, 1902, und bei Calmette, s. Anm. 1 auf S. 38. Das ausgeflossene Gift soll nun, zwecks Konservierung desselben, getrocknet werden. Das Trocknen muß bei niedriger Temperatur geschehen, da der giftige Bestandteil des Sekretes bei höherer Temperatur Veränderungen erleidet und ungiftig wird. Am zweckmäßigsten und sichersten bringt man das Uhrglas mit dem darauf befindlichen flüssigen Gift im Sommer an einen vor Staub möglichst geschützten sonnigen Platz. Die Flüssigkeit trocknet rasch ein und nun gilt es, den Trockenrückstand sorgfältig zu sammeln und aufzubewahren. · Das geschieht am besten in der Weise, daß man mit einem scharfen Spatel oder mit einer reinen Federmesserklinge den trockenen Rückstand vom Uhrglase abkratzt und denselben in ein gut verschließbares Fläschchen mit Glasstopfen bringt. Unabhängig von Sonnenschein und trockener Witterung kann man das Gift auch im Exsikkator

trocknen, am schnellsten und zweckmäßigsten in einem Vakuum-exsikkator über konzentrierter Schwefelsäure.

2. Eine zweite Methode zur Gewinnung des Giftsekretes besteht darin, daß man die in dem Käfig befindliche Schlange reizt und sie dann in einen mit einer dünnen Gummimembran überzogenen Glastrichter von angemessener Größe beißen läßt. Diese Methode bietet gegenüber der ersten den Vorteil, daß das Giftsekret reiner erhalten wird, insofern dasselbe nicht mit den Sekreten der anderen, im Maul vorhandenen Drüsen verunreinigt wird; jedoch besteht bei diesem Verfahren die Gefahr des Abbrechens der Giftzähne, wenn die Schlange heftig beißt. Das an den inneren Wandungen des Trichters anhaftende oder, falls es sich um größere Mengen Giftes handelt, durch das Trichterrohr ablaufende Sekret wird dann wie unter 1. getrocknet.

3. Läßt man die im Käfig befindliche Schlange anstatt wie unter 2. in einen Glastrichter, in einen Wattebausch oder ein Schwämmchen beißen, so vermeidet man dadurch die Gefahr des Abbrechens der Giftzähne; doch muß das Gift aus den genannten Objekten nachher mit Wasser extrahiert werden. Es ist daher das Eintrocknen einer größeren Flüssigkeitsmenge unvermeidlich und wird dadurch die Möglichkeit einer Zersetzung des wirksamen Bestandteiles oder der wirksamen Bestandteile des gewonnenen Sekretes erhöht.

Bekanntlich erschöpft die Schlange durch wiederholtes Beißen sehr bald ihren Giftvorrat. Es empfiehlt sich daher, zur Gewinnung eines möglichst stark wirksamen Sekretes, die Tiere nicht öfter als einmal pro Woche beißen zu lassen.

4. Verfügt man über eine beliebig große Anzahl von Giftschlangen, so kann man das Gift schließlich in der Weise sammeln, daß man die Tiere tötet, die Giftdrüsen heraus präpariert, diese mit einer Nadel ansticht und den Inhalt auspreßt und trocknet.

Natürliche Immunität gewisser Tiere gegen Schlangengifte.

Unter den im allgemeinen gegen die Schlangengifte sehr empfindlichen Warmblütern kennen wir eine Anzahl von Tieren, welche eine relative, angeborene oder natürliche Immunität gegen diese Gifte besitzen, d. h. Tiere, die ohne irgend welche lokale oder zentrale Wirkungen Mengen von Schlangengiften vertragen, die bei anderen Tieren sicherlich den Tod herbeiführen. Einzelne Tiere, z. B. das Schwein und der Igel, verdanken ihre Widerstandsfähigkeit gewissen anatomischen Verhältnissen, ersteres dem Umstande, daß die derbe Haut mit einer dicken, sehr wenig Blutgefäße führenden Fettschicht gepolstert ist, so daß die Resorption des Giftes sehr langsam erfolgt. Der Igel verdankt seinen Stacheln einen gewissen Schutz gegen Schlangenbiß, doch verträgt er auch relativ große Mengen Schlangengift, auch wenn dasselbe sicher, wie bei der subkutanen Injektion im Experiment, zur Resorption gelangt[1]). Dasselbe gilt von dem, seine Überlegenheit im Kampfe mit Giftschlangen der Gewandtheit und Schnelligkeit seiner Bewegungen[2]) verdankenden Ichneumon, welches in einem von Calmette auf der Insel Guadeloupe ausgeführten Versuche erst nach der neunfachen, für ein Kaninchen tödlichen Menge Schlangengift starb.

Auch die in den Wäldern von Columbien einheimischen Pelikanarten, der Culebrero und Guacabo, sollen eine natürliche Immunität gegen Schlangengift besitzen, doch liegen hierüber wissenschaftliche Untersuchungen nicht vor.

Die Schlangen, sowohl die „ungiftigen" als auch die giftigen, sind ebenfalls gegen die Wirkungen der Schlangengifte sehr resistent. Die Widerstandsfähigkeit der Giftschlangen ist am größten gegen ihr eigenes Gift; den Wirkungen fremder Schlangengifte erliegen sie viel leichter.

Die natürliche Immunität ist bei keinem der genannten Tiere eine absolute.

---

[1]) Lewin, Deutsche med. Wochenschrift Nr. 40 (1898). Phisalix u. Bertrand, Compt. rend. de la soc. de biologie 47, 639 (1895).

[2]) Vgl. hierzu R. Kipling, Jungle Book, Rikki-Tikki-Tavi.

Künstliche oder experimentelle Immunisierung gegen Schlangengifte.

Die Tatsache, daß mit nicht tödlichen Mengen von Schlangengiften vergiftete Tiere bei weiteren Versuchen mit demselben Gifte gegen dieses weniger empfindlich werden und daher zu solchen Versuchen nicht mehr gebraucht werden konnten, ist von verschiedenen Autoren bestätigt worden. Diese Erfahrungen führten zu der Überlegung, daß es durch wiederholte Einverleibung kleiner Mengen von Schlangengift möglich wäre, den tierischen Organismus gegen die Wirkungen größerer sonst tödlicher Mengen desselben Giftes zu schützen. Diese Erwartungen sind dann auch realisiert worden.

Solche Immunisierungsversuche hat zuerst (1887) H. Sewall[1] in Ann Arbor, Michigan, mit dem Gifte von *Sistrurus catenatus Rafinesque*, einer Klapperschlangenart, an Tauben ausgeführt und gefunden, daß diese Tiere bei fortgesetzter Einverleibung allmählich gesteigerter Gaben des genannten Schlangengiftes gegen dasselbe immer widerstandsfähiger (immun) werden, ohne dabei irgend welche Störungen in ihrem Allgemeinbefinden zu zeigen. Wurde die Einverleibung von Gift unterbrochen, so nahm die Widerstandsfähigkeit der Tiere gegen dasselbe ab; bei einer Taube dauerte die Immunität jedoch fünf Monate, nachdem mit der Einverleibung des Giftes aufgehört worden war.

Durch diese Versuche war die Möglichkeit einer Gewöhnung an Schlangengifte, welche schon in den Schriften der Alten (vgl. unten S. 81) erwähnt wird, erwiesen. Später haben dann Kaufmann[2], Phisalix und Bertrand[3] (1894), Calmette[4] und Fraser[5] (1895) derartige Versuche mit verschiedenen Schlangen-

---

[1] H. Sewall, Experiments on the Preventive Inoculation of Rattlesnake Venom. Journal of Physiology **8**, 203—210 (1887).

[2] Du venin de la vipère, Paris (1889) und Compt. rend. de la soc. de biologie **46**, 113 (1894).

[3] Compt. rend. **118**, 288—291 (1894).

[4] Compt. rend. de la soc. de biologie **46**, 120 (1894).

[5] Proc. Roy. Soc. Edinburgh **20**, 448—474 (1895) und Royal Institution of Great Britain: Immunisation against Serpents Venom and the treatment of snake-bite with antivenene. An address delivered, March 20 (1896).

giften an verschiedenen Tieren ausgeführt, wobei sich dann weiter
herausstellte, daß das Serum eines immunisierten Tieres,
einem nicht immunisierten Tiere eingespritzt, letzteres
gegen die Wirkungen sonst für dasselbe tödlicher Mengen
eines gegebenen Schlangengiftes schützen kann.

Eine vorhergehende Abschwächung des Giftes, d. h. eine Verminderung seiner Wirksamkeit durch Erwärmen, zwecks Darstellung
eines „Vaccine" (vgl. oben S. 57), scheint bei solchen Immunisierungs-
versuchen nicht erforderlich zu sein.

Nachdem diese Versuche von verschiedenen Forschern im
Laboratorium an den üblichen Versuchstieren ausgeführt waren
und günstige Resultate ergeben hatten, die Möglichkeit der Gewinnung eines „antitoxischen" Serums erwiesen war, faßte Calmette in Lille die praktische Verwertung eines derartigen
Heilserums bei der Therapie des Schlangenbisses ins Auge.

Zur Gewinnung möglichst großer Mengen von Serum dienten
bei den im Institut Pasteur in Lille ausgeführten Versuchen eine
Anzahl größerer Tiere, hauptsächlich Pferde und Esel. Es
gelang Calmette durch fortgesetzte Einverleibung allmählich
gesteigerter Mengen von Cobragift, Pferde soweit zu immunisieren, daß sie schließlich die Injektion von 2 g trockenem
Cobragift, d. h. die zweihundertfache Menge der sonst
tödlichen Gabe (10 mg) reaktionslos vertrugen. Durchschnittlich erfordert die Gewinnung eines hinreichend „antitoxischen" Serums einen Zeitraum von 16 Monaten.

Die Immunisierung der Pferde bis zu diesem hohen Grade von
Widerstandsfähigkeit gegen das Cobragift gelingt nicht regelmäßig.
Viele der Tiere gehen im Laufe der Behandlung unter den Erscheinungen der Endocarditis oder Nephritis zugrunde. Auch entwickelten
sich bei manchen Versuchstieren nach jeder Injektion aseptische
Abszesse, welche sorgfältige Behandlung erforderten und auch dann
nur schwer ausheilten; die Tiere bedürfen bei derartigen Versuchen wie
bei der Gewinnung von Heilsera überhaupt der sorgfältigsten Pflege.

Ist die Immunisierung eines Versuchstieres bis zum genannten
Grade erreicht, so wird das Heilserum in der Weise gewonnen,
daß man das immune Tier zur Ader läßt und aus dem entnommenen Blute das Serum gewinnt. Dieses wird durch den
Tierversuch auf seine „antitoxische" Wirkung geprüft.

Die Prüfung geschieht durch Feststellung des Grades der antitoxischen Wirkung des Serums, indem dasselbe im Reagenzglase mit
einer bestimmten Menge Cobragift gemischt und die Mischung einem

Versuchstiere eingespritzt wird. Ein Heilserum ist genügend wirksam,
wenn eine Mischung von 2 ccm Serum mit 1 mg Cobragift keinerlei
Vergiftungserscheinungen bei einem Kaninchen hervorruft und wenn
2 ccm Serum, einem 2 kg schweren Kaninchen subkutan injiziert, das
Tier gegen die Wirkungen von 1 mg Cobragift, eine Stunde später
ebenfalls subkutan eingespritzt, zu schützen vermögen.

Eine weniger Zeit raubende Prüfung des Serums kann am Kanin-
chen so vorgenommen werden, daß man 2 ccm des zu prüfenden Serums
in die Randvene eines Ohres injiziert und nach fünf Minuten eine
Injektion von 1 mg Gift in die Vene des anderen Ohres folgen läßt.
Falls das Serum den erforderlichen Wirkungsgrad besitzt, darf das
Versuchstier keinerlei Vergiftungserscheinungen zeigen.

Das geprüfte Serum wird nun unter Beobachtung der gewöhnlichen aseptischen Vorsichtsmaßregeln, aber ohne Zusatz
antiseptischer Mittel, in sterilisierte Fläschchen von etwa 10 ccm
Inhalt gebracht und ist dann fertig zum Gebrauch. Es soll sich
in allen Klimaten etwa zwei Jahre oder länger halten, ohne an
Wirksamkeit zu verlieren (Calmette).

Vorteilhafter und sicherer ist aber die Aufbewahrung des
Mittels in trockenem Zustande, in welcher Form es un-
begrenzt lange wirksam bleiben soll. Das „antitoxische"
Serum wird zu diesem Zwecke einfach bei niederer Temperatur zur
Trockne gebracht und der in Form von Schüppchen oder Lamellen
zurückbleibende, gelblich gefärbte Trockenrückstand in Mengen
von etwa je 1 g in versiegelten und mit Herstellungs- und
Prüfungsdaten versehenen Fläschchen in den Handel gebracht.
Zur Verwendung bei Vergiftungsfällen löst man die Substanz in
10 ccm sterilisierten (aufgekochten und wieder abgekühlten)
Wassers und injiziert die Lösung dem Vergifteten subkutan, in
dringenden Fällen, wenn die Atemnot bereits eine hochgradige
und bedrohliche geworden ist, wohl auch intravenös.

Seit 10 Jahren gelangen große Mengen des im Pasteurschen
Institut in Lille hergestellten Serums zur Versendung, und die
damit in tropischen Ländern, besonders in Indien, gemachten Erfahrungen sollen sehr günstige sein und haben zur Gründung
ähnlicher Institute zur Bereitung solcher Sera auch in anderen
Ländern geführt, so unter anderen seitens der indischen Regierung
in Bombay, in Nord- und Südamerika und in Australien.

Die anfängliche Annahme, daß das Serum eines gegen Cobragift immunisierten Tieres den Menschen und andere Tiere auch
gegen die Wirkungen von Schlangengiften im allgemeinen schützen

könne, hat sich als Irrtum erwiesen. Es hat sich gezeigt, daß derartige Sera „spezifisch" sind, d. h. daß sie nur gegen das Gift derselben Schlangen oder nahe verwandter Arten derjenigen Schlange, mit deren Gift die Immunisierung vorgenommen wurde, schützen. Calmette hat daher vorgeschlagen, die zur Gewinnung von Heilserum verwendeten Tiere gleichzeitig mit den Giften verschiedener Schlangenarten zu behandeln, um auf diese Weise ein Serum, welches gegen die Gifte mehrerer oder aller Schlangen schützen könne, ein sog. „polyvalentes Serum", zu erhalten. Berichte über praktische Erfahrungen mit solchen Sera liegen noch nicht vor.

Eine der interessantesten und vom Standpunkte der Fortschritte und der neuesten Errungenschaften der Serumtherapie des Schlangenbisses wichtigsten Traditionen über Giftschlangen und Schlangengifte ist die, der zufolge gewisse Kategorien von Menschen eine angeborene oder erworbene Immunität gegen Schlangengifte besitzen sollten. Von solchen gegen Schlangengifte immunen Menschen berichtet schon der Dichter Lucanus[1]), und seitdem wird in den Werken der Dichter und der Gelehrten, bei Romanschriftstellern und in ernsthaften und zuverlässigen Reisebeschreibungen[2]) dieser, in bezug auf den Menschen angeblichen, für Tiere nunmehr aber experimentell bestätigten Tatsache immer wieder Erwähnung getan.

Von den Psylli (vgl. S. 40) in Afrika, den Marsi in Italien und von den Gouni in Indien wird berichtet, daß sie immun gegen Schlangenbiß gewesen sein sollen[3]).

Angaben ähnlichen Inhalts über die Immunität von Schlangenbeschwörern finden sich auch in Reisebeschreibungen aus neuerer Zeit, so bei Drummond Hay, Quedenfeldt, Davy, Rondot u. A. (vgl. Brehms Tierleben), von welchen die ersteren speziell über

---

[1]) M. Annaeus Lucanus, Pharsalia 9, Vers 835—878. Deutsche Übersetzung von F. H. Bothe. Stuttgart (1856).

[2]) Drummond Hay, Western Barbary. London (1844). Quedenfeldt, Zeitschrift für Ethnologie 18, 686 (1886).

[3]) M. J. B. Boehmer, De Psyllorum, Marsorum et Ophiogenum adversus serpentes eorumque Ictus virtute. Dissert. Lipsiae (1745). H. O. Lenz, Schlangenkunde, S. 130 bis 132. Gotha (1832). Über die Psylli finden sich auch Angaben bei Celsus (5, 27), Plinius, Hist. nat. 7, 2; 8, 38; 18, 6; 21, 45; 25, 76.

die Aissâua (Eisowy, Issâwa), eine Sekte oder Brüderschaft von Schlangenbeschwörern, berichten. Diese hantierten bei ihren Vorstellungen fortwährend mit Schlangen, deren Giftigkeit durch Kontrollversuche an Tieren erwiesen wurde, und ließen sich von denselben auch beißen, ohne irgend welchen Schaden zu nehmen. Hieran anschließend erzählt Hay dann folgendes über den Ursprung dieser Sekte und über das Zustandekommen der bei ihnen beobachteten Immunität. Der Gründer der Sekte, Seedna Eiser, welcher um die Mitte des 17. Jahrhunderts in Miknäs (Miknâssa) gelebt haben soll, war auf dem Wege durch die Wüste Soos von einer großen Anzahl seiner Anhänger begleitet. Diese hungerten und schrien nach Brot. Er erwiderte ihnen im Ärger mit dem gewöhnlichen arabischen Fluche „Kool sim", d. h. „esset (nehmt) Gift". In ihrem festen Glauben an ihren Propheten taten die Anhänger denn auch buchstäblich, wie ihnen ersterer befohlen und aßen künftig Schlangen und andere Reptilien, seit welcher Zeit sie und ihre Nachkommenschaft gegen Schlangengift immun sind.

Auch bei den Hottentotten (vgl. S. 46) soll es häufig vorkommen, daß Leute den Inhalt der Giftdrüsen einer gefangenen oder getöteten Schlange auspressen und trinken. Sie behaupten, darnach nur von leichtem Schwindelgefühl befallen zu werden und späterhin den Biß einer giftigen Schlange ohne schädliche Folgen ertragen zu können.

In Südamerika, besonders in Brasilien, ist unter den Eingeborenen der Glaube weit verbreitet, daß man sich gegen die Wirkungen des Schlangenbisses durch vielfaches oder ausgiebiges Ritzen der Haut mit den Giftzähnen von Schlangen schützen könne [1].

In Mexiko wird nach den Angaben von Jacolot [2] ein ähnliches Immunisierungsverfahren seitens der Eingeborenen geübt. Diese benutzen, im Glauben an den prophylaktischen Wert des Verfahrens, unter allerlei abergläubischen Formalitäten Schlangengiftzähne zum Ritzen der Haut.

Berücksichtigt man, daß an den bei diesen Verfahren verwendeten Giftzähnen wahrscheinlich noch eingetrocknetes, aber wirksames Gift anhaftet (vgl. oben S. 55, Anmerk. 1), so lassen sich diese Gebräuche der Eingeborenen genannter Länder doch

---

[1] Brenning, a. a. O., S. 166. Vgl. oben S. 38, Anmerk. 2.

[2] Jacolot, Note sur les curados de culebras. Arch. de méd. navale (1867).

wohl kaum anders deuten als eine Gewöhnung an oder Immunisierung des menschlichen Organismus gegen Schlangengift, welche auch hier, wie im Tierexperiment, durch wiederholte Einverleibung kleiner, nicht tödlicher Mengen des Giftes zustande kommt. Es ist nicht ausgeschlossen, daß auch bei der Einverleibung von Schlangengift per os (Hottentotten) eine Gewöhnung zustande kommen kann. Ob diese angeblich erworbene Immunität aber in höherem oder geringerem Grade oder gar in vollem Maße erblich ist, muß vorläufig, bis zur Entscheidung dieser Frage durch das Tierexperiment, dahingestellt bleiben.

Über die Ursachen der Gewöhnung an Schlangengifte, die man noch allgemein als mit den sog. „Toxinen" der Bakteriologen und Serumtherapeuten nahe verwandt, wenn nicht identisch ansieht, ist nichts bekannt. Die weitverbreitete, fast allgemeine Annahme der „Toxin"natur der Schlangengifte wird von manchen Autoren durch die Möglichkeit der Gewinnung eines „Antiserums" gegen diese Gifte als erwiesen betrachtet, wie auch des weiteren der negative Beweis für diese Annahme ins Feld geführt wird, daß es bisher nicht gelungen sei, die wirksamen Bestandteile zu isolieren und chemisch zu charakterisieren.

Auch über die Wirkungsweise des bei Schlangenbiß mit Erfolg angewandten Heilserums läßt sich bis jetzt nur sagen, daß der in letzterem enthaltene wirksame Stoff den wirksamen Bestandteil des Giftes chemisch zu binden und dadurch in eine unwirksame Verbindung umzuwandeln scheint. Es muß hervorgehoben werden, daß über die chemische Natur der sog. „Toxine" und „Antitoxine" bis jetzt überhaupt nichts mit Sicherheit bekannt ist.

Therapie des Schlangenbisses.

Die in der ganzen medizinischen Literatur von den Schriften der alten Inder und des Nikander bis auf die Gegenwart eine hervorragende Stellung einnehmende Behandlung oder Therapie der Vergiftungen durch Schlangen zeugt in beredten Worten für das tiefe, praktische Interesse dieser Frage für den

Menschen und für die Aktualität des Kampfes zwischen diesem und den Schlangen. Bei allen Völkern und zu allen Zeiten finden wir Angaben über zahlreiche Mittel[1]) aus dem Tier-, Pflanzen- und Mineralreiche, welchen eine sichere Wirkung nachgerühmt wurde und zum Teil auch heute noch, am häufigsten natürlich in der Volksmedizin, zugesprochen wird.

Die Wichtigkeit und die große praktische Bedeutung der Auffindung geeigneter Mittel und rationeller therapeutischer Maßnahmen gegen Vergiftungen durch Schlangen ergibt sich sofort aus der, obgleich infolge von mancherlei Umständen wahrscheinlich noch sehr lückenhaften und unvollkommenen Statistik und Kasuistik derartiger Vergiftungen.

Die Tabelle auf folgender Seite gestattet einen Einblick in diese Verhältnisse und zeigt, welche Bedeutung, besonders für die Tropenhygiene, die Auffindung geeigneter therapeutischer Maßnahmen gegen Vergiftungen durch Schlangen beansprucht.

Die zahlreichen Mittel früherer Zeiten, welche zum Teil auch heute noch von den Eingeborenen einzelner Länder gegen Schlangenbiß verwendet werden, haben für uns nur medizinisch-historisches oder kulturgeschichtliches Interesse und müssen hier, so interessant auch manche, der Anwendung solcher Mittel zugrunde liegende Vorstellungen sind, übergangen werden.

Ich erwähne hier nur den „Theriak“ der Alten, welchem ein sich noch in der Pharmacopée Française vom Jahre 1866 findendes offizinelles Präparat nachgebildet ist. Dieses für unsere heutigen Begriffe monströse Produkt der pharmazeutischen Technik enthielt bis zum Jahre 1884 in Anlehnung an den Theriak der Alten auch noch Vipernteile[2]).

In der Ausgabe des französischen „Codex medicamentarius“ vom Jahre 1884 findet sich noch ein „Electuaire thériacal“ genanntes, 56 Mittel enthaltendes Präparat, welches in der Kompliziertheit seiner Zusammensetzung immer noch die Anlehnung an den „Theriak“ der Alten und die Nachbildung desselben erkennen läßt.

Die moderne wissenschaftliche Therapie ist bestrebt, mit möglichst einfachen Mitteln zu arbeiten und vorzugsweise chemisch einheitliche und genau charakterisierte Verbindungen zu Heilzwecken zu verwenden, weil nur in diesem Falle Ursache und Wirkung in ihren gegenseitigen Beziehungen zu übersehen sind.

---

[1]) Vgl. bei M. Brenning, a. a. O., S. 75 bis 165 und A. J. Kunkel, Handbuch der Toxikologie, S. 1006 bis 1007 (1899).

[2]) Humery: Un dernier mot sur la Theriaque. Thèse de Paris, p. 45 (1905).

Land	Zeit	Autor	Schlangenart	Gebissene	Todesfälle	Mortalität in Proz.
Deutschland	—	Bollinger	Kreuzotter	610	59	9,67
Italien	1781	Fontana	Sandviper	62	2	3,22
Auvergne	—	Fredet	Kreuzotter	14	6	42,85
Schweiz	1877 bis 1886	Brenning	Kreuzotter und Viper	—	7	—
Deutschland	10 Jahre	Brenning	Kreuzotter	216	14	6,50
Vendée, Dep. Loire inf.	—	Viaud Grand-Marais	—	316	44	14,00
Dep. Loire	1867	Boullet	Viper	200	2	1,00
Ostindien	1869	Nach amtlichen Berichten der englischen Regierung	Cobra, Daboia, Bungarus u. a.	—	11 416	—
	1877			—	16 777	—
	1882			—	19 519	—
	1886			—	22 134	—
	1888			—	22 480	—
	1889			—	21 412	—
	1892			—	19 025	—
	1893			—	21 213	—
Britisch-Indien . . .	—	Imlach	—	306	63	20,60

Wie bei den Vergiftungen im allgemeinen kommt es auch hier darauf an:

1. die Resorption des einverleibten Giftes möglichst hintanzuhalten oder zu verhindern;
2. die Ausscheidung von resorbiertem, unverändertem Gift möglichst zu beschleunigen;
3. bereits eingetretene, resorptive oder zentrale Wirkungen zu bekämpfen oder zu beseitigen, sei es mittels geeigneter pharmakologischer Agentien oder anderer therapeutischer Maßnahmen;
4. bereits resorbiertes Gift auf chemischem Wege zu verändern und in eine für den Organismus unschädliche Form oder Verbindung überzuführen.

1. Die Resorption von einverleibtem Gift kann verzögert werden durch Anlegen einer **Ligatur** an dem gebissenen Gliede oberhalb oder zentralwärts von der Bißstelle. Hierdurch wird die Zirkulation in dem betreffenden Gebiete verlangsamt oder aufgehoben und das Gift gelangt nur sehr langsam und in kleinen Mengen zu den lebenswichtigen Organen (Nervensystem).

Die Abschnürung des verwundeten Körperteiles darf nicht zu lange, nicht länger als etwa eine halbe Stunde ohne Unterbrechung, aufrecht erhalten werden; bei längerer Dauer entstehen leicht unangenehme Störungen des Kreislaufs und die Ernährung der Gewebe wird verhindert, was zu bleibenden Veränderungen derselben führen kann.

Durch sofortiges **Aussaugen der Wunde** kann unter Umständen ein größerer oder kleinerer Anteil des einverleibten Giftes aus der Wunde und aus dem Organismus entfernt werden, doch ist hierbei darauf zu achten, daß Resorption von der Mundschleimhaut der diese Operation vornehmenden Person nicht erfolgt, was ja bei normalem Zustande der Mundschleimhaut nicht geschieht, wohl aber bei etwa bestehenden Verletzungen der letzteren vorkommen kann. Diese Gefahr läßt sich durch Anwendung von **Schröpfköpfen** vermeiden.

Die Resorption des Giftes und seine resorptiven Wirkungen können ferner verhindert werden durch teilweise oder vollkommene **Zerstörung des Giftes an der Biß- oder Injektionsstelle.** Zu diesem Zwecke hat man die Injektion von Lösungen ver-

schiedener energisch wirkender Oxydationsmittel in die Bißwunde und deren Umgebung empfohlen, weil die Schlangengifte,
wenigstens im Reagenzglase, von diesen sehr leicht angegriffen
und zerstört, oder unwirksam gemacht werden (vgl. S. 57). Derartig wirkende Stoffe sind das Chlorwasser (Lenz, 1832), das
Kaliumpermanganat, $KMnO_4$ [Lacerda, 1881, und neuerdings
T. Lauder Brunton, Fayrer und Rogers[1]), 1904], das Chrom-
oxyd bzw. Chromsäureanhydrid, CrO_3 (Kaufmann, 1889),
der Chlorkalk oder das unterchlorigsaure Calcium,
Calciumhypochlorit, $Ca(OCl)_2$, von Aron (1883) zuerst an
Tieren experimentell erprobt und von Calmette besonders warm
empfohlen. Letzteres verdient vor den genannten analog wirkenden
Mitteln den Vorzug wegen der geringen Ätzwirkung und der da-
durch bedingten geringfügigen lokalen Gewebszerstörung.

Anstatt des Chlorkalkes kann auch die unter dem Namen
„Eau de Javelle“ käufliche Lösung von unterchlorigsaurem
Kalium verwendet werden.

Die wässerigen Lösungen der genannten Stoffe werden zwecks
Zerstörung des Giftes subkutan in die Bißwunde und deren nächste
Umgebung injiziert.

Eine Anzahl von Chlorverbindungen der Schwermetalle, so das in dieser Hinsicht von Pedler (1878) untersuchte Platintetrachlorid, das Zinktetrachlorid, Gold-
trichlorid und Quecksilberchlorid, welche von Fayrer und
Brunton auf ihre etwaige Verwendung als lokal wirkende, das
Gift an der Bißstelle zerstörende Mittel geprüft wurden, haben
sich für diesen Zweck nicht bewährt.

Die von Fayrer seinerzeit empfohlene heroische Methode
der Verhinderung der Resorption durch sofortige Amputation
eines gebissenen Gliedes (Finger oder Zehe) oder einfaches Ab-
hauen einer Extremität hat sich aus leicht begreiflichen
Gründen ebensowenig wie die lokale Behandlung mit dem glühenden Eisen *(Ferrum candens)* oder durch Abbrennen von
Schießpulver auf der Bißstelle einbürgern können, weil dadurch nur Verstümmelungen geschaffen werden und das gewünschte

---

[1] Experiments on a Method of Preventing Death from Snake Bite,
capable of common and easy practical Application. Proc. Roy. Soc.,
May 5 (1904). Beschreibung und Abbildung eines speziell für diesen
Zweck konstruierten und leicht transportablen Intrumentes.

Resultat, die Zerstörung des Giftes, doch nicht oder nur in seltenen Fällen erreicht wurde.

2. Die Ausscheidung von resorbiertem Gifte erfolgt durch verschiedene Drüsen, den Harn und die Magen- und Darmschleimhaut (vgl. oben S. 74).

Es erscheint demnach rationell, die Ausscheidung des einverleibten Giftes durch die genannten Wege zu unterstützen, was vielleicht durch reichliche Zufuhr warmer Flüssigkeiten geschehen kann. Von letzteren wird man wohl am zweckmäßigsten solche wählen, welche neben der Wasserwirkung (Durchspülung des Organismus) durch ihren Gehalt an bestimmten Stoffen auf die Sekretionstätigkeit der Nieren, auf das Gefäßsystem und erregend auf das Zentralnervensystem wirken. Diesen Forderungen entsprechen warmer Tee und Kaffee, weshalb dieselben auch häufig von großem Nutzen, schon wegen der Besserung im subjektiven Befinden, sind und oft angewendet werden.

Die Entfernung von resorbiertem, in das Blut bereits übergegangenem Gifte aus dem Organismus hat man auch durch reichlichen Aderlaß und Ersatz des entnommenen Blutes durch Kochsalzlösungen oder frisches Blut, durch die sog. Bluttransfusion, zu erreichen versucht. Diese Versuche haben jedoch nicht zu praktischen Resultaten geführt.

Über die Erfolge der therapeutischen Verwendung des von Josso (1882) und von Yarrow (1888) bei Schlangenbiß geprüften und empfohlenen **Pilocarpins** läßt sich vorläufig kein Urteil fällen. Die durch Pilocarpin verursachte gesteigerte Sekretionstätigkeit der Drüsen im allgemeinen[1] läßt es jedoch nicht unrationell erscheinen, bei solchen Vergiftungen weitere Versuche mit diesem Mittel anzustellen. Vielleicht wird die Ausscheidung des Giftes durch verschiedene Drüsen unter dem Einfluß des Pilocarpins beschleunigt.

Die an Tieren gemachten Erfahrungen von Alt[2] über die Ausscheidung gewisser Schlangengifte durch die Magen- und Darmschleimhaut fordern dazu auf, auch am Menschen bei derartigen Vergiftungsfällen Magenausspülungen vorzunehmen, um die Entfernung des auf diesem Wege etwa ausgeschiedenen Giftes aus dem Organismus zu bewirken.

---

[1] Vgl. Schmiedeberg, Grundriß der Pharmakologie, 4. Aufl., S. 142 bis 143 (1902).
[2] Alt, s. Anm. 2 auf S. 74.

3. Symptomatologische Behandlung des Schlangenbisses mittels pharmakologischer Agentien. Zweck und Ziel dieser Art der Behandlung ist in erster Linie die Beeinflussung der von den Wirkungen der Schlangengifte betroffenen Gebiete des Zentralnervensystems, deren Funktionen für das Fortbestehen des Lebens unerläßlich sind. Die zentralen oder resorptiven Wirkungen der Schlangengifte betreffen (vgl. oben S. 72) diejenigen Gebiete des Zentralnervensystems, von welchen die Respiration und die Zirkulation abhängig sind. Auf diese wirken die Schlangengifte lähmend. Demgemäß sind die zu diesem Zwecke geeigneten Substanzen unter denjenigen pharmakologischen Agentien zu suchen, welche erregend auf die genannten Gebiete wirken, wobei aber stets zu beachten ist, daß wir auf diese Weise niemals die Ursache, sondern nur die Folgen der Wirkungen des Giftes bekämpfen, die Behandlung daher eine symptomatologische ist.

Das **Ammoniak** wurde schon im 18. Jahrhundert von Jussieu, Chaussier, Sage und anderen als eines der sichersten Mittel bei Vergiftungen durch Schlangen gerühmt und auch in neuerer Zeit zur innerlichen und äußerlichen, lokalen Anwendung an der Bißstelle empfohlen. Halford[1] empfahl seine intravenöse Injektion. Den mit dem Ammoniak gemachten, angeblich günstigen Erfahrungen am Menschen stehen die bei Tieren experimentell gewonnenen, fast regelmäßig negativen Resultate gegenüber. Schon Fontana hatte bei Versuchen an Tieren festgestellt, daß das Ammoniak die Wirkungen des Viperngiftes nicht aufzuheben vermag.

Aus allen vorliegenden Untersuchungen scheint hervorzugehen, daß das Ammoniak beim Menschen in manchen Fällen nützlich sein mag, den letalen Ausgang aber nicht verhindern kann, wenn eine tödliche Menge des Giftes einverleibt wurde.

Dasselbe gilt von dem von A. Müller[2] empfohlenen **Strychnin**, dessen primäre, erregende Wirkungen auf das Zentralnervensystem es geeignet erscheinen lassen, die lähmenden

---

[1] Med. Times and Gazette **2**, 90, 170, 224, 323, 461, 575, 712. London (1873) und ibid. **1**, 53 (1874).

[2] On the Pathology and Cure of Snake Bite. Australas. Med. Gaz. (1888 u. 1889). Snake Poison and its Action. Sydney (1893). Virchows Archiv **113**, 393 (1888).

Wirkungen der Schlangengifte aufzuheben. Müller und andere berichten über günstige Erfolge. Nach einer von Raston Huxtable[1]) (1892) veröffentlichten Statistik scheint das Strychnin als Gegengift jedoch endgültig abgetan. In 426 Fällen von Schlangenbiß wurden 113 Gebissene mit Strychnin behandelt; von diesen starben 15, also 13,2 Proz. Von den übrigen 313, nicht mit Strychnin behandelten, starben 13, also 2,4 Proz.

Diese Mißerfolge erklären sich vielleicht aus der nach Injektion größerer Gaben von Strychnin folgenden Lähmung des Zentralnervensystems, welche sich dann noch zu der schon bestehenden, durch das Schlangengift bedingten Lähmung addiert und die vollständige Lähmung der lebenswichtigen Funktionszentren des Zentralnervensystems noch beschleunigen würde. Die Schwierigkeiten der Strychninbehandlung werden verständlich, wenn wir bedenken, daß die Resorption des Schlangengiftes und die einverleibten Mengen desselben kaum zu übersehen sind (vgl. oben S. 63) und daß deshalb die Dosierung des Strychnins nur nach dem Grade der beobachteten Wirkung geschehen kann.

Wenig günstige Resultate hat auch Th. Aron[2]) bei seinen Tierversuchen mit dem **Coffeïn** und **Atropin** als Gegenmittel zu verzeichnen. Die genannten Stoffe vermochten den tödlichen Verlauf der Vergiftung nicht aufzuhalten.

Die bekannten pharmakologischen Wirkungen des **Kampfers,** d. h. seine erregenden Wirkungen auf das Zentralnervensystem im allgemeinen, namentlich aber auf die Funktionszentren des verlängerten Marks, welche die Respiration und die Zirkulation beeinflussen und regulieren, machen es wahrscheinlich, daß der Kampfer bei Vergiftungen durch Schlangen therapeutisch mit Erfolg anzuwenden wäre. Jedenfalls scheint seine therapeutische Verwendung hier, wie in collapsartigen Zuständen infolge anderer Ursachen, rationell. Weitere Versuche und Erfahrungen mit diesem Mittel dürften daher wünschenswert sein.

Über die therapeutische Verwendung des **Alkohols** bei Vergiftungen durch Schlangen läßt sich vom wissenschaftlich-pharmakologischen Standpunkte wenig sagen. Dem weit verbreiteten, an-

---

[1]) Zitiert nach Calmette, a. a. O., S. 322. Vgl. oben S. 38, Anm. 1.

[2]) Experimentelle Studien über Schlangengift. Zeitschr. f. klin. Medizin 6 [4] (1883).

geblich erfolgreichen Brauche, den Gebissenen alkoholische Ge-
tränke bis zum Eintritt einer mehr oder weniger tiefen Narkose zu
verabreichen, stehen die an Tieren gewonnenen negativen Resultate
gegenüber (Aron, Weir Mitchell und Reichert), nach welchen
niemals eine wesentliche Beeinflussung des Verlaufes der Vergiftung durch Alkohol beobachtet wurde.

Die bekannten pharmakologischen Wirkungen des Alkohols
nach seiner Resorption bieten keinen Anhaltspunkt für die Erklärung einer angeblichen günstigen Beeinflussung der Vergiftung.

In der lokalen entzündlichen Reizung der Magenschleimhaut
durch konzentrierten Alkohol und der damit verbundenen Hyperämie derselben ließe sich dagegen vielleicht die Schaffung von
Bedingungen erblicken, unter welchen die Ausscheidung des
Giftes[1]) rascher erfolgt. Man darf wohl annehmen, daß, wenn in
der Zeiteinheit ein bestimmtes Ausscheidungsgebiet infolge dort be-
stehender Hyperämie von größeren Blutmengen durchströmt wird,
die exkretorische Tätigkeit eines solchen Gebietes wahrscheinlich ebenfalls gesteigert ist, so daß in der Zeiteinheit den die
Ausscheidung des Giftes besorgenden Zellen mehr Gift zugeführt
und durch diese auch ausgeschieden wird. Unter ähnlichen oder
gleichen Bedingungen ausgeführte Versuche mit Stoffen von be-
kannter Zusammensetzung, deren Ausscheidung sicher durch die
Magen- und Darmschleimhaut erfolgt, so z. B. mit dem Morphin,
müssen über diese Verhältnisse Aufschluß geben.

Vielleicht spielen ähnliche Verhältnisse bei der häufigen innerlichen Anwendung saponinhaltiger und anderer, lokal reizend
wirkende Stoffe enthaltender Pflanzen[2]) seitens der Eingeborenen
verschiedener Länder nach dieser Richtung ebenfalls eine Rolle.

Durch künstliche Respiration ist es im Tierexperiment
gelungen, den Tod der mit verschiedenen „Schlangengiften" vergifteten Tiere stundenlang hinauszuschieben. Auch liegen An-

---

[1]) Vgl. oben S. 74, Anm. 2.

[2]) Die auch in Deutschland offizinelle Droge, *Radix Senegae*,
Senegawurzel, von **Polygala Senega** stammend, welche das zur
pharmakologischen Gruppe der Sapotoxine gehörende „Senegin" enthält,
wird in Amerika vielfach innerlich gegen Klapperschlangenbiß angewendet und ist dort populär unter dem Namen „Rattlesnake
Root" bekannt.

gaben über die Anwendung der künstlichen Respiration beim
Menschen vor, doch haben diese Untersuchungen nicht zu praktischen Resultaten geführt; indessen scheinen derartige Versuche,
den daniederliegenden Gaswechsel zu beeinflussen und zu verstärken, wünschenswert, wobei vielleicht auch die reflektorische
Beinflussung der Atmung von der Peripherie (Haut) aus von
Nutzen sein kann.

***

4. Die größten Erfolge bei der Behandlung des Schlangenbisses hat nach den Angaben der betreffenden Autoren die sog.
Serumtherapie des Schlangenbisses zu verzeichnen.

Das nach der auf S. 79 angegebenen Methode bereitete Serum
oder der in sterilisiertem Wasser wieder gelöste Trockenrückstand
eines derartigen „Antiserums" wird dem Vergifteten subkutan
oder intraperitoneal, in dringenden Fällen auch intravenös
injiziert.

Die zur Heilung erforderliche Menge des Serums muß um so
größer sein, je empfindlicher das Tier gegen das Gift ist. Für
eine bestimmte Tierspezies ist bei der gleichen Giftmenge die zur
Heilung nötige Menge des Serums um so größer, je später die
Injektion des Heilserums nach der Einverleibung des Giftes erfolgt.

Ein Hund von 12 kg Körpergewicht, welchem 9 mg Cobragift,
eine für Kontrolltiere in fünf bis sieben Stunden tödliche Menge,
injiziert wurden, wurde durch zwei Stunden später vorgenommene
Injektion von 10 ccm des Heilserums völlig hergestellt; drei Stunden
nach Einverleibung derselben Giftmenge waren schon 20 ccm Antiserum
erforderlich, um das Tier am Leben zu erhalten (Calmette).

Bei einem 60 kg schweren Menschen wirken etwa **14 mg
Cobragift** (Trockenrückstand) **tödlich.** Eine kräftige Cobra
liefert bei jedem Bisse eine Menge Giftsekret, welchem etwa
20 mg Trockenrückstand entsprechen. Es empfiehlt sich daher,
von vornherein einen Überschuß von „Antiserum" zu injizieren.
Nach zahlreichen Versuchen an Tieren und nach den Resultaten
klinischer Erfahrungen reichen 10 bis 20 ccm des Serums aus,
um die Wirkungen der bei dem Bisse der Cobra im Durchschnitt
einverleibten Giftmenge aufzuheben. Man wird daher zweckmäßig mit der Injektion genannter Mengen des Serums anfangen,
dabei aber nicht nach den starren Regeln einer Dosologie und
Dosometrie, sondern nach den beobachteten Wirkungen

des „Antiserums", nach dem Grade der Besserung der Symptome dosieren.

Eine von Fayrer veröffentlichte Statistik über 65 tödlich verlaufene Fälle von Schlangenbiß in Indien ergibt, daß von den Gebissenen

22,06 Proz. in weniger als 2 Stunden,
24,53   „   zwischen 2 und   6 Stunden,
23,05   „   „   6 „ 12   „
 9,36   „   „   12 „ 24   „
21,00   „   später als 24 Stunden

nach erfolgtem Bisse starben.

Diese Fälle verliefen unter den in Indien obwaltenden Verhältnissen tödlich, da dort ärztliche Hilfe oft schwer zu erreichen ist. Die erstgenannnten 22,06 Proz. der Fälle wären wohl unter allen Umständen letal verlaufen. Die übrigen 77,94 Proz., in denen der Tod erst nach 2 bis 24 Stunden erfolgte, hätte jedoch die Anwendung des Calmetteschen Serums wahrscheinlich gerettet.

Nach den bis jetzt vorliegenden Untersuchungen scheint es sich bei der Wirkung des „Antiserums" um eine chemische Wechselwirkung zwischen den wirksamen Bestandteilen des Giftes und den „Antikörpern" des injizierten Heilserums zu handeln.

Prophylaxe.

Die Verhütung von Vergiftungen durch Schlangen ist in Europa, wo es sich um die kleinen, wenig giftigen und mit nur schwachen und kurzen Giftzähnen ausgestatteten Vipern handelt, nicht schwierig. Es genügt eine Fußbekleidung aus derbem Leder zum Schutz der unteren Extremitäten, da die Giftzähne der europäischen Schlangen nicht durch dieses Material durchdringen können, und die Kreuzotter z. B. ihren Kopf nie höher als einige Zentimeter vom Boden erhebt oder erheben kann. Ferner dürfte es sich empfehlen, Kinder in der Schule insbesondere durch den Anschauungsunterricht über die

Kennzeichen, Lebensweise und Gewohnheiten usw. der Kreuzotter eingehend zu unterrichten. Dadurch würde die Kenntnis
der Kreuzotter in immer weitere Schichten des Volkes dringen,
Unfällen vorgebeugt und wahrscheinlich auch der Vermehrung
dieser für Deutschland einzigen in Betracht kommenden Giftschlange Einhalt getan werden.

In den tropischen Ländern genügen derartige Schutzmaß-
regeln jedoch nicht. Die hohe Mortalität in diesen Ländern ist in
erster Linie auf die Häufigkeit des Vorkommens und die große
Giftigkeit der Schlangen, zum Teil aber auch auf die Indolenz und
Indifferenz der Eingeborenen zurückzuführen, welche außerdem in
manchen Schlangen, aus religiösen und mystischen Gründen, zu
schützende und zu verehrende Geschöpfe erblicken. Dann kommen
aber auch die dortigen Wohnungsverhältnisse und gewisse Sitten
der Eingeborenen, so z. B. das Schlafen auf der Erde, in Betracht.

Man hat daher versucht, durch Aussetzen einer Prämie auf
jede eingelieferte Schlange die Ausrottung dieser Tiere zu erreichen.
Das Prämiensystem[1]) hat jedoch in keinem der in Betracht
kommenden Länder den gewünschten Erfolg gehabt.

---

[1]) Vgl. hierzu: J. Blum, a. a. O., S. 152 bis 154; oben S. 47,
Anm. 2. L. Stejneger, a. a. O., S. 482 bis 484; oben S. 35, Anm. 2.
M. Brenning, a. a. O., S. 2 bis 3; oben S. 38, Anm. 2. M. Kauf-
mann, Du venin de la vipère. Paris (1889).

Eidechsen, Sauria.

Heloderma suspectum und H. horridum, die Krusteneidechse.

Der weit verbreiteten Anschauung gegenüber, daß die
Schlangen die höchststehenden, spezifisch und aktiv giftigen
Tiere sind, dürfte die Tatsache von besonderem Interesse sein,
daß es auch unter den Eidechsen, die entwickelungsgeschichtlich
den Schlangen nahe stehen, wenigstens eine Gattung gibt, die
sicher zu den Gifttieren zu rechnen ist. Diese eigenartige Gattung,
schon um die Mitte des 17. Jahrunderts von Franciscus Her-
nandez[1]) erwähnt, ist von dem Zoologen Wiegmann[2]), dem
ersten wissenschaftlichen Bearbeiter derselben, mit dem Namen
Heloderma belegt worden. Wiegmann beschrieb zuerst eine
Spezies *H. horridum*, wozu später Cope noch eine Spezies,
H. suspectum, hinzufügte. Die Stellung der Helodermen im System
der Saurier ist unter den Zoologen noch Gegenstand der Kontroverse. Diese Tiere[3]) sind vierfüßige Eidechsen, durchschnittlich
von 40 bis 60 cm Länge, doch sollen auch Exemplare bis zur
Länge von $1^1/_2$ m beobachtet worden sein. Die sehr feste und
derbe Haut ist auf dem Rücken und seitlich in regelmäßigen Ab-
ständen mit kleinen rundlichen Protuberanzen oder Höckern
besetzt, auf welche Eigentümlichkeit der Name Heloderma ($\tilde{\eta}\lambda o\varsigma$
und $\delta\acute{\epsilon}\varrho\mu\alpha$) sich bezieht.

Die kurzen und stark gekrümmten Beine können den Körper
kaum stützen, so daß das Tier gewöhnlich mit dem Bauch und

---

[1]) Historia animalium et mineralium Novae Hispaniae liber unicus.
1651. Zitiert nach Schufeldt.

[2]) Isis 1829 und Herpetologia mexicana, pars I, Saurorum species.
Berlin 1834.

[3]) Abbildungen bei Brehm und Santesson, a. a. O. Vgl. unten
S. 98, Anmerk.

dem dicken zylindrischen Schwanze auf der Unterlage ruht und sich nur sehr langsam und unbeholfen bewegen kann.

Die Helodermen leben in Mexiko, sowie in den südwestlichen Teilen der Vereinigten Staaten, hauptsächlich in Arizona, aber auch in Texas, Neu-Mexiko, Utah und Südkalifornien. *Heloderma horridum Wiegm.* findet sich vorwiegend in den westlich von den Anden gelegenen Gegenden Mexikos, während *H. suspectum Cope* in den genannten Gebieten der Vereinigten Staaten vorkommt. Die Lebensweise[1]) und die Gewohnheiten dieser Tiere sind nicht genauer bekannt, weil dieselben nur während der Dämmerung oder in der Nacht ihre Schlupfwinkel verlassen und weil die Eingeborenen dieser Gegenden die Tiere ebenso sehr wie die giftigen Schlangen fürchten. Die Kreolen Mexikos nennen das gefürchtete Tier „Escorpion"; bei den Zatopec-Indianern heißt es „Talachini" (Tola-Chini). Ein häufig gebrauchter Name des *Heloderma* ist „Gila Monster" (Gila vom gleichnamigen Flusse und Tale in Neu-Mexiko und Monster = Ungeheuer), welcher Name schon die Furcht und den Abscheu vor dem Tiere zum Ausdruck bringt. Die ausführlichste Schilderung der Lebensart des *Heloderma* hat — zum Teil nach eigenen Beobachtungen — Sumichrast[2]) geliefert.

Von vielen wissenschaftlichen Schriftstellern wird davor gewarnt, den Angaben der Eingeborenen über die Giftigkeit des Heloderma Glauben zu schenken. Die Angaben der Eingeborenen und auch diejenigen gewisser Forschungsreisender sind des öfteren stark angezweifelt worden. Indessen machen es schon gewisse anatomische Verhältnisse höchst wahrscheinlich, daß die Krusteneidechse tatsächlich einen Giftapparat besitzt. Das Experiment hat die Giftigkeit des Tieres mit Sicherheit nachgewiesen.

Die Zähne, sowohl des Unter- als auch des Oberkiefers des Heloderma, sind gefurcht und unterscheiden sich dadurch von den Zähnen sämtlicher bisher beschriebenen Eidechsen, mit Ausnahme einer seltenen, von Steindachner[3]) beschriebenen, auf

---

[1]) Vgl. besonders Schufeldt, Proceedings of the zoolog. soc. of London, p. 148—244 (1890). Literatur bis 1890.

[2]) Sumichrast: Note on the habits of some Mexican reptiles. Annals and Magazine of Natural History **13** [3], 497 (1864).

[3]) Denkschriften d. Kais. Akad. d. Wissensch. in Wien. Mathemat.-naturw. Klasse, **38**, 95 (1878).

Borneo einheimischen Eidechse, *Lanthanotus borneensis*, deren Kieferzähne ebenfalls seicht gefurcht sind.

Während bei den übrigen Eidechsen die Speicheldrüsen nur schwach entwickelt sind, erreichen die Unterkieferdrüsen des Heloderma eine relativ enorme Größe und Ausbildung. Dieselben liegen unter dem Unterkiefer und senden eine bei den beiden Spezies verschiedene Anzahl von Ausführungsgängen in den Unterkiefer hinein, in welchem sie sich verzweigen und mit je einem Aste an der Basis jedes der gefurchten Zähne münden. In der Oberkiefergegend, wo die Giftdrüsen der Schlangen liegen, scheinen solche bei Heloderma vollständig zu fehlen, was bei den auch an den Oberkieferzähnen vorhandenen Furchungen auffallend ist. Wahrscheinlich haben die Furchen die Aufgabe und Bedeutung, das im Maule überall verbreitete Sekret der Unterkieferdrüsen beim Beißen in die Wunde hinein gelangen zu lassen. Der Zahndrüsenapparat unterscheidet sich also wesentlich von demjenigen der Giftschlangen. Trotzdem machen die anatomischen Verhältnisse und die prinzipielle Analogie des Giftapparates mit dem Giftapparate der Schlangen die Giftigkeit des Heloderma schon in hohem Grade wahrscheinlich. Berücksichtigt man außerdem das eigentümliche Verhalten des Heloderma beim Beißen, das vom verfolgten und bedrängten Tiere meistens in der Rückenlage ausgeführt wird[1]), so daß die Giftdrüsen und die Zähne in eine analoge Stellung kommen, wie bei den Giftschlangen, so drängen schon diese morphologischen Verhältnisse zu dem Schlusse, daß es sich um einen, dem Giftapparate der Schlangen analogen Giftapparat handelt.

Die Angaben über die Wirkung des Helodermabisses und die Resultate experimenteller Untersuchungen mit dem Sekret der Unterkieferdrüsen dieser Eidechse sind in hohem Grade einander widersprechend. Um hier nur ein Beispiel derartiger weit auseinandergehender Angaben anzuführen, sei auf die diesbezüglichen Arbeiten von Weir Mitchell und Reichert hingewiesen. In einem an diese Autoren gerichteten Briefe wird das Heloderma als „more peaceful and harmless than a young missionary“, in einem zweiten Briefe dagegen als „worse than a whole apothecary shop“ bezeichnet.

---

[1]) Santesson, a. a. O., S. 6 und 7. Vgl. unten S. 99, Anm. 7.

S. Weir Mitchell und Reichert[1]) ließen ein in Gefangenschaft befindliches Heloderma in den Rand einer Untertasse beißen. Das Tier hielt den Gegenstand lange Zeit sehr fest im Maule. Dabei träufelte ein klares Sekret, welches aufgefangen wurde, in kleinen Mengen aus dem Maule. Die Flüssigkeit verbreitete einen schwachen, nicht unangenehmen, aromatischen Geruch; die Reaktion derselben war deutlich alkalisch.

Mitchell und Reichert stellten ihre Versuche teils mit unverändertem, frischem (nativem), teils mit eingetrocknetem und in Wasser wieder aufgelöstem Sekret an Fröschen, Tauben und Kaninchen an.

Einer Taube wurden 0,24 ccm Gift in die Brustmuskeln injiziert. Nach wenigen Minuten fing das Tier an zu wanken; die Respiration wurde zuerst beschleunigt, dann langsamer und nach sechs Minuten traten Krämpfe ein. In der siebenten Minute nach der Injektion starb das Tier. An der Injektionsstelle war eine lokale Wirkung des Giftes nicht zu erkennen. Das Herz stand diastolisch still.

Zwei Kaninchen, von welchen das eine vagotomiert war, erhielten je 10 mg des getrockneten Helodermagiftes in die *Vena jugularis*. Das vagotomierte Tier starb nach $1^1/_2$ Minuten, das nicht vagotomierte nach 19 Minuten; beide Tiere verendeten unter Konvulsionen. In beiden Fällen wurde das Herz in Diastole gefunden.

Am bloßgelegten Froschherzen sahen Weir Mitchell und Reichert bei direkter Applikation des getrockneten Giftes rasches Sinken der Pulsfrequenz und Herzstillstand nach 40 Minuten eintreten. Ein ausgeschnittenes und darauf in eine Lösung von getrocknetem Gift gebrachtes Froschherz wurde sehr bald gelähmt.

Als Resultate ihrer Versuche heben Mitchell und Reichert hervor, daß das Sekret unzweifelhaft giftig ist und daß es keine lokalen Wirkungen hervorruft. Die Todesursache ist nach diesen Autoren Herzlähmung, wobei das Herz in Diastole stillsteht und die Reizbarkeit des Herzmuskels aufgehoben ist.

---

[1]) Medical News **42**, 209 (1883); Science **1**, 372 (1883); American Naturalist **17**, 800 (1883). Vgl. auch S. Weir Mitchell, Century Magazine **38**, 503 (1889).

Die Resultate von Mitchell und Reichert haben in bezug auf die Giftigkeit des Heloderma Sumichrast[1]), Boulenger[2]), A. Dugès[3]), Garman[4]) und Bocourt[5]) durch eigene Versuche an Tieren bestätigt. Die genannten Autoren ließen verschiedene Tiere von Helodermen beißen und sahen Hühner, Frösche, Kaninchen und Meerschweinchen, letztere stets sehr schnell, an den Folgen des Bisses zugrunde gehen. Katzen und Hunde erkrankten zwar, erholten sich jedoch nach längerer oder kürzerer Zeit.

Tödlich verlaufene Fälle von Biß und Vergiftung eines Menschen durch Helodermen sind nicht mit Sicherheit festgestellt[6]). In derartigen Fällen hat man beim Menschen nur starke Schmerzhaftigkeit und heftiges Anschwellen des betroffenen Gliedes oder Körperteiles beobachtet.

Die Wirkungen des Giftsekretes von *Heloderma suspectum Cope* haben dann noch C. G. Santesson[7]), J. van Denburgh und O. B. Wight[8]) untersucht.

Nach Santesson wirkt die aus einem, von einem Heloderma angebissenen Schwämmchen mit physiologischer Kochsalzlösung ausgelaugte Flüssigkeit, Fröschen, Mäusen oder Kaninchen subkutan beigebracht, immer tödlich. Die Wirkung besteht in einer sich schnell entwickelnden, wahrscheinlich zentralen Lähmung, die anfänglich den Charakter einer Narkose zeigt. Die Ursache der Lähmung ist nicht eine Folge der darniederliegenden Zirkulation; beim Frosch beobachtete Santesson totale Lähmung, während das Herz noch schlug. Die Wirkung des Giftes erstreckt sich jedoch nicht nur auf das Zentralnervensystem; früher oder später

---

[1]) a. a. O., oben S. 96, Anm. 2.

[2]) Proc. Zoolog. Soc., p. 631. London (1882).

[3]) Cinquantenaire de la Soc. de Biologie. Volume jubilaire publié par la Societé, p. 134. Paris (1899).

[4]) Bulletin of the Essex Institute, Salem, Mass. 22, 60—69 (1890).

[5]) Compt. rend. de l'Acad. des Sciences 80, 676 (1875).

[6]) Vgl. hierzu Santesson, a. a. O., S. 18 und Proc. Zoolog. Soc., p. 266. London (1888).

[7]) C. G. Santesson: Über das Gift von *Heloderma suspectum Cope*, einer giftigen Eidechse. Nordiskt Medicinskt Arkiv. Festband tillegnadt Axel Key, Nr. 5 (1896).

[8]) American Journ. of Physiology 4, 209 (1900). — Centralbl. f. Physiologie 14, 399 (1900).

gesellt sich zu der zentralen Lähmung noch eine langsam sich entwickelnde Lähmung der motorischen Nervenendigungen, also eine curarinartige Wirkung.

Die Ergebnisse Santessons stehen im Widerspruch mit den Resultaten der Tierversuche von Weir Mitchell und Reichert. Bezüglich der lokalen Erscheinungen bei der subkutanen Injektion des Giftes kam Santesson, an Fröschen wenigstens, zu dem Resultate, daß lokale Wirkungen des Giftes, bestehend in Schwellung, Ödem und Blutungen, nach kleineren Gaben zu beobachten sind. Vielleicht hat man in den sehr schnell tödlich verlaufenen Versuchen von Mitchell und Reichert die Ursache des Ausbleibens der lokalen Wirkungen zu suchen. Die Beobachtungen und Versuche, bei welchen Menschen und größere Tiere von Helodermen gebissen wurden, sprechen entschieden dafür, daß das Helodermagift, ähnlich wie das Gift mancher Schlangen, Lokalerscheinungen bewirkt. An den Schleimhäuten scheint das Gift keine sichtbaren Lokalerscheinungen hervorzurufen.

Möglicherweise ist auch der Umstand, daß Mitchell und Reichert ihren Versuchstieren allzu große Mengen des Giftes auf einmal injizierten, für ihre Angabe, daß der Tod durch Herzlähmung erfolge, in Betracht zu ziehen. Santesson sah in allen Fällen, wo das native Gift Fröschen eingespritzt wurde, Herzstillstand eintreten und nimmt eine direekte Wirkung des Giftes auf den Herzmuskel an. Diese Wirkung auf das Herz ist aber nach Santesson unabhängig von der Wirkung auf das Zentralnervensystem.

Nach J. van Denburgh und O. B. Wight[1]) löst das Gift von *Heloderma suspectum* im Reagenzglase die roten Blutkörperchen auf, macht das Blut ungerinnbar nach vorausgegangener Thrombenbildung und wirkt zuerst erregend, dann lähmend auf das Zentralnervensystem. Atembewegungen und Herzschlag werden erst beschleunigt, dann zum Stillstande gebracht, das Herz auch durch lokale Giftwirkung gelähmt. Speichelfluß, Erbrechen, Abgang von Kot und Harn charakterisieren die ersten Stadien der Vergiftung; der Tod tritt nach diesen Autoren entweder infolge von Atemstillstand oder durch Thrombenbildung oder Herzlähmung ein.

---

[1]) a. a. O., oben S. 99, Anm. 8.

Über die chemische Natur und Zusammensetzung des wirksamen Bestandteiles des Helodermagiftes wissen wir nur, daß der Giftkörper Kochen in schwach essigsaurer Lösung ohne Abnahme der Wirksamkeit verträgt, und deshalb nicht zu den Fermenten gezählt werden kann. Santesson[1]) glaubt sich auf Grund einer orientierenden chemischen Untersuchung zu der Annahme berechtigt, daß toxisch wirkende Alkaloide in dem Giftsekrete wahrscheinlich nicht vorhanden sind, und daß die hauptsächlichen giftigen Bestandteile des Helodermaspeichels ihrer chemischen Natur nach teils zu den nucleïnhaltigen Substanzen, teils zu den Albumosen gehören.

Über die Wirkungen des Giftsekretes herrscht also, wie aus dem oben angegebenen hervorgeht, in manchen wesentlichen Punkten noch Unklarheit, doch scheinen diese im allgemeinen sich qualitativ den Wirkungen der Schlangengiftsekrete zu nähern und anzuschließen. Ein abschließendes Urteil wird sich erst dann gewinnen lassen, wenn die wirksamen Bestandteile des Sekretes isoliert und auf ihre pharmakologischen Wirkungen geprüft sein werden.

---

[1]) a. a. O., S. 37 u. 43. Vgl. oben S. 99, Anm. 7.

Amphibien, Lurche; Amphibia.

Es ist eine längst bekannte Tatsache, daß das Hautdrüsensekret einer Anzahl von nackten Amphibien giftige Substanzen enthält. Seit den ältesten Zeiten wird in den Schriften der Gelehrten und der Dichter der Giftigkeit dieser Tiere immer wieder Erwähnung getan, und auch im Volksmunde lebte der Glaube an die Giftigkeit der Salamander, Molche und Kröten von Generation zu Generation fort. Ganz besonders ist es die Kröte, die von jeher als Urbild des Häßlichen und Verabscheuungswürdigen ihren Platz in der Naturgeschichte des Volkes behauptet hat.

1. Ordnung: Anura, schwanzlose Amphibien.

Gattung Bufo.

Bufo vulgaris Lin., die gemeine Kröte, wird bereits von Nikander[1]) als giftig bezeichnet. „Wenn jemand von der Sommerkröte oder von der stummen grünen Kröte einen Trank bekommt, so schwellen die Gliedmaßen an, die Atmung ist andauernd beschleunigt und dem Munde entströmt ein übler Geruch.“

Die Angaben der älteren Autoren nach Nikander über die Giftigkeit oder Unschädlichkeit der Kröten sind indessen sehr widersprechender Natur, was wohl darauf zurückzuführen ist, daß dieselben ihre Angaben den Schriften früherer Autoren entnahmen, selbst aber keine Tierversuche ausführten, oder, falls letzteres geschah, sie nicht mit dem Hautdrüsensekret, sondern vielmehr mit dem Harn oder dem Darminhalt dieser Tiere ihre Versuche anstellten.

Ohne auf die mit negativen Resultaten verlaufenen Versuche näher einzugehen, sei hier nur kurz der hauptsächlichsten An-

---

[1]) Alexipharmaka, Vers 567—593.

gaben und Versuche derjenigen Forscher gedacht, welche sich mit dem uns hier interessierenden Gift beschäftigt haben.

Ambroise Paré (1510 bis 1590) widmet in seinem bekannten Werke[1]) im 21. Buche desselben, welches von den Giften handelt, das 31. Kapitel dieses Buches dem Krötengift[2]). Dieses Kapitel trägt die Überschrift: „De la morsure de Crapaut." Paré, der sonst kritische Beobachter, glaubt noch an einen giftigen „Biß" der Kröten, obwohl er weiß, daß dieselben keine Zähne haben. Er berichtet über einen Fall von Vergiftung zweier Männer durch das Gift der Kröten. Zwei Kaufleute waren in der Nähe der Stadt Toulouse in eine Herberge eingekehrt. Bis zur Herrichtung der Mahlzeit spazierten sie in einem angrenzenden Garten, brachen bei dieser Gelegenheit einige Blätter Salbeikraut und taten dieselben frisch und ungewaschen in ihren Wein. Bald darauf wurden die beiden Kaufleute von Schwindel befallen, fielen in Ohnmacht, es stellten sich Krämpfe ein und der Puls versagte. Lippen und Zunge waren schwarz gefärbt, es stellten sich heftiges, wiederholtes Erbrechen und kalter Schweiß ein, und bald darauf erfolgte der Tod der beiden Vergifteten. Bei der gerichtlichen Untersuchung stellte sich dann heraus, daß in der Nähe und im Boden unter dem Salbeikraut eine große Anzahl von Kröten vorhanden war, und man schloß daraus, daß das Gift dieser Tiere an oder in den Salbeiblättern enthalten gewesen sei und daß dasselbe den Tod der beiden Kaufleute verursacht habe.

Paré beschreibt die Wirkungen des Krötengiftes folgendermaßen: Les accidents qui adviennent de leur venin, sont que le malade devient jaune, et tout le corps lui enfle, en sorte qu'il ne peut avoir son haleine et halette comme un chien qui a grandement couru .... Puis lui viennent d'abondant vertigines, spasme, defaillance de coeur et après la mort ....

In dieser Abhandlung erzählt Paré auch von einem von seinem Zeitgenossen Rondelet (1507 bis 1566) beobachteten Falle von Vergiftung durch das uns hier interessierende Gift. Paré schreibt: Il (Rondelet) dit avoir veu une femme, qui mourut pour avoir mangé des herbes sur lesquelles un crapaut avoit haleiné et jetté son venin .... Und weiter: Les meschans bourreaux

---

[1]) Ambroise Paré: Les oeuvres de . . . 1575.
[2]) 21. Livre, Chap. XXXI, p. 773.

empoisonneurs en font plusieurs venins, lesquels il faut plustost taire que dire.

Die bei Paré, Rondelet und anderen Autoren dieser Zeit vertretene und auch noch späterhin weit verbreitete Meinung, die Kröten besäßen das Vermögen, Giftstoffe der Pflanzen, mit welchen sie in Berührung kommen, sowie auch Giftstoffe aus dem Boden in sich aufzunehmen, erklärt den Namen „Erdmagnete", wie diese Tiere früher oft bezeichnet wurden. Ganz besonders sollten dieselben die giftigen Bestandteile der Schwämme an sich ziehen können. Diesem Volksglauben verdanken denn auch die Schwämme die Bezeichnungen „Paddenstoelen" im Holländischen und „Toadstools" im Englischen, welche Ausdrücke wörtlich übersetzt „Krötenstühle" bedeuten.

Die Giftigkeit des Hautdrüsensekretes der Kröte wurde an verschiedenen Tieren sicher und einwandfrei festgestellt durch Gratiolet und Cloëz (1851) und besonders durch die Untersuchungen von Vulpian[1]) (1854). Letzterer experimentierte an Hunden, Meerschweinchen, Fröschen bei subkutaner und stomachaler Applikation des Hautdrüsensekretes und faßt seine Beobachtungen dahin zusammen, daß das Gift bei subkutaner Applikation Hunde und Meerschweinchen in $^1/_2$ bis 1 Stunde tötet. Den Verlauf der Vergiftung teilt Vulpian in vier Perioden ein: 1. ein Stadium der Erregung, 2. eine Periode der Erschlaffung, 3. eine Periode, während welcher Brechneigung besteht oder es zum Erbrechen kommt, und 4. bei Meerschweinchen das Auftreten von Krämpfen und darauf Tod.

Bei Hunden hat Vulpian keine Krämpfe auftreten sehen; bei Fröschen dagegen sollen dem Tode des Tieres stets Konvulsionen vorausgehen. Brachte Vulpian das Krötenhautsekret in den Magen, so traten bei Hunden keinerlei Erscheinungen auf, Frösche wurden auch bei dieser Art der Applikation des Giftes getötet; die Wirkungen traten nur später ein. Der Autor weist auf ähnliche, von ihm angestellte Versuche mit Curare hin, wobei sich gezeigt hatte, daß Frösche, im Gegensatz zu den Säugetieren, bei stomachaler Applikation von Curare ebenso schnell sterben als nach subkutaner Einverleibung.

---

[1]) Ausführliches Literaturverzeichnis bis 1902 bei E. S. Faust: Über Bufonin und Bufotalin, die wirksamen Bestandteile des Krötenhautdrüsensekretes. Archiv f. exp. Path. u. Pharmak. **47**, 278 (1902).

Die Erregbarkeit der Muskeln und der Nerven ist nicht herabgesetzt. Bei Eröffnung des Thorax vergifteter Hunde sah Vulpian sofort nach dem Tode der Tiere das Herz still stehen, die Vorhöfe und die Hohlvenen stark gefüllt. Auf mechanischen Reiz reagierten Vorhöfe und Ventrikel schwach.

Bei Meerschweinchen nahm die Zahl der Herzschläge stark ab; letztere waren im Moment des Todes kaum fühlbar. An Fröschen konstatierte Vulpian systolischen Herzstillstand.

In einer zweiten Abhandlung aus dem Jahre 1856 berichtet derselbe Autor über Versuche, welche er über die Wirkungen der Gifte der Kröte, des Erd- und des Wassersalamanders angestellt hatte. Zu sämtlichen Versuchen wurden auch hier die den Tieren entnommenen Hautsekrete verwendet. In bezug auf das Krötengift bringt diese Arbeit nichts neues, abgesehen davon, daß Vulpian nachwies, daß die Kröte gegen ihr eigenes Gift sehr widerstandsfähig, wenn nicht immun ist. Hervorzuheben ist nur, daß dieser Forscher die nach Einverleibung des Hautdrüsensekretes der Kröte auftretenden Krämpfe auf eine Wirkung auf das Zentralnervensystem zurückführt.

Im Jahre 1871 unternahm Domenico Fornara eine Untersuchung über die Wirkungen von Upas Antiar, des eingedickten Milchsaftes von *Antiaris toxicaria Leschen.*, einer auf Java, Borneo usw. einheimischen Moracee, welche von den Eingeborenen zur Bereitung eines sehr wirksamen Pfeilgiftes verwendet wird. Er machte bei dieser Gelegenheit die Beobachtung, daß eine Menge des aus genannter Pflanze gewonnenen Giftes, des auf das Herz digitalinartig wirkenden Antiarins, welche einen Hund tötete, auf Kröten ohne Wirkung blieb. Eine ähnliche Erfahrung hatte vor Fornara Vulpian gemacht, als er an Kröten mit Hommolles und Quevennes Digitalin experimentierte. Fornara fand, wie Vulpian bereits festgestellt hatte, daß die Kröte sich auch gegen ihr eigenes Gift, ebenso wie gegen das Antiarin, sehr resistent erwies und erklärte diese Widerstandsfähigkeit durch Gewöhnung an das von ihr produzierte Gift.

Fornara erhielt das Gift bzw. den alkoholischen Auszug des Hautsekretes auch in der Weise, daß er die Tiere auf einen Rahmen aufspannte und sie dann mit induzierten Strömen reizte, während sie von einem Strahl Wassers oder verdünnten Alkohols bespült wurden. Die ablaufende Flüssigkeit wurde in einem Gefäße aufgefangen und der nach dem Einengen oder Eintrocknen der Flüssigkeit erhaltene Rückstand mit Alkohol behandelt. Mit dem auf diese Weise gewonnenen Gift stellte Fornara seine Tierversuche an. Die Ergebnisse der letzteren stimmen im wesentlichen mit den Erfahrungen früherer Beobachter überein. Die Wirkungen des Krötengiftes sind nach Fornara denjenigen der Digitalinstoffe äußerst ähnlich, nur soll die Nausea bei ersterem früher eintreten und sich hartnäckiger behaupten als bei letzteren. Eine genaue Dosierung und Bestimmung der letalen Gabe des Giftes war Fornara mit seinen Präparaten nicht möglich. Es findet sich in seiner Arbeit die Angabe, daß ein Kaninchen erst nach Einverleibung von 90 cg „Phrynin" in den Magen nach Verlauf von fünf Stunden starb!! (Vgl. unten S. 115.)

Fornara setzte seine Untersuchungen über diesen Gegenstand 1874 im Laboratorium von Claude Bernard fort, in der Hoffnung, das wirksame Prinzip des Krötengiftes in reinem Zustande zu erhalten und einer therapeutischen Anwendung zugänglich zu machen. Er verwendete zu diesem Zwecke die an der Luft getrockneten Häute von *Bufo viridis*, welche er nach dem Zerkleinern mit Alkohol extrahierte. Nach dem Abdestillieren des Alkohols wurde der Rückstand nochmals mit absolutem Alkohol ausgezogen. Derselbe hinterließ nach dem Verjagen der letzteren eine etwas hygroskopische, eigenartig riechende (d'une odeur vireuse), dunkel gelbrote Masse. Diese Substanz nannte Fornara „Frynine" (Phrynin). Er ist der Ansicht, daß, falls das Krötengift als Arzneimittel Anwendung finden sollte, doch stets der auf obige Weise dargestellte Stoff (der alkoholische Auszug bzw. die nach dem Verjagen des Alkohols zurückbleibende Masse) als Grundsubstanz oder Basis aller pharmazeutischen Präparate dienen müsse. In zarter Rücksicht auf die mit diesem Stoff zu behandelnden Patienten will Fornara anstatt „extrait alcoolique de venin du crapaud" das Wort „Phrynin" gesetzt wissen. Da nun aber der alkoholische Auszug der Krötenhäute, wie später gezeigt werden soll, verschiedene Substanzen enthält, so muß das „Phrynin" von Fornara als ein Gemenge bezeichnet werden, und dieser Name als Bezeichnung der in dem Sekret der Hautdrüsen der Kröte enthaltenen pharmakologisch wirksamen Körper füglich nunmehr in Wegfall kommen.

Calmels[1] beschäftigte sich im Jahre 1884 mit der chemischen Natur des Krötenhautdrüsensekretes und gab an, darin Methylcarbylamin[2] und Isocyanessigsäure gefunden zu haben. Ersteres soll dem Sekrete, wenigstens zum Teil, seinen charakteristischen Geruch verleihen und die Giftwirkung bedingen. Auch beim Wassersalamander oder Kammolch will Calmels eine Isocyanverbindung im Hautsekret gefunden haben und zwar in diesem Falle die α-Isocyanpropionsäure[2].

Phisalix und Bertrand haben 1893 das **Blut** von *Bufo vulgaris* auf giftige Bestandteile untersucht und fanden, daß der von den Hautdrüsen dieser Tiere sezernierte giftige Körper sich auch in ihrem Blute nachweisen läßt, jedoch in weit geringerer Menge darin vorhanden ist. Die Gegenwart des wirksamen Körpers im Blute wurde durch Tierversuche nachgewiesen. Die genannten Forscher meinen, daß die Gegenwart des Giftstoffes oder der Giftstoffe im Blut auf eine „innere Sekretion" (vgl. Nebennieren, S. 17, und Schlangen, S. 50) der Hautdrüsen zurückzuführen sei und daß die durch Gewöhnung erworbene relative Immunität der Tiere gegen ihr eigenes Gift durch diese „innere Sekretion" zu erklären sei.

Die Ursachen der Widerstandsfähigkeit der Kröte gegen die Stoffe der Digitalingruppe und andere Gifte hat in letzter Zeit O. Heuser[3] studiert.

Im Jahre 1894 hat Pugliese einen Beitrag zur Kenntnis der Wirkungen des Krötengiftes geliefert.

Der genannte Autor sah auf Zusatz einer genügenden Menge trockenen Krötengiftes oder einer sauren wässerigen Lösung desselben zu einer Blutlösung das gelöste Hämoglobin nach einiger Zeit in Methämoglobin übergehen.

In dem Sekret der Bauch- und Rückenhaut der Feuerkröte, *Bombinator igneus*, und der gemeinen Kröte, *Bufo vulgaris* s.

---

[1] Sur le venin des Batraciens. Compt. rend. de l'Acad. des Sciences **98**, 436 (1884).

[2] Über Cyanverbindungen als tierische Gifte vgl. auch oben S. 58.

[3] O. Heuser, Über die Giftfestigkeit der Kröten. Arch. inter. de Pharmacodynamie etc. **10**, 483 (1902).

cinereus wies Fr. Pröscher[1]) (1902) ein von ihm Phrynolysin genanntes, hämolytisch wirkendes Gift nach, welches aber nicht isoliert und chemisch untersucht wurde. Das Phrynolysin spielt bei dem Zustandekommen der charakteristischen Herzwirkung des Krötengiftes keine Rolle, kommt also für die tödliche Wirkung des Hautsekretes nicht in Betracht. (Vgl. auch oben, Wirkungen der Schlangengifte auf das Blut, S. 69.)

Über die anatomischen Verhältnisse der Hautdrüsen, in welchen das Krötengift abgesondert wird, finden sich ausführliche Beschreibungen in den Arbeiten von Calmels[2]), Eckhard[3]), Bolau[4]), Leydig[5]), Schultz[6]) und Seeck[7]).

Bei der chemischen Untersuchung des Krötenhautdrüsensekretes gelang es Verfasser[8]) (1902), den von ihm **Bufotalin** genannten, digitalinartig wirkenden Bestandteil und einen diesem chemisch nahe stehenden, ähnlich, aber viel schwächer wirkenden Körper, das **Bufonin,** zu isolieren und rein darzustellen. Fast gleichzeitig veröffentlichten Phisalix und Bertrand[9]) ihre Untersuchungen über denselben Gegenstand. Diese Autoren beschreiben die Wirkungen eines nicht isolierten und chemisch nicht charakterisierten Körpers, den sie „Bufoténine" nennen. Von dem Vorhandensein dieses letzteren im Hautsekrete der Kröten hat sich Verfasser bisher weder auf chemischem noch auf pharmakologischem Wege überzeugen können[10]).

---

[1]) Fr. Pröscher, Zur Kenntnis des Krötengiftes. Hofmeisters Beiträge 1, 575 (1902).

[2]) Calmels, Étude histologique des Glandes à venin du crapaud etc. Archives de physiologie normal et pathologique 3 [1], 322 (1883).

[3]) Eckhard, Über den Bau der Hautdrüsen der Kröten. Müllers Archiv für Anatomie, S. 425 bis 428 (1849).

[4]) Bolau, Beitr. z. Kenntnis d. Amphibienhaut. Göttingen (1866).

[5]) Leydig, Über die Molche der württembergischen Fauna. (1867.)

[6]) P. Schultz, Über die Giftdrüsen der Kröten und Salamander. Archiv f. mikr. Anatomie 34, 11 bis 57 (1889).

[7]) Oscar Seeck, Über die Hautdrüsen einiger Amphibien. Inaug.-Dissertation. Dorpat (1891).

[8]) a. a. O., S. 293. Vgl. oben S. 104, Anm. 1.

[9]) Compt. rend. 135 [1], 46—48 (1902).

[10]) Vgl. Archiv f. exp. Path. u. Pharmak. 49, 1 (1902).

Das **Bufonin** kristallisiert aus den alkoholischen Auszügen der Krötenhäute beim Einengen der ersteren in feinen Nadeln oder derberen Prismen, die nach wiederholtem Umkristallisieren den Schmelzpunkt 152° zeigen und bei der Elementaranalyse und Molekulargewichtsbestimmung nach Raoult-Beckmann für die Formel $C_{34}H_{54}O_2$ gut stimmende Werte gaben.

Das Bufonin ist leicht löslich in Chloroform, Benzol und heißem Alkohol, schwerer löslich in Äther, sehr wenig löslich in kaltem Alkohol und Wasser. Es ist eine neutrale Verbindung, unlöslich in Säuren und in Alkalien. Seine Anwesenheit im Krötenhautsekret bedingt neben Fett wahrscheinlich das milchige oder rahmartige Aussehen dieses Sekretes (Emulsion).

Löst man ein wenig des Bufonins in Chloroform und schichtet darunter konzentrierte Schwefelsäure, so entsteht zunächst an der Berührungsfläche der beiden Flüssigkeiten eine dunkelrot gefärbte Zone, die an Ausdehnung allmählich zunimmt. Mischt man die beiden Flüssigkeiten, so färbt sich das Chloroform zuerst hell-, dann dunkelrot, schließlich purpurfarbig. Die Schwefelsäure zeigt eine grünliche Fluoreszenz.

In Essigsäureanhydrid gelöst und mit konzentrierter Schwefelsäure gemischt, zeigt das Bufonin ein ähnliches Farbenspiel wie das Cholesterin, mit dem Unterschiede, daß das Auftreten der rosa und roten Färbung des Gemisches von Essigsäureanhydrid und konzentrierter Schwefelsäure sehr vorübergehend ist, manchmal sogar ausbleibt. Die schließliche Farbe des Gemisches ist hier dunkelgrün.

Das **Bufotalin** geht bei der Behandlung der Rückstände alkoholischer Auszüge von Krötenhäuten mit Wasser in letzteres über und kann nach vorhergehender Reinigung solcher Lösungen mit Bleiessig, Entfernung des überschüssigen Bleies mittels Schwefelsäure usw. aus diesen durch Kaliumquecksilberjodid gefällt werden. Aus diesen Fällungen wird es dann in der üblichen Weise mit Silberoxyd freigemacht und hierauf mit Chloroform ausgeschüttelt. Aus seiner Lösung in Chloroform wird das Bufotalin durch Petroleumäther gefällt. Durch fraktionierte Fällungen mit Petroleumäther erhält man amorphe, aber in ihrer Zusammensetzung konstante Analysenpräparate, welche auf die Formel $C_{34}H_{46}O_{10}$ sehr genau stimmende Werte geben.

Das Bufotalin ist leicht löslich in Chloroform, Alkohol, Eisessig und Aceton, unlöslich in Petroläther, ziemlich schwer löslich in Benzol und in Wasser. Eine gesättigte wässerige Lösung desselben enthält im Cubikcentimeter 0,0026 g. Die Löslichkeit des Bufotalins in Wasser ist also etwa $2^{1}/_{2}$ pro Mille. Seine wässerige Lösung reagiert sauer.

In wässerigen Alkalien, Natronlauge, Kalilauge, Natriumcarbonat und Ammoniak ist das Bufotalin leicht löslich. Seiner sauren Natur gemäß verbindet es sich mit den oben genannten Basen zu Salzen. Die wässerigen Lösungen der Alkalisalze reagieren alkalisch, zeigen eine schwache Opaleszenz und schmecken stark bitter.

Das Bufotalin scheint keine Hydroxylgruppen im Molekül zu enthalten, wie das bei dem Bufonin der Fall ist. Versuche, durch Acylierung zu einem kristallinischen Derivat zu gelangen, führten nicht zum Ziele. Als das Bufotalin nach der Methode von Liebermann und Hörmann mit Essigsäureanhydrid und Natriumacetat längere Zeit am Rückflußkühler erhitzt wurde, konnte dasselbe fast quantitativ unverändert zurückgewonnen werden. Beim Kochen mit konzentrierter Salzsäure während fünf Minuten erlitt das Bufotalin keine Veränderung. Auch trat bei dieser Behandlung kein Farbenwechsel ein. Die nach dem Kochen mit Salzsäure alkalisch gemachte Flüssigkeit reduzierte Kupferoxyd nicht.

Von den Fällungsreagentien ist für das Bufotalin noch das Tannin zu erwähnen. Aus seiner wässerigen Lösung fällt Tannin das Bufotalin in groben Flocken. Es gelingt jedoch nicht, das letztere aus seiner Tanninverbindung nach der gewöhnlichen Methode mittels Zinkoxyd oder Bleioxyd zu isolieren, weil das Bufotalin mit den genannten Metallen schwer lösliche oder unlösliche Verbindungen bildet.

Mit konzentrierter Schwefelsäure in einer Porzellanschale übergossen, gibt das Bufotalin auf Zusatz von Bromkalium eine dunkel braunrote Färbung.

Pharmakologische Wirkungen des Bufotalins.

Die Wirkung des reinen, der Zusammensetzung $C_{34}H_{46}O_{10}$ entsprechenden Körpers deckt sich im wesentlichsten mit derjenigen, welche frühere Experimentatoren für das ganze Sekret beschrieben haben, d. h. das Bufotalin entfaltet seine Wirkung. abgesehen von einer lokalen Reizung, ausschließlich auf das Herz, und diese Wirkung stimmt mit der Digitalinwirkung dem Charakter nach in allen Punkten überein.

Dementsprechend vermindert es die Zahl der Pulse, bewirkt eine Verstärkung der Systolen, welcher dann die unter dem Namen „Herzperistaltik" bekannten Unregelmäßigkeiten der Herzkontraktionen folgen, und führt schließlich zu dem charakteristischen systolischen Stillstand. Der ganze Verlauf dieser Erscheinungen am Herzen ist genau wie nach einem der Stoffe der Digitalingruppe, namentlich schlagen die Vorhöfe noch kurze Zeit nach eingetretenem Ventrikelstillstand fort, indem sie sich dabei prall mit Blut füllen, bis auch sie zum Stillstand kommen.

Auch der systolische Herzstillstand wird zunächst durch mechanische Ausdehnung des Ventrikels aufgehoben und das Herz während der Ausdehnung zum Schlagen gebracht. worauf es nach dem Aufhören derselben wieder in seine systolische Ruhe zurückkehrt.

Die Wirkung des Bufotalins auf das Herz ist maßgebend für das Zustandekommen des ganzen Symptomenkomplexes der Bufotalinvergiftung. Alle Erscheinungen, mit Ausnahme der noch später zu erörternden lokalen Wirkungen dieses Giftes, sind auf das Darniederliegen der Zirkulation zurückzuführen, wodurch auch eine Abnahme der Funktionsfähigkeit des Zentralnervensystems bis zur Lähmung bedingt wird.

A. Versuche am Frosch.

Sämtliche Versuche des Verfassers sind an *Rana temporaria* ausgeführt worden. *Rana esculenta* reagiert auf Bufotalin, wie das für diese Froschart von Schmiedeberg für das Digitalin festgestellt worden ist, in etwas anderer Weise. Ebenso wie beim Digitalin, kommt auch beim Bufotalin die charakteristische Wirkung, der systolische Herzstillsand, am Esculentaherz[1] nicht so ausgesprochen zustande wie bei *Rana temporaria*. Entweder steht der Ventrikel überhaupt nicht vollständig in Systole still,

---

[1] Vgl. hierzu Schmiedeberg, Grundriß der Pharmakologie. 4. Aufl. S. 227 bis 228 (1902).

oder der systolische Stillstand erfolgt erst nach bedeutend größeren
Gaben.

Das Bufotalin bewirkt am isolierten Froschherzen bei der
bekannten Versuchsanordnung am Williams-Apparat[1] Abnahme
der Pulsfrequenz und gleichzeitig bedeutende Steigerung
des Pulsvolumens.

Schon 0,04 bis 0,05 mg Bufotalin, in 50 ccm Nährflüssigkeit
verteilt, bewirken am isolierten Froschherzen eine bedeutende Zunahme des Pulsvolumens und eine Abnahme der Pulsfrequenz.

Das Bufotalin hat keine Wirkung auf das Nervensystem.
Eine Wirkung auf die Skelettmuskeln ist ebenfalls nicht nachzuweisen. An einem in physiologischer Kochsalzlösung befindlichen Zupfpräparat vom Froschmuskel sieht man unter dem
Mikroskop auf Zusatz von Bufotalinlösung keinerlei Veränderung
der Muskelfasern eintreten.

B. Versuche am Warmblüter.

1. Wirkung des Bufotalins bei subkutaner Injektion.

Injiziert man einem kleinen Hunde von etwa 4 kg Körpergewicht 1 ccm gesättigter, wässeriger Bufotalinlösung ($=$ 0,0026 g
Bufotalin) in das Unterhautzellgewebe, so sind im Verlaufe der
ersten 10 bis 15 Minuten keinerlei Erscheinungen wahrzunehmen.
Nach Ablauf der genannten Zeit läßt sich der Beginn der Wirkung erkennen. Als erste Zeichen derselben stellen sich Schling-
bewegungen und wiederholtes Belecken der Schnauze ein, was
darauf hindeutet, daß das Tier sich in einem Zustande von Nausea
befindet. Die Sekretionen sind gesteigert. Es besteht reichlicher
Speichelfluß. Nach wenigen Minuten tritt dann Erbrechen ein,
welches sich in kurzen Pausen während des ganzen Versuches
wiederholt. Schließlich kommt der Brechreiz nur in Form von
Würgbewegungen zum Ausdruck. Um die Zeit, da das erst-
malige Erbrechen eintritt, erfolgt, kurz vor- oder bald nachher,
in der Regel auch Entleerung von Harn und Kot.

Die Brechversuche und die Würgbewegungen nehmen an
Intensität zu und wiederholen sich immer öfter. In den Pausen

---

[1]) Archiv f. exp. Patholog. u. Pharmak. **13**, 1 (1880); **24**, 221
(1887); **44**, 368 (1900).

liegt das Tier ruhig da und erscheint äußerst matt. Die Atmung ist selten und sehr tief.

Von Seiten der Respiration beobachtet man zuerst eine auffallende Vertiefung der Atemzüge, welche mit einer Abnahme der Frequenz Hand in Hand geht. Später wird die Atmung meist oberflächlich, um dann in einigen Minuten sich wiederum tiefer zu gestalten. Die Respiration bietet eine gewisse Ähnlichkeit mit dem Cheyne-Stokesschen Phänomen.

Die Herztätigkeit ist in diesem Stadium eine unregelmäßige. Der Puls setzt zuweilen ganz aus, dann folgen wieder sehr schnelle, kleine Pulse, zwischen welchen vereinzelte, sehr kräftige Herzkontraktionen auftreten können.

Der letale Ausgang erfolgt in der Regel in der Weise, daß die Atmung immer seltener und angestrengter wird, um dann ganz auszubleiben. Es treten zum Schluß kurzdauernde Konvulsionen ein, die als Erstickungskrämpfe zu deuten sind. Das Sensorium des Tieres bleibt bis zum Tode intakt.

Bei Vergiftungen mit nicht tödlichen Mengen sind die Erscheinungen ähnlich, wie oben beschrieben. Es erfolgt Nausea, wiederholtes Erbrechen, dann Würgbewegungen, die nach Verlauf von einigen Stunden nachlassen. Am Abend des Tages, an welchem. zwischen 11 und 12 Uhr morgens einem Hunde von 5,2 kg Körpergewicht 2 mg Bufotalin subkutan injiziert waren, fraß das Tier das ihm gereichte Futter und blieb auch weiter ganz gesund.

Am Kaninchen sind die Vergiftungserscheinungen infolge des Ausfalles des Erbrechens im allgemeinen weniger auffallend, doch läßt sich auch bei diesen Tieren auf eine nach Einverleibung von Bufotalin eintretende Nausea und Steigerung der Sekretionen daraus schließen, daß sie bald nach der Injektion wiederholt mit den Vorderpfoten am Maul wischen. Im Verlaufe der Vergiftung bemerkt man eine hochgradige und auffallende Dyspnoë, wie sie auch von Koppe bei Vergiftungen von Kaninchen mit Digitoxin beobachtet wurde. Dagegen habe ich die an Kaninchen bei Digitoxinvergiftung nach Koppe in den Vordergrund tretenden Lähmungserscheinungen bei meinen Versuchen mit Bufotalin vermißt. Auch wenn das Tier schließlich mit ausgespreizten Beinen auf den Bauch zu liegen kommt, so reagieren die Muskeln immer noch auf Reize in anscheinend normaler Weise. Dementsprechend beobachtet man bei Kaninchen, wie auch bei Hunden, kurz vor dem Tode Konvulsionen, die auch hier als Erstickungskrämpfe zu deuten sind.

Nach der subkutanen Injektion von 5,2 mg traten bei einem Kaninchen von 2050 g Körpergewicht die Vergiftungserscheinungen nach 40 Minuten und der Tod nach einer Stunde ein.

Bei einem Versuch an einer Katze von 2,3 kg Körpergewicht erfolgte der Tod nach subkutaner Injektion von 2,6 mg Bufotalin unter Konvulsionen in vier Stunden. Auch hier machte Erbrechen den Beginn der Vergiftung bemerkbar. Dasselbe dauerte während des ganzen Versuchs fort. Auch bei diesem Versuchstier, wie in der Regel bei Hunden, trat ungefähr gleichzeitig mit dem Erbrechen Kot- und Harnentleerung ein.

2. Wirkung des Bufotalins bei Einverleibung per os.

Während ich bei kleinen Hunden von ungefähr 4 kg Körpergewicht nach subkutaner Injektion von 2,6 mg Bufotalin nach vier bis fünf Stunden den Tod eintreten sah, wird das Vielfache dieser Menge, per os einverleibt, ohne letalen Ausgang vertragen.

Einem Hunde von 4 kg Körpergewicht wurden 0,26 g Bufotalin, in Wasser gelöst, per Schlundsonde in den Magen injiziert, also etwa das Zehnfache der bei subkutaner Applikation tödlich wirkenden Menge. Nach Verlauf von fünf Minuten stellten sich Nausea und Brechbewegungen ein, 12 Minuten nach der Injektion erfolgte Erbrechen, wobei wahrscheinlich die Hauptmenge des Giftes entleert wurde. Das Erbrechen dauerte fort, bis schließlich nur noch Würgbewegungen, die über eine Stunde lang anhielten, zu beobachten waren. Kot- und Harnentleerung erfolgten bald nacheinander, etwa 20 Minuten nach der Einverleibung des Giftes. Die Sekretionen waren gesteigert, es bestand reichlicher Speichelfluß und das Tier schäumte stark am Maul. Allmählich wurden die Würgbewegungen seltener, und das Tier begann sich zu erholen. Drei Stunden nach der Applikation des Giftes erschien das Versuchstier normal und nahm nach Verlauf von weiteren drei Stunden das ihm gereichte Futter.

Während 2 bis 3 mg Bufotalin, subkutan injiziert, bei Kaninchen von mittlerem Körpergewicht eine letale Vergiftung herbeiführen, vertragen diese Tiere viel größere Mengen dieses Giftes bei Einspritzung desselben in den Magen. Ich habe

Kaninchen das Sechsfache der oben genannten Menge ohne Vergiftungserscheinungen ertragen sehen. Bei Einverleibung auf diesem Wege verlief die Vergiftung in einem Falle erst nach 0,024 g Bufotalin letal.

Das Erbrechen und die Kotentleerungen an Hunden bei der stomachalen Applikation des Bufotalins ließen darauf schließen, daß dasselbe die Schleimhäute des Magen-Darmkanals stark reizt. Ich habe daher am folgenden Tage dem schon für den oben an geführten Versuch benutzten Hunde die gleiche Giftmenge, in einem geringen Überschuß von Natriumkarbonat gelöst, per Sonde in den Magen gebracht. Das Versuchsergebnis war das gleiche, wie bei der Injektion des freien Bufotalins. Es trat anhaltendes Erbrechen, dann nach Verlauf von vier bis fünf Stunden Erholung ein.

Diese Reizwirkung des Bufotalins macht sich auch geltend, wenn man einem Tier einige Tropfen der wässerigen Lösung in das Auge träufelt; in noch weit höherem Grade, wenn man ein wenig der Substanz in Form eines feinen Pulvers auf das Auge appliziert. In diesem Falle erfolgt bald eine heftige Entzündung der Conjunctiva.

Auch auf die Nasenschleimhaut wirkt das Bufotalin stark reizend. Beim Pulverisieren der im Exsikkator getrockneten Substanz habe ich das an mir selbst erfahren. Ich wurde bei dieser Gelegenheit von einem krampfhaften Niesen befallen, das wohl 10 bis 15 Minuten andauerte. Gleichzeitig verspürte ich einen länger als zwei Stunden anhaltenden, kratzenden Geschmack und Reiz im Munde. Die Sekretion der Nasenschleimhaut war stark vermehrt. Ähnliche Erfahrungen haben übrigens schon Gratiolet und Cloëz, die das getrocknete Krötengift als ein „sternutatoire violent" bezeichneten, sowie auch Kobert und Fornara gemacht.

3. Wirkung des Bufotalins auf die Zirkulation und den Blutdruck.

Nach intravenöser Injektion von 0,5 bis 1,0 mg Bufotalin tritt fast augenblicklich bei Hunden und Kaninchen die Wirkung auf den Puls und auf den Blutdruck ein. Letzterer wird bedeutend erhöht, während die Pulsfrequenz vermindert wird. Die Pulse nehmen im Vergleich zur Norm erheblich an Größe zu, und gleichzeitig steigt der Druck hoch über die Norm. Die einzelnen Pulskurven sind sehr verschiedenartig. Man beobachtet zuweilen sehr große Schwankungen im Pulsvolumen, wobei der Puls einen ausgesprochen dicroten Typus annehmen kann. Kurz darauf werden die Pulse klein und frequent, während der Blutdruck auf gleicher Höhe bleibt. Injiziert man um diese Zeit nochmals 1 oder 2 mg des Giftes, so kann unter Umständen eine kurz dauernde, weitere Steigerung des Druckes eintreten. Die Pulsfrequenz bleibt dabei annähernd die gleiche.

In der Regel sinkt jedoch der Blutdruck, der zur Zeit hoch über normal stand, ganz plötzlich auf Null. Das Tier zuckt, sofern es nicht vorher kurarisiert wurde, einige Mal zusammen, die Respiration steht stille und der Tod tritt ein. Bei sofortiger Eröffnung des Tieres findet man das Herz in Diastole still stehend, die Gefäße stark mit Blut gefüllt. Der steile und plötzlich eintretende Abfall der Blutdruckkurve erfolgte fast regelmäßig bei allen Blutdruckversuchen.

Der nebenstehende, in Tabellenform wiedergegebene Auszug eines an einem 6 kg schweren Hunde ausgeführten Blutdruckversuches, gestattet einen Einblick in die quantitativen und zeitlichen Verhältnisse der Wirkung.

Aus diesem Versuche erhellt, daß die Blutdrucksteigerung beim Säugetiere in Übereinstimmung mit den am Froschherzen gemachten Erfahrungen, mit einer Abnahme der Pulsfrequenz und einer Steigerung des Pulsvolumens einhergeht. Hervorzuheben ist auch das plötzliche Sinken des Druckes zu einer Zeit, in welcher derselbe auf der normalen Höhe oder bedeutend über derselben steht.

Es fragt sich nur noch, inwieweit, wenn überhaupt, eine Verengerung der Gefäße an dem Zustandekommen der Druckerhöhung beteiligt ist. Über diesen Punkt gaben Versuche an Hunden und Kaninchen, bei welchen der Blutdruck durch Chloral tief herabgesetzt war und die Gefäße sich in einem Zustande von Erschlaffung befanden, Aufschluß. Es hat sich bei derartigen Versuchen gezeigt, daß auch unter den genannten Bedingungen die Blutdrucksteigerung nach Injektion von Bufotalin eintritt, und ferner, daß nach letzterer die Pulsfrequenz beim chloralisierten Tiere keine oder nur eine unerhebliche Veränderung erfährt. Bald nach der Injektion von Bufotalin wurden die großen Chloralpulskurven

Zeit	Blutdruck in mm Hg	Pulszahl in 10 Sek.	Bemerkungen
9 h. 00 m. bis 9 „ 05 „	147	23	Normal.
9 „ 05 „	—	—	Injektion von Curare in die *Vena saphena*.
9 „ 06 „	—	—	Künstliche Atmung.
9 „ 15 „	143	18	—
9 „ 19 „	—	—	Injektion von 0,5 mg Bufotalin in die *Vena saphena*.
9 „ 22 „	164,5	8	Pulskurven vergrößert.
9 „ 24 „	180,5	8	Pulskurven drei- bis viermal so hoch als normal.
9 „ 26 „	198	9	Rückstoßelevation stark markiert.
9 „ 30 „	178	8	—
9 „ 33 „	—	—	Injektion von 0,5 mg Bufotalin in die *Vena saphena*.
9 „ 35 „	175	8	—
9 „ 39 „	193	7 bis 8	Pulskurven sehr viel größer als normal.
9 „ 44 „	184,5	11 bis 12	Druck bleibt jetzt konstant hoch.
9 „ 46 „	176,5	9	Bedeutende Druckschwankungen.
9 „ 49 „	—	—	Injektion von 0,5 mg Bufotalin. Gleich darauf Puls unregelmäßig.
9 „ 51 „	196	31	Pulskurve fast wie normal.
9 „ 54 „	—	—	Injektion von 0,5 mg in die *Vena saphena*.
9 „ 55 „	166,5	30	Kleine Pulse.
10 „ 00 „	—	—	Chloroform mit Inspirationsluft zugeführt.
10 „ 03 „	99	29	—
10 „ 04 „	—	—	Chloroformeinatmung unterbrochen.
10 „ 05 „	110	34	Druck bleibt bis zur erneuten Injektion von Bufotalin auf dieser Höhe.
10 „ 09 „	—	—	Injektion von 1 mg Bufotalin.
10 „ 00 „	134	16	—
10 „ 12 „	144	15	—
10 „ 13 „	—	—	Injektion von 1 mg Bufotalin.
10 „ 14 „	128	34	Puls sehr unregelmäßig. Herzperistaltik.
10 „ 16 „	126	34	Puls sehr unregelmäßig.
10 „ 16½ „	—	—	Plötzliches Sinken des Druckes bis auf Null.

jedoch kleiner, was wahrscheinlich auf eine stärkere Füllung der Gefäße zurückzuführen ist.

Nach den Ergebnissen meiner Versuche mit dem Bufotalin ist dasselbe eine Substanz, die sich in bezug auf ihre pharmakologischen Wirkungen den Stoffen der Digitalingruppe vollkommen anschließt.

Hier wie dort erfolgt nach Einverleibung derselben eine Steigerung des Blutdruckes, welche auf eine Zunahme des Pulsvolumens und Verstärkung der Systole zurückzuführen ist. Eine Beeinflussung der nervösen Apparate des Herzens ist nicht nachzuweisen. Ebenso wie bei den einzelnen Gliedern der Digitalingruppe erfolgt nach größeren Gaben eine Funktionsstörung des Herzmuskels, die zum Herzstillstand und zum Tode des Tieres führt. Das Sensorium ist bis zum Tode intakt. Eine Wirkung des Bufotalins auf die Skelettmuskeln konnte ich zum Unterschied insbesondere vom Digitoxin nicht nachweisen. Auch habe ich bei subkutaner Injektion des Bufotalins niemals eine lokale Reizung oder gar phlegmonöse Entzündung an der Injektionsstelle eintreten sehen, wie sie beim Digitoxin besonders konstant und sehr heftig auftritt. Das Ausbleiben einer derartigen lokalen Wirkung nach Einspritzung des Bufotalins in das Unterhautzellgewebe ist wohl darauf zurückzuführen, daß dasselbe in der alkalischen Gewebsflüssigkeit in die Natriumverbindung übergeht, und diese infolge ihrer Leichtlöslichkeit rasch resorbiert und fortgeschafft wird, während das Digitoxin nur sehr langsam resorbiert wird und daher länger an der Injektionsstelle liegen bleibt.

Dagegen teilt, wie es scheint, das Bufotalin mit den meisten Körpern der Digitalingruppe die Eigenschaft, auf den Magen- und Darmkanal reizend zu wirken. Das Erbrechen nach Einverleibung von Bufotalin per os darf wohl als eine lokale Wirkung desselben aufgefaßt werden, während das Erbrechen nach subkutaner Injektion vielleicht von den Zirkulationsstörungen abhängig und Folge der letzteren, vielleicht aber auch eine Folge der Ausscheidung des Giftes in den Magen, also ebenfalls von einer lokalen Wirkung abhängig ist.

Die letale Dosis des Bufotalins für das Säugetier ist bei subkutaner Applikation annähernd $1/2$ mg pro kg Körpergewicht. Bei Fröschen tritt der systolische Herzstillstand nach Einverleibung von $^1/_2$ mg innerhalb 10 Minuten ein, doch genügt schon die Hälfte dieser Menge, um an dem Herzen in situ die Veränderungen im Rhythmus und im Pulsvolumen deutlich hervortreten zu lassen. Nach 20 Minuten habe ich auch nach 0,25 mg systolischen Herzstillstand eintreten sehen. In bezug auf Giftigkeit dürfte demnach das Bufotalin etwa zwischen dem Convalamarin und dem Digitoxin in der von Reeb[1]) zusammengestellten Giftigkeitsgradtabelle der Digitalingruppe eingereiht werden.

Das **Bufonin** hat qualitativ die gleiche Wirkung wie das Bufotalin. Die Wirkung ist aber, wahrscheinlich infolge seiner Schwerlöslichkeit, eine sehr schwache. Indessen kann man sich von dem vorhandenen Einfluß auf das Herz an Fröschen leicht überzeugen, und, falls man die Substanz in verdünntem Alkohol gelöst dem Tiere unter die Haut bringt, unter Umständen systolischen Herzstillstand eintreten sehen.

Das Bufotalin bildet, seiner chemischen Natur nach, eine Ausnahme unter den Stoffen der Digitalingruppe; während letztere, abgesehen vom Erythrophleïn, neutrale, stickstofffreie Verbindungen sind, ist das Bufotalin eine Säure.

Ob der von Capparelli (vgl. S. 133) im Hautsekrete von *Triton cristatus* aufgefundene Körper, welcher ebenfalls saure Eigenschaften zeigte und an Fröschen systolischen Herzstillstand hervorrief, mit dem Bufotalin identisch ist, muß vorläufig noch dahingestellt bleiben.

Bei dem Erd- oder Feuersalamander, in dessen Hautsekret sich ebenfalls pharmakologisch wirksame Stoffe[2]) finden, handelt es sich um Körper mit basischen Eigenschaften, um Alkaloide, während bei der Kröte die beiden wirksamen Substanzen stickstofffrei sind und die eine derselben, das Bufotalin, den Charakter einer schwachen Säure besitzt.

Über die Beziehungen des Bufonins und des Bufotalins zueinander und zum Cholesterin.

Ein Vergleich der beiden für das Bufonin und das Bufotalin oben aufgestellten Formeln läßt es sofort wahrscheinlich erscheinen,·

---

[1]) M. Reeb, Weitere Untersuchungen über die wirksamen Bestandteile des Goldlacks. Arch. f. exp. Pharm. usw. **43**, 134 (1900).

[2]) Vgl. unten S. 127).

daß es sich beim letzteren um ein Oxydationsprodukt des ersteren handelt. Es ist mir in der Tat gelungen, aus dem Bufonin einen Körper zu erhalten, der, wenigstens in bezug auf die Wirkung, mit dem Bufotalin übereinstimmte.

1 g reines Bufonin wurde mit 5 g Kaliumbichromat, 10 g Schwefelsäure und 20 g Wasser in einem mit Rückflußkühler verbundenen Kolben zusammengebracht und etwa 12 Stunden im Sieden erhalten. Nach dieser Zeit ist die Farbe der Flüssigkeit in eine rein grüne übergegangen. Die grüne Flüssigkeit wurde dann von dem ungelöst gebliebenen Rest abgegossen und die Oxydation des Rückstandes mittels einer neuen, wie oben angegebenen Mischung weitere 12 Stunden fortgesetzt. Nach dem Abgießen der grünen Flüssigkeit und wiederholtem Waschen des Rückstandes mit viel Wasser blieb eine schwach grünlich gefärbte, bröckelige Masse zurück, von welcher sich etwa ein Drittel in verdünntem Ammoniak löste. Es wurde nun vom ungelösten abfiltriert, wobei ein wasserhelles, farbloses Filtrat erhalten wurde. Auf Zusatz von Säure zu letzterem fiel in feinen Flocken eine weiße Substanz aus, die sich in Ammoniak, Natriumkarbonat, Natron und Kalilauge mit großer Leichtigkeit löste. Die alkalische Lösung dieses Oxydationsproduktes gibt auf Zusatz von Calcium- oder Baryumchlorid sowie auf Zusatz von Salzen der Schwermetalle Fällungen, die wahrscheinlich die betreffenden Salze der Säure darstellen. In Wasser ist letztere nur wenig löslich. In trockenem Zustande stellt dieser Körper eine amorphe, etwas hygroskopische Masse dar, welche sich zu einem weißen Pulver zerreiben läßt.

Nach wiederholtem Lösen in verdünnter Sodalösung und Ausfällen mittels Schwefelsäure habe ich als Ausbeute aus 1 g Bufonin etwa 0,15 g dieser Säure erhalten.

Wenige Milligramme dieses Körpers, in Sodalösung aufgenommen und einem Frosch in den Schenkellymphsack injiziert, zeigten qualitativ die Wirkung des Bufotalins.

Versuche, das Bufotalin durch Reduktion in das Bufonin überzuführen, blieben erfolglos. Die verschiedensten Reduktionsmittel lieferten unter verschiedenen Versuchsbedingungen entweder unansehnliche Produkte, aus denen keine wohlcharakterisierten Verbindungen isoliert werden konnten, oder sie ließen das Bufotalin zum größten Teil unverändert.

Die oben (S. 109) beschriebenen Farbenreaktionen ließen an die Möglichkeit denken, daß das Bufonin vielleicht chemische Beziehungen zum Cholesterin hat. Auch mußte die einfache, aus den Analysenzahlen zunächst berechnete, halbierte Formel in dieser Hinsicht auffallen, insbesondere wenn man anstatt $C_{17}H_{27}O = C_{17}H_{26} \cdot OH$ schreibt. Abgesehen von einem Plus von 1 Atom Wasserstoff, würde die so geschriebene Formel ein Homologon der bekannten und bisher beschriebenen Cholesterine, sowohl pflanzlichen wie tierischen Ursprungs, darstellen, welchen allen die allgemeine Formel $C_nH_{2n-9} \cdot OH$ zukommt. Die Entscheidung der Frage, wenn es sich um ein Atom Wasserstoff mehr oder weniger handelt, ist bei einem Körper von so hoher molekularer Zusammensetzung eine ganz unsichere. Daß es sich aber in der Tat um ein verdoppeltes Molekül eines Cholesterinhomologons handelt, lehrt folgender Versuch.

1 g Bufonin wurde mit 0,50 g Phosphorpentachlorid in einer kleinen Porzellanreibschale innig vermischt. Die Masse erwärmt sich bald und wird, unter Entwickelung reichlicher Mengen von Salzsäuredämpfen, von teigartiger Konsistenz. Nach Verlauf einer halben Stunde wurde sie mit Wasser übergossen und dann einige Stunden stehen gelassen. Zieht man nach dieser Zeit die bröckelig gewordene Masse mit Äther aus, so geht in den letzteren eine Substanz über, die nach dem Verjagen des Äthers in heißem Alkohol aufgenommen, aus letzterem in wohlausgebildeten, federartig gruppierten Nadeln kristallisiert. Dieselbe zeigte nach wiederholtem Umkristallisieren den Schmelzpunkt 103º. (Korrigiert nach Rimbach.)

0,2115 g Substanz gaben 0,1127 g AgCl = 0,0278 g Cl = 13,16 Proz.

<table>
<tr><td>Berechnet für $C_{34}H_{52}Cl_2$</td><td>Gefunden</td></tr>
<tr><td>Cl = 13,37 Proz.</td><td>13,16 Proz.</td></tr>
</table>

Das Molekulargewicht dieser Chlorverbindung (531), die Bufonylchlorid heißen mag, bestimmte ich zu 522 und 534, im Mittel also 528, woraus hervorgeht, daß es sich weder um Cholesterylchlorid (Molekulargewicht 404,5), noch um ein der halbierten Formel $C_{17}H_{26} \cdot OH$ entsprechendes Chlorderivat (Molekulargewicht 265,5) handeln kann.

Es gelingt nach der von Mauthner und Suida[1]) beim Cholesterylchlorid eingeschlagenen Methode, das Chlor der Chlorverbindung des Bufonins durch Wasserstoff zu ersetzen und so zu einem ungesättigten Kohlenwasserstoff zu gelangen. Ich habe indessen den dem Bufonin entsprechenden Kohlenwasserstoff nicht isoliert, sondern mich damit begnügt, festzustellen, daß der durch Einwirkung von Natrium in äthylalkoholischer Lösung auf das oben beschriebene Chlorderivat entstehende Körper Brom ohne Bromwasserstoffentwickelung zu binden vermag, wenn man eine Chloroformlösung desselben mit Brom versetzt.

Das Bufonin ist keine esterartige Verbindung des Cholesterins, wie solche von Hürthle[2]) aus Blutserum dargestellt worden sind. Nach längerem Kochen mit alkoholischem Natriumhydroxyd konnte ich das Bufonin fast quantitativ unverändert zurückgewinnen.

Aus diesen Resultaten ergibt sich, daß das Bufonin ein cholesterinähnlicher Körper ist, zusammengesetzt aus zwei Atomgruppen $C_{17}H_{26} . OH$, welche vermittelst eines Kohlenstoffatoms verbunden sind, so daß die beiden Hydroxylgruppen frei und durch Chlor ersetzbar bleiben:

$$HO . H_{26}C_{17} - C_{17}H_{26} . OH.$$

Die Ergebnisse dieser Versuche mußten die Vorstellung erwecken, daß vielleicht auch gewisse Derivate des Cholesterins ähnliche Wirkungen wie die des Bufonins und Bufotalins zeigen würden.

In dieser Richtung von mir unternommene Versuche haben ergeben, daß in der Tat gewissen Derivaten des menschlichen, aus Gallensteinen gewonnenen Cholesterins eine eigenartige Herzwirkung neben anderen Wirkungen zukommt.

Auch verschiedene von A. Windaus[3]) dargestellte und mir zur pharmakologischen Prüfung überlassene saure Oxydationsprodukte des menschlichen Cholesterins zeigten dieselbe Wirkung auf das Froschherz wie die von mir dargestellten Präparate, be-

---

[1]) Mauthner und Suida, Beiträge zur Kenntnis des Cholesterins. Erste Abhandlung. Monatshefte für Chemie 15, 87 (1895).

[2]) Hürthle, Über die Fettsäurecholesterinester des Blutserums. Zeitschr. f. physiolog. Chemie 21, 331 (1895/96).

[3]) Berichte d. deutsch. chem. Ges. 36, 3752 (1903); 37, 2027, 3699, 4753 (1904).

wirkten aber an Fröschen bei der subkutanen Injektion ihrer Natriumsalze tief greifende lokale Veränderungen (Gewebsnekrose) an der Injektionsstelle und ihrer Umgebung.

2. Ordnung: Urodela, geschwänzte Amphibien.

Gattung Salamandra.

Salamandra maculosa Laur., der gewöhnliche Feuersalamander, im Altertum ein sagenumwobenes Tier, über welches die märchenhaftesten Berichte kursierten, bereitet in gewissen Hautdrüsen der Nacken-, Rücken- und Schwanzwurzelgegend ein rahmartiges, dickflüssiges Sekret, welches zwei pharmakologisch sehr wirksame Stoffe enthält. Der Salamander gehört zu den „passiv" giftigen Tieren; er vermag das Sekret der Hautdrüsen nicht willkürlich auszuspritzen.

Nikander[1]) zählt unter den giftigen Tieren auch den Salamander auf und warnt seinen Freund Hermesianax, den hinterlistigen, stets gefährlichen Biß des Salamanders zu meiden, der, „wenn ihn sein Weg auch durch loderndes Feuer führt, mühelos und unverbrannt durch dasselbe hindurchläuft, ohne daß die lodernde Flamme seine rissige Haut und auch nur die Spitzen seiner Gliedmaßen beschädigt". Die Symptomatologie der Vergiftung durch Salamandergift beschreibt Nikander in den Alexipharmaka[2]) folgendermaßen: es „schwillt sogleich der Zungengrund an; ein Frostgefühl lähmt die Kranken und heftiges Zittern erschlafft in lästiger Weise ihre Gliedmaßen, so daß sie wie kleine Kinder umhertaumeln und auf allen Vieren kriechen; denn ihre Sinne, die vorher vernünftig waren, werden abgestumpft. Die Oberfläche des Körpers überziehen dicht nebeneinander stehende, tief dunkle Beulen, welche bei der weiteren Ausbreitung des Leidens eine Flüssigkeit absondern". Darauf folgt die Beschreibung der therapeutischen Maßnahmen bei der Vergiftung durch den Salamander.

Die Angaben des Nikander finden sich in phantasievoll erweiterter Form bei Plinius, welcher den Salamander als äußerst gefährliches Gifttier beschreibt und angibt, daß derselbe ganze Völker töten und sämtliche Früchte eines Baumes vergiften könne. Seiner angeblichen Unverbrennlichkeit und dem Glauben, daß man eine Feuersbrunst durch Hineinwerfen eines Salamanders löschen könne, verdankt das Tier den Namen Feuersalamander. Der-

---

1) Theriaka, Vers 805—836. (Brenning.)
2) Vers 537—566

artige Angaben und Berichte wurden von den meisten späteren
Autoren des Altertums und des Mittelalters übernommen, obwohl
von Zeit zu Zeit Zweifel über die Gefährlichkeit des Salamanders
auftauchten, bis schließlich Maupertuis (1727) und im Jahre 1768
Laurentius[1]) in Wien die Frage nach der Giftigkeit oder Unschädlichkeit des Salamanders einer experimentellen Prüfung
unterzogen und dabei verschiedene Tiere nach der Vergiftung
mit dem Hautsekrete unter epilepsieartigen Krämpfen und
Opisthotonus zugrunde gehen sahen. Die von Maupertuis
und Laurentius festgestellten Tatsachen gerieten jedoch wieder
in Vergessenheit und man war nach wie vor geneigt, die Giftigkeit des Salamanders in Frage zu stellen. Doch wurde sie durch
Gratiolet und Cloëz[2]) (1851 und 1852) in Übereinstimmung
mit Laurentius bestätigt. Diese Autoren gaben an, daß ihre
Versuchstiere unter Konvulsionen starben.

Die chemische Untersuchung des Hautsekretes von *Salamandra maculosa* unternahm zuerst (1866) Zalesky[3]), der auch
in seiner Arbeit die früheren Publikationen zusammengestellt hat.
Er isolierte aus dem Sekrete eine organische Base, deren Wirkung sich mit derjenigen des ganzen Sekretes deckte, und nannte
dieselbe **Samandarin**. Diesen Körper und dessen salzsaures
Salz erhielt Zalesky in amorphem Zustande, analysierte die erhaltenen Verbindungen und stellte für das Samandarin die Formel
$C_{68}H_{60}N_2O_{10}$, und für das Hydrochlorat diese Formel $+ 2\,HCl$ auf.

Im Jahre 1899 gelang es dem Verfasser, bei der Verarbeitung
eines großen Materials (1000 Feuersalamander) zwei wirksame
Basen in Form kristallinischer Sulfate darzustellen, indem aus den
mit Chloroform getöteten und dann zerkleinerten Tieren durch
Extraktion des Salamanderbreies mit schwach essigsaurem Wasser
bei Siedehitze, Fällung des Auszuges mit Bleiessig, Entfernung
des überschüssigen Bleies aus dem Filtrat durch Schwefelsäure,
Fällung der Basen mit Phosphorwolframsäure, Zerlegung des

---

[1]) Laurentius: Specimen medicum exhibens synopsin reptilium
emendatam cum experimentis circa venena et antidota reptilium austria-
corum, p. 158. Viennae (1768).

[2]) Compt. rend. de l'Académie des sciences **32**, 592 (1851), und
34, 729 (1852).

[3]) Hoppe-Seylers med.-chem. Untersuchungen, Heft 1, S. 85.
Berlin (1866).

Phosphorwolframsäureniederschlages mittels Barythydrat und Entfernung der noch vorhandenen, die Biuretreaktion gebenden Substanzen durch ein besonderes Verfahren [1]) Lösungen der beiden Basen erhalten wurden.

Diese biuretfreien Samandarinlösungen wurden mit Schwefelsäure angesäuert und nochmals mit chemisch reiner Phosphorwolframsäure gefällt, der Niederschlag auf dem Filter gesammelt, gut ausgewaschen, dann mit chemisch reinem Ätzbaryt in der üblichen Weise zerlegt, die Flüssigkeit abfiltriert und aus dem Filtrat das Baryum mittels Kohlen- und Schwefelsäure genau ausgefällt. Neutralisiert man die in dieser Weise erhaltene wässerige, alkalisch reagierende Lösung des Samandarins genau mit Schwefelsäure und dampft bei mäßiger Wärme bis zur Trockne ein, so hinterbleibt ein schwach gelblich gefärbter, amorpher Rückstand, der in Alkohol löslich ist. Als die alkoholische Lösung mit Äther bis zur eben bleibenden Trübung der Flüssigkeit versetzt wurde, schieden sich nach einigen Tagen bei niederer Temperatur sehr feine, mikroskopische Kristallnädelchen des Sulfats der Base aus, welche meist zu Büscheln oder auch zu sternartigen Aggregaten vereinigt waren. Der kristallinische Niederschlag wurde auf einem kleinen gehärteten Filter gesammelt, mit einem Gemisch von Alkohol-Äther (in denselben Mengenverhältnissen wie in der Mutterlauge) gewaschen, dann getrocknet und aus Wasser, in welchem das Sulfat schwer löslich ist, umkristallisiert.

Läßt man eine nicht zu konzentrierte, durch Erwärmen hergestellte Lösung von Samandarinsulfat langsam erkalten, so scheidet sich das Salz in feinen, bis zu anderthalb Centimeter langen, schönen Nadeln aus. Diese Kristalle enthalten Kristallwasser und verwittern an der Luft, wenn man sie aus der Mutterlauge entfernt. Gewöhnlich kristallisiert das Samandarinsulfat jedoch in kleinen, mit dem bloßen Auge immerhin deutlich erkennbaren Kristallnadeln, die sich meistens büschel- oder sternförmig gruppieren und kristallwasserfrei sind.

Aus den bei den Elementaranalysen und den Schwefelsäurebestimmungen gewonnenen analytischen Daten berechnete sich für das **Samandarinsulfat** die Formel $(C_{26}H_{40}N_2O)_2 + H_2SO_4$.

---

[1]) E. S. Faust: Beiträge zur Kenntnis des Samandarins, Archiv f. exp. Pathol. u. Pharmak. 41, 229 (1898); und Beiträge zur Kenntnis der Salamanderalkaloide, ebenda 43, 84 (1899).

Auf Zusatz von Platinchlorid zur salzsauren, wässerigen Lösung des Samandarins fällt bei genügender Konzentration das Platindoppelsalz als voluminöser, hellbrauner Niederschlag aus, welcher bei dem Versuch, ihn durch Erwärmen zu lösen und umzukristallisieren, sich zersetzte. Das reine, kristallisierte Samandarinsulfat wurde deshalb in das Hydrochlorat umgewandelt und dieses mit Platinchlorid gefällt, der amorphe Niederschlag abfiltriert, mit Salzsäure gewaschen, und dann im Vakuumexsikkator über Schwefelsäure getrocknet. Beim Trocknen verlor die Verbindung Salzsäure, so daß an Stelle der zu erwartenden Verbindung $(C_{26}H_{40}N_2O \cdot HCl)_2 \cdot PtCl_4$ die Verbindung $(C_{26}H_{40}N_2O)_2 \cdot PtCl_4$ vorlag. Ähnliche Verbindungen von bekannteren Alkaloiden liegen ja auch vor im Pilocarpinchloraurat und im Ecgoninchloroplatinat.

Versetzt man die wässerige Lösung des Samandarinsulfats mit Soda oder Natronlauge, so fällt die freie Base als schwach gelblich gefärbtes Öl aus. Selbst nach zweiwöchentlichem Stehen im Eisschrank erstarrte dasselbe nicht.

Das Samandarinsulfat ist optisch aktiv. Es dreht die Ebene des polarisierten Lichtes nach links. 1,0886 g Substanz, gelöst in 20,94 g Wasser, gaben im 200 mm-Rohr eine Ablenkung von — 5,36° als Mittel der beobachteten Drehung in den vier Quadranten. Das spezifische Gewicht der Lösung bestimmte ich zu 1,01.

Aus diesen Daten berechnet sich die spezifische Drehung des Samandarinsulfats $\alpha_D = -53,69°$.

Übergießt man eine geringe Menge der Samandarinsulfatkristalle im Reagenzglas mit konzentrierter Salzsäure und erhält die Flüssigkeit einige Minuten im Sieden, so färbt sich dieselbe zunächt violett, um dann bei längerem Erhitzen eine tiefblaue Farbe anzunehmen. Zum Zustandekommen dieser Blaufärbung scheint jedoch Luftzutritt erforderlich zu sein. Es ist dies eine sehr charakteristische Reaktion des Samandarins; sie erklärt auch wohl die Beobachtung von Zalesky[1]), daß eine salzsaure, mit Platinchlorid versetzte Lösung dieser Base, zur Trockne eingedampft, einen amorphen, blauen Rückstand hinterläßt. Es zeigt

---

[1]) Zalesky, a. a. O., S. 110. Vgl. oben S. 124, Anm. 3.

sich nun, daß das Platinchlorid bei dieser Reaktion gar keine Rolle spielt.

Eine so ausgesprochene Farbenreaktion mit konzentrierter Salzsäure erhält man bei den bekannteren Alkaloiden meines Wissens nur mit dem Veratrin, welches unter diesen Bedingungen eine kirschrote Flüssigkeit gibt.

Beim Kochen des Samandarins mit konzentrierter Salzsäure spaltet sich ein ölartiger Körper ab, über dessen Natur vorläufig bestimmte Angaben nicht gemacht werden können.

Pharmakologische Wirkungen des Samandarins.

Die Wirkungen des Samandarins betreffen das Zentralnervensystem und äußern sich zunächst in Steigerung der Reflexerregbarkeit, welche später vermindert ist und zuletzt gänzlich verschwindet. Das Samandarin wirkt zuerst erregend, dann lähmend auf die in der *Medulla oblongata* gelegenen automatischen Zentren, insbesondere auch auf das Respirationszentrum.

Die Folgen der Erregung des Zentralnervensystems sind zu erkennen in den heftigen Konvulsionen, die namentlich an Fröschen, schließlich mit Tetanus gepaart sein können. Die Erregung der in der Medulla gelegenen Zentren zeigt sich in beschleunigter Respiration, Erhöhung des Blutdruckes und Abnahme der Pulsfrequenz.

Die Todesursache ist beim Warmblüter in der Lähmung des Respirationszentrums zu erblicken.

Die genannten Wirkungen des Samandarins begründen dessen Einreihung in dem natürlichen pharmakologischen System in die Gruppe der sogenannten Krampfgifte, zu welcher das Pikrotoxin, das Coriamyrtin, das Digitaliresin und das Toxiresin gehören. Jedoch unterscheidet es sich von diesen dadurch, daß die Konvulsionen mit tetanischen Krämpfen untermischt sind.

In bezug auf die pharmakologische Wirkung des reinen, kristallisierten Samandarinsulfats ist zu bemerken, daß ich die Dosis letalis um ein bedeutendes geringer fand, als sie von Phisalix[1] für das Hydrochlorat der Base angegeben wurde. Es

---

[1] Phisalix, Nouvelles expériences sur le venin de la Salamandre terrestre. Compt. rend. **109**, 406 (1890).

genügen beim Hunde bei subkutaner Applikation 0,0007 bis 0,0009 g pro kg Körpergewicht, um unter allgemeinen Konvulsionen den Tod des Tieres durch Respirationszentrumslähmung herbeizuführen.

Phisalix bestimmte die tödliche Gabe des Chlorhydrats beim Hunde zu 0,0018 g pro kg Körpergewicht bei subkutaner Injektion.

Kaninchen erwiesen sich im Vergleich zum Körpergewicht relativ noch empfindlicher gegen das Gift.

Wie ich schon früher angegeben habe, konnte ich bei der Vergiftung mit Samandarin, nach einmal eingetretenen Krämpfen, weder beim Frosch noch beim Warmblüter jemals eine Erholung beobachten. Sind die charakteristischen Intoxikationssymptome einmal eingetreten, so erfolgt regelmäßig der Tod. Diese Tatsache, sowie die Wirkungen und ihr Verlauf, erinnern an den Verlauf der Wutkrankheit der Tiere, die Lyssa, bei welcher Krankheit nach Röll[1]) und Virchow[2]) nie ein authentischer, in Genesung ausgehender Fall beobachtet worden ist.

Überhaupt bietet das Bild der Samandarinintoxikation manche Ähnlichkeit mit den Symptomen der Lyssa. Im Verlaufe der Hundswut lassen sich drei Stadien unterscheiden; jenes der Vorläufer, Prodromalstadium, das der ausgesprochenen Wut, Irritationsstadium, und das der Lähmung, paralytisches Stadium (Röll).

Im ersten Stadium zeigen Hunde bei Rabies eine auffallende Unruhe, sie sind schreckhaft (Steigerung der Reflexerregbarkeit?) und wechseln oft ihren Platz oder ihre Lagerstelle. Meistens ist eine Zunahme der Respirationsfrequenz, Erweiterung der Pupille und eine Vermehrung der Absonderung der Nasenschleimhaut und eine Steigerung der Speichelsekretion zu konstatieren.

Nach zwei oder drei Tagen, oft auch nach kürzerer Zeit, tritt das Irritationsstadium ein, während dessen die Krankheitserscheinungen anfallsweise deutlicher hervortreten, worauf wieder Remissionen folgen. Der Anfall beginnt gewöhnlich

<hr>

[1]) Röll, Pathologie und Therapie der Haustiere 1, 585. Wien (1885).

[2]) Virchow, Handbuch der spez. Pathologie und Therapie 2 [1], 344 (1855).

mit einer Steigerung der Unruhe. Die Tiere suchen zu entfliehen und schnappen nach allem, was in ihren Bereich kommt. Es treten schließlich Krämpfe ein, welche mit Unterbrechungen längere Zeit anhalten und sich manchmal bis zum Starrkrampf steigern.

Im dritten Stadium, dem paralytischen, werden die Paroxysmen schwächer. Die Atmung ist sehr beschleunigt, die Schwäche in den hinteren Extremitäten nimmt rasch zu und endlich gehen die Tiere, meist soporös, zugrunde.

Diese der genannten Quelle entnommene Symptomatologie der Lyssa ist den Erscheinungen, wie sie bei Säugetieren, insbesondere bei Hunden, nach der Samandarinvergiftung auftreten, auffallend ähnlich. Vielleicht werden im Organismus des wutkranken Tieres ähnliche Stoffe gebildet, die dann Wirkungen wie die oben geschilderten hervorrufen. Hier wie dort finden wir zunächst motorische Unruhe, Steigerung der Sekretionen und der Reflexerregbarkeit. Im zweiten Stadium keuchende Respiration und Dyspnoe, dann Konvulsionen, die sich schließlich über den ganzen Körper erstrecken. Darauf werden die krampffreien Perioden länger, es tritt Erschöpfung und dann totale Lähmung ein.

Eine Gewöhnung an das Samandarin ist bei Kaninchen nur schwer, wenn überhaupt, zu erzielen. Die meisten Tiere gingen bei meinen in dieser Absicht unternommenen Versuchen, trotz sehr langsamer Steigerung der Gaben, doch zugrunde, als die Dosis letalis erreicht wurde. Nur in zwei Fällen habe ich Kaninchen so weit bringen können, daß sie eine größere als die Maximalgabe vertrugen.

Die Samandarinkonvulsionen werden nämlich, wie im voraus zu erwarten war, durch Chloral prompt unterdrückt. Gibt man nun dem Tiere nach der subkutanen Injektion von Samandarin zur Zeit, da die Krämpfe einzutreten drohen, Chloral subkutan, so bleiben die äußerlich erkennbaren Samandarinwirkungen aus, und das Tier verträgt am folgenden oder dem darauf folgenden Tage dieselbe Gabe Samandarin, ohne Krampfanfälle zu bekommen. Auf diese Weise gelang es unter Zuhilfenahme des Chlorals in den zwei gedachten Fällen, Kaninchen gegen eine anderthalbmal so große Gabe als die Dosis letalis unempfindlich zu machen.

Über das Samandaridin.

Außer dem Samandarin findet sich im Organismus des Feuersalamanders noch ein zweites Alkaloid, welches seiner Zusammensetzung sowohl als auch seiner pharmakologischen Wirkung nach zum Samandarin in naher Beziehung steht. Ich erhielt dieses Alkaloid, für welches ich den Namen **Samandaridin** vorgeschlagen habe, in Form seines sehr schwer löslichen schwefelsauren Salzes, als ich, nach der Fällung mit Phosphorwolframsäure und der Zersetzung des Phosphorwolframsäureniederschlages mittels Barythydrat, die mit Schwefelsäure neutralisierte, vom Baryumsulfat abfiltrierte Flüssigkeit stark einengte. Es schied sich das Samandaridinsulfat aus der heißen, noch die Biuretreaktion gebenden, neutralen Lösung kristallinisch aus. Ich habe diesen Körper dann aus viel heißem Wasser umkristallisiert und nach dem Trocknen bis zur Gewichtskonstanz der Elementaranalyse unterworfen, wobei auf die Formel $(C_{20}H_{31}NO)_2 + H_2SO_4$ gut stimmende Werte erhalten wurden.

Setzt man zu der wässerigen Lösung des Chlorhydrats dieses Alkaloids Goldchlorid hinzu, so fällt die Goldverbindung der Base kristallinisch aus. Die Analyse dieses Golddoppelsalzes bestätigte die für dieses Alkaloid oben aufgestellte Formel.

Das Samandaridin scheint im Organismus des Feuersalamanders in bedeutend größerer Menge enthalten zu sein als das Samandarin. Wenigstens habe ich aus 800 Stück dieser Tiere fast 4 g dieses Alkaloids in Form des schwefelsauren Salzes erhalten, während die Ausbeute an reinem kristallisierten Samandarinsulfat nur etwa 1,8 g betrug.

Die Wirkungen des Samandaridins unterscheiden sich von denjenigen des Samandarins nur in quantitativer Beziehung; es sind etwa die sieben- bis achtfachen Mengen des ersteren erforderlich, um die gleiche Wirkung hervorzurufen. Qualitativ ist die Wirkung die gleiche. Hier wie dort stellen sich allgemeine Konvulsionen ein. Aus diesem Umstande erklärt sich wohl auch die Tatsache, daß die französischen Forscher die letale Dosis des Samandarins bedeutend höher angeben, als ich dieselbe gefunden habe. Ich vermute, daß die französischen Autoren entweder das Samandaridin in Händen gehabt haben oder ein Gemenge desselben mit Samandarin. Daher der Unterschied in unseren Resultaten über die tödliche Gabe. Daß das von mir dargestellte Samandaridin völlig frei von Samandarin war, geht schon aus den Löslichkeitsverhältnissen der Sulfate dieser beiden Basen in heißem Wasser hervor, aus welchem ich ersteres umkristallisierte. Das Samandaridinsulfat ist viel schwerer löslich als das Samandarinsulfat.

Das Samandaridinsulfat kristallisiert in rhombischen Plättchen oder Täfelchen, welche man nur unter dem Mikroskop als solche erkennen kann. Es unterscheidet sich demnach vom Samandarinsulfat sowohl durch seine Kristallform als auch durch seine Schwerlöslichkeit in Wasser. Auch in Alkohol ist es schwer löslich. Das Samandaridin ist optisch inaktiv.

Beim Kochen mit konzentrierter Salzsäure verhält sich dieser Körper genau wie das Samandarin. Es tritt zunächst Viollettfärbung ein, an Biuretreaktion erinnernd; bei längerem Kochen wird die Flüssigkeit dann tief blau.

Bei der trockenen Destillation mit Zinkstaub lieferte das Samandaridin ein stark alkalisch reagierendes Destillat, dessen Geruch sofort die Anwesenheit von Pyridin oder Chinolin oder deren Derivate vermuten ließ. Bei der Behandlung des Destillats mit salzsäurehaltigem Wasser ging der größte Teil desselben leicht in Lösung. Ich habe dann diese saure Lösung mit Äther ausgeschüttelt, den Äther abgegossen und den wässerigen Rückstand mit Tierkohle behandelt. Nach dem Abfiltrieren von der Kohle wurde dem noch heißen, sauren Filtrat Platinchlorid zugesetzt. Beim Erkalten der Flüssigkeit schieden sich dann feine, dunkelgelbe, nadelförmige Kristalle aus, welche nach dem Umkristallisieren aus Wasser den Schmelzpunkt 261° zeigten. 0,1622 g dieser Substanz hinterließen beim Glühen 0,0444 g Pt $=$ 27,36 Proz.

Der gefundene Schmelzpunkt und der Platingehalt des Doppelsalzes dieses von mir aus den Zersetzungsprodukten des Samandaridins isolierten Körpers charakterisieren denselben als Isochinolin. Für das Chloroplatinat des Isochinolins finden sich angegeben der Schmelzpunkt 263° und die Zusammensetzung $(C_9H_7N . HCl)_2 . PtCl_4 + 2H_2O$. Diese Formel verlangt einen Platingehalt von 27,59 Proz. Gefunden Pt $=$ 27,36 Proz.

Hiermit ist der Beweis erbracht, daß auch das Samandaridin ein Derivat eines hexazyklischen, Stickstoff im Kern enthaltenden Kohlenwasserstoffs ist.

9*

Unter den flüchtigeren Zersetzungsprodukten des Samandaridins ließ sich durch die bekannte Fichtenspanreaktion die Anwesenheit von Pyrrol konstatieren.

Was die Beziehungen des Samandarins zum Samandaridin, das Verhältnis der chemischen Konstitution des ersteren zum zweiten betrifft, so ergibt sich, wenn man von der einen Formel die andere subtrahiert, eine Diffezenz von $C_6 H_9 N$. Man darf wohl vermuten, daß es sich hier um eine Methylpyridingruppe — $C_5 H_5 (CH_3) N$ — handelt, die das Samandarin mehr besitzt als das Samandaridin. Vielleicht wird es gelingen, aus dem Samandaridin durch Einwirkung eines Halogenmethylpyridins das Samandarin zu erhalten.

Ob im Organismus das eine Alkaloid aus dem anderen entsteht, z. B. das Samandarin aus dem Samandaridin durch Synthese, das letztere aus jenem durch Spaltung, läßt sich zurzeit nicht entscheiden. Es ist nicht unwahrscheinlich, da so der aromatische Kern der Eiweißstoffe die Muttersubstanz für beide bilden könnte.

Bisher nahm man an, daß nur im Pflanzenorganismus den Chinolinderivaten angehörende, giftige Alkaloide gebildet werden. Durch die Reindarstellung des Samandarins und des Samandaridins und ihre Charakterisierung als Isochinolinabkömmlinge ist diese Fähigkeit auch für den tierischen Organismus dargetan. Die Muttersubstanzen für solche Produkte stammen allerdings in letzter Linie aus dem Pflanzenreich.

Bei der Untersuchung des Giftes von **Salamandra atra Laur.** (Alpensalamander) fand Netolitzky[1]) eine von ihm „Samandatrin" genannte, in Form ihres schwefelsauren Salzes gut kristallisierende, in Wasser schwer lösliche Base, deren Zusammensetzung vielleicht der Formel $C_{21} H_{37} N_2 O_3$ entspricht und welche sich von dem Samandarin und dem Samandaridin des Feuersalamanders hauptsächlich durch ihre Löslichkeit in Äther unterscheiden soll.

Die Wirkungen des „Samandatrins" stimmen im wesentlichen mit denjenigen der Alkaloide von *Salamandra maculosa* überein.

----

[1]) F. Netolitzky, Untersuchungen über den giftigen Bestandteil des Alpensalamanders. Archiv f. exp. Patholog. u. Pharmak. **51,** 118 (1904).

Gattung Triton.

Triton cristatus Laur., der gewöhnliche Wassersalamander, Wassermolch oder Kammmolch, sondert in gewissen Hautdrüsen ebenfalls ein rahmartiges, dickflüssiges Sekret ab, welches nach den Untersuchungen von Vulpian[1]) und von Oapparelli[2]) giftige Stoffe enthält. Das Sekret reagiert in frischem Zustande sauer. Von 300 Tritonen konnte Oapparelli 40 g des Sekretes gewinnen. Dieser Forscher untersuchte das Sekret nach der Stas-Otto schen Methode und fand: 1. daß der wirksame Bestandteil nur aus saurer Lösung in Äther überging, 2. daß derselbe stickstofffrei ist und 3. daß außerdem ein bei gewöhnlicher Temperatur flüchtiger, Lackmuspapier rötender Stoff mit in den Äther überging.

Über die chemische Natur des wirksamen Bestandteiles ist nichts näheres bekannt.

Die Wirkungen des Tritonengiftes untersuchte Capparelli in der Weise, daß er Fröschen, Meerschweinchen, Kaninchen und Hunden das auf elektrische Reizung der Tritonen von diesen abgesonderte und in Wasser gebrachte Sekret subkutan und intravenös injizierte, worauf er die Versuchstiere zugrunde gehen sah. Warmblüter starben infolge von Zirkulations- und Respirationsstörungen schneller als Frösche.

Die Wirkung auf das Froschherz äußerte sich in Abnahme der Pulsfrequenz, Herzperistaltik („déterminant dans la masse du coeur des hyperémies circonscrites") und systolischem Stillstand. Die von Capparelli beschriebene Wirkung des Tritonengiftes auf die Respiration ist wahrscheinlich nur eine Folge der Zirkulationsstörungen. Diese sind beim Warmblüter den am Frosche beobachteten sehr ähnlich und bedingen hier wie wahrscheinlich auch beim Frosche eine Steigerung des Blutdruckes mit nachfolgender Herzlähmung. Auf die roten Blutkörperchen wirkt das Tritonengift hämolytisch und bietet hierin (vgl. Phrynolysin, S. 108) eine weitere Ähnlichkeit mit den Wirkungen des Krötengiftes, mit welchem es auch in den Wirkungen auf die Zirkulation übereinstimmt. Vielleicht ist der für die letztgenannten Wirkungen verantwortliche Körper identisch oder chemisch nahe verwandt mit dem Bufotalin.

---

[1]) Compt. rend. et Mémoires de la Société de Biologie 2 [3], 125 (1856).
[2]) Arch. ital. de Biologie 4, 72 (1883).

Fische, Pisces.

Die Ichthyologie, von **Aristoteles**, dem Vater der Naturwissenschaften, begründet, hat in ihren verschiedenen Epochen
über die giftigen Fische sehr verschiedenes gelehrt. Bald wurde
die Existenz giftiger Fische stark angezweifelt oder auch ganz
verneint, bald erblickte man in den unschuldigsten Repräsentanten
dieser Tiergruppe äußerst gefährliche Tiere (vgl. S. 7), welche
man für alle möglichen Krankheiten verantwortlich machte. Insbesondere waren es auch hier wieder die Dichter, **Nikander** und
Oppian von Anazarbos, deren Übertreibungen Zweifel an den
schon von **Aristoteles** festgestellten Tatsachen über die durch
Stacheln verwundenden Fische wach werden ließen.

Mit Ausnahme der von **Aristoteles** gelieferten Beiträge zur
Ichthyologie war bei den Griechen überhaupt nur wenig über die
Fische bekannt und die Römer bis auf **Plinius** interessierten
sich für diese Klasse von Tieren nur vom gastronomischen Standpunkte.

Historisches Interesse beansprucht die therapeutische Verwendung des Zitterrochens, *Raja Torpedo L.*, bei den Römern.
Scribonius Largus[1]) ließ den „Torpedo“ bei Kopfschmerzen, Neuralgie und Podagra auf die schmerzende Stelle applizieren. In diesem
Verfahren sind demnach vielleicht die erste Anwendung der Elek-
trizität zu Heilzwecken und die Anfänge der Elektrotherapie zu erblicken.

Bei den späteren Schriftstellern bis zur Zeit der Renaissance
ersetzten Phantasie und Aberglaube die direkte Beobachtung. Erst
dann begann man die durch Fische verursachten Verwundungen
genauer zu studieren und gelangte zur Erkenntnis, daß die Stacheln
gewisser Fische **Waffen und Schutzmittel** sind und nicht allein
auf rein mechanische Weise verwunden; daß derartige Verletzungen vielmehr heftige Vergiftungserscheinungen, bestehend

---

[1]) F. **Rinne**, Das vom pharmakologischen Standpunkte aus
Wesentlichste aus **Scribonii Largi** „Compositiones“. Inaug.-Diss.
Dorpat (1892), S. 119.

in Schmerzen, Schwellungen, Fieber, und manchmal sogar den Tod zur Folge haben können. Von der großen Menge der waffentragenden, d. h. mit Stacheln ausgerüsteten Fische wurden einige wenige als giftig bezeichnet.

Doch nun folgte die Epoche der Stubengelehrten und deren maßgebender Einfluß auf die Naturwissenschaften. Den Gelehrten dieser Zeit, welchen nur getrocknete oder schlecht konservierte Exemplare zur Verfügung standen, gelang es nicht, Giftdrüsen bei den darauf untersuchten Fischen zu finden. Sie schlossen aus dem vermeintlichen oder scheinbaren Fehlen solcher Drüsen auf die Ungiftigkeit der Fische. So stützten Lacépède, Cuvier und Sonnini durch ihr großes Ansehen und ihre wissenschaftliche Autorität den zuerst von Aldrovandus [1]) genau formulierten und ausgesprochenen Irrtum und leisteten demselben Vorschub.

Erst im Jahre 1841 trat durch eine Veröffentlichung von G. J. Allman [2]) die Lehre von den Giftfischen in ein neues Stadium. Allman wies bei *Trachinus vipera* an der Basis des Kiemendeckelstachels eine kleine, pulpöse Masse von drüsenartiger Beschaffenheit nach, welche er, jedoch mit allem Vorbehalt, als eine Giftdrüse, oder als eine Drüse überhaupt, anspricht.

Spätere Autoren haben dann die Richtigkeit der Allmanschen Auffassung dieser Organe und dessen Angaben bestätigt.

Den Arbeiten von Byerley [3]), Günther [4]), Gressin [5]) und vor allem der ausführlichen und ausgezeichneten Arbeit Bottards [6]),

---

[1]) Ulysses Aldrovandi, De Piscibus libri V et de Cetis liber unus. (1629.)

[2]) On the stinging properties of the lesser Weever. Ann. of Nat. Hist. 6, 161 (1841).

[3]) Byerley, Proceedings of the Literary and Philos. Soc. of Liverpool, Nr. 5, p. 156 (1849).

[4]) A. Günther, Catalogue of Fishes in the British Museum. London (1859—1870). The Study of Fishes. Edinburgh (1880). Artikel „Ichthyology" in dem Encyclopaedia Britannica. (1881.) On a poison organ in a genus of Batrachoid Fishes. Proc. Zoolog. Society, p. 458 (1864).

[5]) L. Gressin, Contribution à l'étude de l'appareil à venin chez les poissons du Genre „Vive" (Trachinus). Thèse de Paris (1884).

[6]) A. Bottard, Les poissons venimeux. Thèse de Paris (1889). Vgl. auch: J. Pellegrin, Les poissons vénéneux. Thèse de Paris (1899). H. Coutière, Poissons venimeux et Poissons vénéneux. Thèse de Paris (1899). N. Parker, On the poison organs of Trachinus. Proc. Zool. Soc. London, p. 359 (1888).

welcher ich das im Abschnitt „Giftfische" wiedergegebene in der
Hauptsache entnehme, verdanken wir unsere heutigen Kenntnisse
über die Giftfische und deren Giftapparate.

Es empfiehlt sich, die Begriffe „Giftfische" und „giftige
Fische" scharf zu unterscheiden und auseinander zu halten.

I. Unter Giftfischen, *Pisces venenati* s. *toxicophori*, „*Poissons
venimeux*" der französischen Autoren, sind nur diejenigen Fische
zu verstehen und zu klassifizieren, welche einen besonderen
Apparat zur Erzeugung des Giftes und dessen Einverleibung
(Inokulation) besitzen. Bis jetzt kennen wir jedoch nur einen[1])
Fisch, der in dem auf S. 5 angegebenen Sinne aktiv giftig ist,
d. h. bei allen dieser Kategorie angehörigen Fischen, mit Ausnahme von *Muraena helena*, erfolgt die Entleerung des Giftsekretes
nach außen nur durch Druck, sei es beim Angriff eines Feindes
oder sonstigen mechanischen Insulten.

II. Unter „giftige Fische" schlechtweg, „*Poissons vénéneux*"
der französischen Autoren, sind dagegen zu verstehen und einzureihen alle Fische, deren Genuß (unter gewissen Umständen) nachteilige oder gesundheitsschädliche Folgen
haben kann.

Diese Kategorie zerfällt wiederum in zwei Unterabteilungen:
    a) Fische, bei welchen das Gift auf ein bestimmtes Organ
       beschränkt ist (Barbe),
    b) Fische, bei welchen das Gift im ganzen Körper ver-
       breitet ist (Aalblut).

III. Ferner ist hier noch einem wichtigen Umstande
Rechnung zu tragen, auf welchen die große Mehrzahl der ganz
allgemein als „Fischvergiftung" bekannten und immer wieder
vorkommenden und beschriebenen Fälle zurückzuführen ist. Durch
den Genuß von zu lange vor dem Verspeisen aufbewahrter
toter Fische oder ungenügend konservierter Fische,
in welchen durch Bakterien, vielleicht infolge der anscheinend
großen Neigung des Fischfleisches zu Zersetzungen, leicht das
sog. „Fischgift" gebildet wird, können gefährliche Vergiftungen
erfolgen, die man mit ihren charakteristischen Symptomen unter
dem Namen „Ichthyismus" beschrieben hat.

---

[1]) *Stomias boa Risso* soll nach manchen Autoren ebenfalls durch
Biß vergiften können.

Ganz ähnlich wie bei der Fleischvergiftung steht der Grad der Giftigkeit eines gegebenen Fischmaterials in keinem Zusammenhange mit der Dauer der Einwirkung der betreffenden Mikroorganismen und vor allem in keinem zeitlichen Zusammenhang mit dem Auftreten der übel riechenden, flüchtigen Fäulnisprodukte, so daß einerseits Fische, an welchen keinerlei Fäulnisgeruch wahrzunehmen ist, giftig sein können und andererseits stark riechendes, in der Fäulnis weit vorgeschrittenes Fischmaterial ganz unschädlich sein kann. Ein treffendes Beispiel dieser auf den ersten Blick überraschenden Tatsache findet sich in der für unsere Begriffe höchst unappetitlichen und widerwärtigen Sitte der Kamtschadalen, welche das zu verspeisende Fischmaterial zunächst in eine Grube bringen und dort lassen, bis die ganze Masse sich in eine stinkende Gallerte verwandelt hat. Dann erst pflegen sie die auf diese Weise vorbereiteten Fische zu verspeisen und tragen, wie es scheint, keinerlei Schaden davon[1]).

I. Giftfische. Pisces venenati sive toxicophori.

Bei den mit einem Giftapparate ausgestatteten Fischen unterscheidet man nach dem Vorgange Bottards und analog der Klassifikation der Giftschlangen zweckmäßig nach gewissen charakteristischen, morphologischen Kennzeichen der Giftapparate mehrere Unterklassen. Zunächst sind zu unterscheiden:

A. Fische, welche durch ihren **Biß** vergiften können.

B. Fische, welche durch **Stichwunden** (mit Giftdrüsen verbundene Stacheln) vergiften können.

C. Fische, welche ein giftiges **Hautsekret** in besonderen Hautdrüsen bereiten.

A. Ordnung Physostomi, Edelfische. Familie Muraenidae. Gattung Muraena.

Muraena helena L., die gemeine Muräne, verdankt ihren wissenschaftlichen Beinamen der Schönheit ihrer Zeichnungen und ihrer Hautfarben. Sie findet sich im Mittelländischen Meere als

---

[1]) G. Bunge, Ethnologischer Nachtrag zur Abhandlung über die Bedeutung des Kochsalzes und das Verhalten der Kalisalze im menschlichen Organismus. Zeitschr. f. Biologie 10, 117 (1874).

einzige Art der Gattung Muraena bei Nizza, Toulon und an der
italienischen Küste und kann eine Länge von anderthalb Meter
erreichen. Schon von den Römern wurde sie wegen der Zartheit
des Fleisches hoch geschätzt. Plinius erzählt von einer Muräne,
welche Crassus mit Juwelen geschmückt und welche auf seinen
Ruf gehört haben soll. Allgemein bekannt ist die angebliche
Greueltat des Vidius Pollio, welcher ungehorsame Sklaven in
seinen Muränenteichen ertränken ließ, weil Menschenfleisch das
beste Mastfutter der Muränen sein sollte.

Der am Gaumen befindliche, wohl ausgebildete Giftapparat[1]
von *Muraena helena* besteht aus einer ziemlich großen Tasche
oder Schleimhautfalte, welche bei einer etwa meterlangen Muräne
$1/_2$ ccm Gift enthalten kann und mit vier starken, konischen, leicht
gebogenen, mit ihrer Konvexität nach vorn gerichteten, beweglichen
und erektilen Zähnen versehen ist, die eine gewisse Ähnlichkeit
mit den Giftzähnen der Schlangen zeigen, jedoch nicht wie diese
gefurcht oder von einem zentralen Kanal durchbohrt sind. Die
Gifttasche ist mit den das Gift sezernierenden Epithelzellen ausgekleidet. Die Gaumenschleimhaut umschließt scheidenartig die
Giftzähne und das Gift fließt zwischen den letzteren und jener in
die Wunde, wobei die Entleerung des Giftsekretes nicht wie bei
den Schlangen durch Kontraktion einer besonderen Muskulatur
bewirkt oder befördert wird.

Die ganze Anordnung des Giftapparates erinnert sehr an
denjenigen der Schlangen, und obgleich genauere Berichte über
Vergiftungen durch den Biß dieser Tiere fehlen, so unterliegt es
doch wohl kaum einem Zweifel, daß dieselben schwere Verwundungen verursachen können, die nicht nur auf rein mechanische
Weise zustande kommen.

Über die Natur des Giftes und seine chemische Zusammensetzung ist nichts bekannt.

Die Wirkungen des Giftsekretes von *Muraena helena*
sind bisher an Tieren nicht untersucht. In einem von P. Vaillant[2]
beschriebenen Falle soll ein Artillerist nach dem Biß dieses
Fisches in eine stundenlang andauernde Ohnmacht (Syncope)

---

[1] Vgl. hierzu H. M. Coutière, Sur la non-existence d'un Appareil
à venin chez la Murène Hélène. Compt. rend. de la Soc. de Biologie
54, 787 (1902).

[2] Bottard, a. a. O., S. 153. Vgl. S. 135, Anm. 6.

verfallen sein. Ob diese als lähmende Wirkung des Giftes oder
als die Folge des angeblichen reichlichen Blutverlustes aufzufassen
ist, läßt sich nach der Beschreibung des Falles nicht beurteilen.

Die in den Tropen lebenden Arten von Muraena können eine
Länge von 2 bis $2^1/_2$ m erreichen und sollen mit ihrem kräftigen
Gebiß selbst den Menschen angreifen. Viele Autoren warnen vor
dem Bisse, indessen scheint die Kasuistik[1] keine reichhaltige
zu sein.

B. Ordnung Acanthopteri, Stachelflosser.

Die in dieser Unterklasse der Giftfische aufgezählten Fische
besitzen mit besonderen Giftdrüsen in Verbindung stehende
Stacheln, welche entweder auf dem Rücken in Verbindung mit
den Rückenflossen oder am Kiemendeckel oder auch am Schulter-
gürtel sich befinden. An der Basis der Stacheln finden sich die
das Giftsekret enthaltenden Behälter oder Reservoire, welche mit
dem sezernierenden Epithel ausgekleidet sind.

Bottard, welcher die Giftorgane eingehend untersucht hat,
unterscheidet nach morphologischen Merkmalen ihrer Giftapparate
folgende Klassen von Giftfischen, die ich der Übersichtlichkeit
wegen tabellarisch geordnet hier wiedergebe.

a) Der Giftapparat ist nach außen geschlossen. Es
bedarf eines kräftigen mechanischen Eingriffes oder eines stärkeren
Druckes auf die Stacheln oder auf die Giftreservoire, um die Entleerung des Giftes zu bewirken.

Synanceia brachio, Giftstachelfisch,
           „   *verrucosa,* Zauberfisch,
Plotosus lineatus,
(*Bagrus nigritus*), Stachelwels.

b) Der Giftapparat ist halb geschlossen:
Thalassophryne reticulata,
          „   *maculosa,*
(*Muraena helena*), vgl. oben.

c) Der Giftapparat ist offen:
Trachinus vipera, } Trachinidae,   *Trachinus radiatus,* } Trachinidae,
   „   *draco,* } Queisen,   „   *araneus,* } Queisen,

---

[1] Vgl. bei H. Coutière, a. a. O., S. 35. Siehe oben S. 135, Anm. 6.

Cottus scorpius, Seeskorpion,

„ *bubalis*, Seebulle,

„ *gobio*, Kaulkopf, Koppen,

Callionymus lyra, Leierfisch,

Uranoscopus scaber, Himmels-
gucker, Sternseher,

Trigla hirundo, gemeine See-
schwalbe,

Trigla gunardus, grauer Knurr-
hahn,

Scorpaena porcus, Meereber,

„ *scrofa*, Meersau,

Pterois volitans, Rotfeuerfisch,
Truthahnfisch,

Pelor filamentosus, Sattelkopf,

Amphocanthus lineatus,

(*Perca fluviatilis*), Flußbarsch.

a) **Synanceia brachio Lacép.**[1]). Der Giftapparat, welcher
aus einem die Einverleibung des Giftsekretes ermöglichenden
Stachel, dem Giftreservoir und der Giftdrüse besteht, findet
sich an der Rückenflosse. An letzterer befinden sich 13 starke und
harte Stacheln, welche auf beiden Seiten in ihrer Längsachse mit
Rinnen versehen sind. Im Ruhezustande liegen die Stacheln dem
Rücken dicht an; sie werden aufgerichtet, wenn der Fisch bedroht
wird oder sich zur Verteidigung anschickt. Die die Stacheln verbindende Membran umschließt diese scheidenartig und bedeckt
die Spitzen derselben mit einem fibrösen, knopfartigen Gebilde.
Zu beiden Seiten der Basis jeder der dreizehn Stacheln befinden
sich die zylindrischen Giftreservoire, welche unter sich nicht in
Verbindung stehen. Jeder Stachel hat demnach zwei Giftreservoire,
so daß die Gesamtanzahl derselben 26 beträgt. Die Rinnen der
Stacheln reichen bis an das Giftreservoir. Wenn von oben her
ein genügend starker Druck auf den Stachel ausgeübt wird, so
platzt das Giftreservoir und das in letzterem enthaltene Gift
fließt den Rinnen entlang in die durch den Stachel verursachte
Wunde. Zur Entleerung des Giftreservoirs ist demnach
eine kräftige Druckwirkung von außen unerläßlich.

Die Giftreservoire einer 45 cm langen *Synanceia brachio* enthalten je etwa $1/_2$ ccm Gift; die dem zweiten und dritten Stachel
zugehörigen Reservoire sind am besten entwickelt und diese

---

[1]) Beschreibungen und Abbildungen der genannten Fische finden
sich bei: Lacépéde, Histoire nat. des Poissons, 22 Vols., Paris (1798
—1805). Bottard, a. a. O. v. Linstow, Die Gifttiere und ihre Wirkung auf den Menschen, Berlin (1894). Brehms Tierleben. P. Savt-
schenko, Atlas des Poissons vénéneux (1886), Text russisch und
französisch.

Stacheln zeichnen sich auch durch ihre Größe und ihre Erektilität
bis zur Vertikale vor den übrigen Stacheln aus. Infolge dieser
Verhältnisse finden denn auch die Verwundungen vorwiegend
durch diese Stacheln statt.

Das in den Reservoiren enthaltene giftige Sekret ist klar, beim
lebenden Tiere schwach bläulich gefärbt, besitzt keinen charakteristischen Geruch und reagiert sehr schwach sauer. Nach
Bottard wird das Sekret nur sehr langsam, wenn überhaupt
regeneriert, falls das Reservoir einmal entleert wurde.

Die Entleerung des Giftes nach außen erfolgt je nach dem
auf das Reservoir ausgeübten Drucke mehr oder weniger heftig.
Bottard sah das Gift bei dem Drucke, wie er durch Daumen und
Zeigefinger auf das Reservoir ausgeübt werden kann, bis 1 m hoch
herausspritzen.

Plotosus lineatus C. et V.[1]), im Indischen Ozean und den
tropischen Gegenden des Pazifischen Ozeans vorkommend, besitzt
zwei Giftapparate, von denen der eine vor den Brustflossen,
der andere vor der ersten Rückenflosse liegt. Dieselben
bestehen aus den Drüsen und den zugehörigen, sägezahnartig ge-
zackten, dünnen und leicht zerbrechlichen Stacheln, welche
von einem bis fast an die Stachelspitzen reichenden Kanal durchbohrt sind. Dieser kommuniziert frei mit dem Giftreservoir.
Für die Entleerung des Giftsekretes in die Wunde ist es wegen
des Verschlusses des Kanals an der Stachelspitze erforderlich,
daß der Stachel in der Wunde abgebrochen wird, was
infolge seiner Beschaffenheit und seines Baues auch immer erfolgt.

Der Giftapparat ist wie bei Synanceia nur defensiv zu verwenden und hat mit dem letzteren den kompletten Abschluß nach
außen gemein.

b) **Thalassophryne reticulata Günther,** an der Küste von
Panama, und **T. maculosa Günther,** hauptsächlich im Golfe von
Bahia vorkommend, besitzen einen doppelten Giftapparat;
einen an dem Kiemendeckel und einen zweiten auf dem Rücken
dicht hinter dem Kopfe.

Das os operculare, der Kiemendeckelknochen, besitzt an
seinem Rande einen etwas nach oben gebogenen, konischen, stilett-

---

[1]) Beschreibung und Abbildung bei Cuvier et Valenciennes,
Histoire nat. des Poissons, 22. Vols., 15, 420—421. Paris (1828—1849).

artigen Fortsatz oder Stachel, welcher von einem zentralen
Kanale durchbohrt ist. Der Stachel steht in Verbindung mit
dem Giftreservoir, so daß das in dem Reservoir befindliche Giftsekret durch den Kanal nach außen entleert werden kann. Eine
besondere Muskulatur für die Entleerung des Giftes scheint nicht
vorhanden.

Der auf dem Rücken befindliche Giftapparat besteht aus zwei
mit entsprechenden Reservoiren kommunizierenden und ebenfalls
zentral durchbohrten Stacheln. Letztere sind durch eine
Membran verbunden und bilden so die erste Rückenflosse. Werden
die Stacheln aufgerichtet, so fließt aus der peripheren Öffnung des
zentralen Kanales das Gift aus.

Es handelt sich also bei Thalassophryne um den halb
offenen Typus der Giftapparate bei Fischen.

c) Als charakteristisches Beispiel für den Bau und die morphologischen Verhältnisse der offenen Giftapparate kann der Giftapparat von Trachinusarten dienen.

Trachinus draco L., das Petermännchen[1]), findet sich
häufig an den europäischen Küsten und besitzt wie Plotosus
und Thalassophryne zwei Giftapparate, von welchen sich der eine
am Kiemendeckel, der andere an der ersten Rückenflosse befindet. Ersterer ist der größere und die durch denselben hervor-
gebrachten Wunden sind gefährlicher als die durch den dorsalen
Apparat verursachten.

Der Kiemendeckelstachel ist oben und unten mit Rinnen
oder Furchen versehen (kanelliert). Die Rinnen stehen in Verbindung mit einem konischen, in dem Kiemendeckelknochen
liegenden Hohlraum. Die Kiemenmembran überzieht den Stachel
scheidenartig bis fast an seine Spitze. Die innere Fläche des
durch diese Scheide und durch den Kiemenboden, sowie durch
den konischen Hohlraum gebildeten Blindsacks ist mit sehr
großen sezernierenden Zellen ausgekleidet, durch deren Ein-
schmelzen oder Verflüssigung[2]) das Gift entsteht.

---

[1]) Der Name wird auf eine Sitte der holländischen Fischer zurück-
geführt, welche diesen Fisch wegen seiner Giftigkeit fürchten, beim
Fange sofort wieder über Bord werfen und ihn dabei dem heiligen
Petrus weihen. (Holländisch „Pietermännchen".)

[2]) Bottard, a. a. O., S. 113 bis 114. Vgl. oben S. 135, Anm. 6.

Das Gift fließt zwischen der von der Kiemenmembran
gebildeten Scheide und der Stütz- oder Basalmembran
der sezernierenden Zellen nach außen ab.

Der dorsale Giftapparat besteht aus fünf bis sieben Stacheln,
welche durch eine Membran verbunden und von dieser scheidenartig umschlossen sind. Die Scheide ist mit den kanellierten,
d. h. mit Rinnen versehenen (gefurchten) Stacheln verwachsen
und nicht, wie das bei *Synanceia brachio* der Fall ist, bis zur
Stachelbasis zurückstülpbar. Jeder Stachel ist auf beiden Seiten
tief kanelliert. Über die Stachelrinnen zieht sich brückenartig
die die Stacheln verbindende Membran, den Rändern der Rinnen
fest anliegend. Durch den so gebildeten Kanal gelangt das Gift
nach außen.

Die in der Tabelle auf S. 140, unter c) angeführten Fische
weisen in dem Bau ihrer Giftapparate im allgemeinen analoge
Verhältnisse auf, wie wir sie eben bei *Trachinus draco* kennen
lernten. Es bestehen gewisse Abweichungen, doch würde es zu
weit führen, hier auf die Einzelheiten einzugehen. So finden sich
z. B. bei Scorpaena die Giftapparate an der Rücken- und After-
flosse. Diese morphologischen Verhältnisse müssen jedoch in den
Originalarbeiten nachgesehen werden, wo sich in den zitierten Abhandlungen auch Abbildungen finden.

Ganz allgemein scheinen Giftapparate nur bei kleinen und
schwachen Giftfischen vorzukommen.

So finden wir bei *Trachinus draco* und *T. vipera* einen wohl ausgebildeten Giftapparat, während der fünfmal größere *Trachinus araneus*
einen verhältnismäßig mangelhaft ausgebildeten Giftapparat besitzt.

Auffallend ist die Tatsache, daß Fische, deren Fleisch besonders schmackhaft ist, in vielen Fällen mit derartigen Schutzmitteln ausgerüstet sind.

Knochenfische sind häufiger mit diesen Schutzmitteln versehen als Knorpelfische. Im allgemeinen sind die letzteren
viel größer als erstere und bedürfen daher derartiger Apparate
weniger zum Schutze. Unter den Knochenfischen finden wir bei
den Acanthopteri die meisten Giftfische. Nicht alle mit Stacheln
ausgerüsteten Fische haben Giftdrüsen. Nackthäuter besitzen
solche Organe viel häufiger als die beschuppten Fische.

Das Vorkommen der Giftfische ist auf die heiße und die gemäßigten Zonen beschränkt.

Im allgemeinen sind die Giftfische um die Laichzeit giftiger als zu anderen Zeiten.

Die Giftdrüsen sind morphologisch als Adnexa der Haut aufzufassen; sie stellen wohl ausgebildete Hautfollikel dar, deren Epithelzellen sehr groß sind und mehr den Charakter von Vesikeln aufweisen.

Alle Tatsachen sprechen dafür, daß in den Giftapparaten der Fische Schutzmittel zu erblicken sind.

Die Wirkungen der giftigen Sekrete der genannten Fische bieten, soweit dieselben genauer untersucht sind, in ihren Grundzügen ähnliche Erscheinungen, die sich, wie es scheint, nur in quantitativer Hinsicht unterscheiden.

Die lokalen Wirkungen bestehen in heftiger Schmerzempfindung und schnellem Anschwellen der Umgebung der Wunde. Diese Erscheinungen können sich über das ganze betroffene Glied erstrecken. Die Umgebung der Stichwunde färbt sich bald blau, nekrotisiert und wird gangränös. Je nach der Menge des einverleibten Giftes ist die Gewebsnekrose mehr oder weniger ausgedehnt. Häufig entwickeln sich Phlegmonen, die den Verlust eines oder mehrerer Phalangen eines verwundeten Fingers bedingen können.

Die Wirkungen des Giftes nach der Resorption sind noch nicht genügend erforscht, um ein abschließendes Urteil über das Wesen derselben zu gestatten. Nach den Angaben der meisten Autoren scheinen sie beim Warmblüter in erster Linie das Zentralnervensystem zu betreffen. Es treten Krämpfe ein, die vielleicht auf eine primäre Erregung des Zentralnervensystems zurückzuführen sind, worauf später Lähmung folgt.

Meerschweinchen und Ratten starben in der Regel nach einer Stunde, manchmal aber erst nach 14 bis 16 Stunden unter anscheinend heftigen Schmerzen, Konvulsionen und Lähmungserscheinungen[1]). Die Wunden und deren Umgebung waren heftig entzündet und wurden gangränös. Gelegentlich

---

[1]) J. Dunbar-Brunton, The poison-bearing fishes, Trachinus draco and Scorpaena scropha; the effects of the poison on man and animals and its nature. Lancet 1896, August 29. Zentralblatt f. innere Med. Nr. 51, S. 1318 (1896).

breitet sich die Gangrän weiter aus, oder es treten Geschwüre und Phlebitis an dem betroffenen Gliede auf.

Vergiftungen bei Menschen, besonders bei Badenden, Fischern und Köchinnen sind häufig. Die meist an den Füßen und Händen gelegenen Wunden werden rasch sehr empfindlich, die ganze Extremität schmerzt heftig, Erstickungsnot und Herzbeklemmung treten ein, der Puls wird unregelmäßig, es folgen Delirien und Konvulsionen, die im Collaps zum Tode führen, oder nach stundenlanger Dauer langsam verschwinden können.

Verwundungen durch *Synanceia brachio* haben beim Menschen schon wiederholt den Tod herbeigeführt. Bottard[1]) berichtet über fünf letal endende Fälle, welche sicherlich durch das Gift dieses Fisches verursacht waren und ohne weitere Komplikationen rasch tödlich verliefen.

Bei Fröschen sah Pohl[2]), der an diesen Tieren mit Trachinus- und Scorpaenagift experimentierte, niemals Krämpfe auftreten; auch konnte dieser Autor in keinem Falle eine anfängliche Steigerung der Reflexerregbarkeit wahrnehmen. Pohl stellte fest, daß beim Frosch die Herzwirkung des Giftes von Trachinus das ganze Vergiftungsbild beherrscht und daß die Symptome der Vergiftung — das Ausfallen spontaner Bewegungen, die Hypnose und die schließliche Lähmung — auf Zirkulationsstörungen zurückzuführen sind. Die Wirkung des Trachinusgiftes auf das Herz äußert sich in der Verlangsamung der Schlagfolge bei anfänglich kräftigen Kontraktionen, die allmählich schwächer werden und schließlich ganz aufhören, wobei das Herz in Diastole still steht. Der Herzmuskel ist dann mechanisch, nur lokal oder überhaupt nicht mehr erregbar. Atropin und Coffeïn änderten an dem Verlauf der Vergiftung nichts; der Herzstillstand ist daher nicht auf eine Wirkung des Giftes auf die nervösen Apparate des Herzens zurückzuführen. Das Trachinusgift wirkt auf den Herzmuskel direkt lähmend. Die Erregbarkeit der Skelettmuskeln und der motorischen Nerven erleidet keine Änderung.

---

[1]) a. a. O., S. 78. Daselbst Zusammenstellung zahlreicher Vergiftungsfälle infolge von Verwundungen durch *Synanceia brachio* und andere Giftfische.

[2]) J. Pohl, Beitrag zur Lehre von den Fischgiften. Prager med. Wochenschrift, Nr. 4 (1893).

Die am Frosche gewonnenen Resultate erklären die beim Warmblüter gemachten Erfahrungen in befriedigender Weise. Es sind demnach die Krämpfe nicht auf eine direkte Wirkung des Trachinusgiftes auf das Zentralnervensystem zurückzuführen; sie sind vielmehr als Folgen des Darniederliegens der Zirkulation aufzufassen, infolgedessen es zu Erstickungskrämpfen kommen kann.

Das Gift von *Scorpaena porcus* wirkt nach Pohl qualitativ ganz wie das Trachinusgift, nur viel schwächer, und zeigt außerdem, auch beim Frosche, eine ausgesprochene lokale Wirkung. Letztere scheint nach Briot[1]) von einer nicht mit dem Herzgift identischen Substanz abhängig zu sein. Dieser Autor konnte Kaninchen gegen Trachinusgift immunisieren und von den immunisierten Tieren ein „Antiserum" gewinnen.

Ordnung Plagiostomata, Quermäuler.
Familie Trygonidae.

Trygon pastinaca Cuv., der gemeine Stechrochen, *Tr. violacea Bonap.* und zahlreiche andere, hauptsächlich die wärmeren Meere bewohnenden Trygonarten besitzen an ihrem langen und schmalen Schwanze einen langen, gesägten Stachel[2]) von derber Beschaffenheit, welcher ihnen als Waffe dient. Mit dem Schwanzstachel können diese Tiere ihren Feinden gefährliche Wunden[3]) beibringen.

In der Literatur[4]) finden sich mehrere Angaben und Beschreibungen von Fällen, in welchen nach Verwundungen durch die Schwanzstacheln verschiedener, insbesondere tropischer Trygonarten schwere, manchmal mit dem Tode des Verwundeten endigende Vergiftungserscheinungen beobachtet wurden (Schomburgk, Crevaux, Gumilla u. a.). Es scheint daher die Furcht der Fischer vor diesen Tieren begründet und es fragt sich, ob nicht

---

[1]) Compt. rend. soc. biolog. **54**, 1169—1171, 1172—1174 (1902) und **55**, 623 (1903). Journal de physiologie **5**, 271—282 (1903).

[2]) Anatomisches bei P. Ritter, Beiträge zur Kenntnis der Stacheln von Trygon und Acanthias (7 Tafeln). Inaug.-Diss. Berlin (1900).

[3]) Vgl. oben S. 7.

[4]) Autenrieth, S. 56, 198 bis 204. a. a. O., unten S. 149, Anm. 1. Coutière, S. 38 bis 44, 53. a. a. O., oben S. 135, Anm. 6. Brehms Tierleben, 3. Aufl., **8**, 470 bis 473 (1892).

vielleicht der Schwanzstachel der Trygoniden mit einer ein giftiges
Sekret liefernden Drüse in Verbindung steht. Die Bösartigkeit
solcher Verwundungen scheint, nach den Angaben der Autoren,
für die Annahme eines Giftsekretes zu sprechen, doch ist die
Frage nach der An- oder Abwesenheit von Giftdrüsen heute noch
nicht mit genügender Sicherheit zu beantworten.

C. Cyclostomata, Rundmäuler.

Das Gift wird von Hautdrüsen bereitet. Es fehlen
besondere Apparate, welche das Giftsekret dem Feinde einverleiben.

Petromyzon fluviatilis Lin., Flußneunauge, Pricke,
und **Petromyzon marinus Lin.**, Meerneunauge, Lamprete.
Die Neunaugen sondern in gewissen Hautdrüsen ein giftiges
Sekret ab, welches nach Prochorow[1] und Cavazzani[2] gastroenteritische Erscheinungen, mit heftigen, bisweilen blutigen, ruhr-
artigen Diarrhöen, verursachen kann. Die chemische Natur der
wirksamen Substanz ist unbekannt. Sie scheint durch Erhitzen
nicht zerstört zu werden, da der Genuß einer aus Neunaugen
bereiteten Suppe schwere Vergiftungssymptome an einer Frau
und deren Kindern hervorrief. Die Neunaugen waren in diesem
Falle nicht, wie das sonst üblich ist, vorher mit Salz bestreut und
dann in einem Gefäße mit Wasser geschüttelt oder „gereinigt",
d. h. von dem giftigen Hautsekret befreit worden. Bei dieser
Behandlung sondern die Neunaugen ein schleimiges Sekret ab,
welches das in den Hautdrüsen produzierte Gift der Hauptmenge
nach enthält und vor dem Verspeisen der Tiere gewöhnlich auf
diese Weise entfernt wird.

Die Neunaugen, welche den Amphibien entwickelungsgeschichtlich nahe stehen, erinnern auch durch das Vorhandensein eines
giftigen Hautsekretes an die Verwandtschaft mit diesen.

II. Giftige Fische.

a) **Das Gift ist nicht in besonderen Giftapparaten,
sondern in einem der Körperorgane enthalten**, nach deren

---

[1] Pharmazeut. Jahresbericht 1883/84, S. 1187.
[2] Virchows Jahresbericht 1893, I, S. 431.

Entfernung der Genuß des Fisches keinerlei nachteilige oder gesundheitsschädliche Folgen hat. Hierher gehören:

Barbus fluviatilis Agass. s. *Cyprinus barbus L.*, die Barbe.
Schizothorax planifrons Heckel.
Cyprinus carpio L., der Karpfen.
Cyprinus Tinca Cuv., die Schleie.
Meletta thrissa Bloch s. *Clupea thrissa*, die Borstenflosse.
Meletta venenosa Cuv. s. *Clupea venenosa*, die Giftsardelle.
Sparus maena L., Laxierfisch.
Abramis brama L., der gemeine Brachsen.
Balistes capriscus Gmel., der Drückerfisch.
Balistes vetula Cuv., die Vettel, Altweiberfisch.
Ostracion quadricornis L., der gemeine Kofferfisch, Vierhorn.
Thynnus thynnus L. s. *Th. vulgaris C. V.*, gemeiner Tun.
Sphyraena vulgaris C. V., der gemeine Pfeilhecht.
Esox lucius L., der gemeine Hecht (vgl. unten Würmer).
Tetrodon pardalis Schlegel und andere Tetrodonarten, Kröpfer
    oder Vierzähner.
Orthagoriscus mola Bl. Sch., der Sonnenfisch, Meermond, Mond-
    fisch, Schwimmender Kopf.

Von den oben genannten Fischen läßt sich im allgemeinen sagen, daß das Gift hauptsächlich auf die Geschlechtsorgane oder deren Produkte beschränkt ist, doch enthalten auch andere Organe, vornehmlich die Leber, sowie Magen und Darm, zuweilen das Gift, dann aber in viel geringerer Menge.

Manche der oben angeführten Fische besitzen außerdem noch einen mehr oder weniger vollkommen ausgebildeten Stachelapparat, welcher bei gewissen Mitgliedern dieser Gruppe vielleicht auch mit Giftdrüsen in Verbindung steht.

Die durch diese Kategorie von Fischen verursachten Vergiftungen hat man auch mit dem Namen „Ciguatera" bezeichnet. Unter diesem, von spanischen Ärzten auf den Antillen eingeführten und von den französischen Autoren[1]) übernommenen Namen sind alle durch den Genuß von frischen, vor kurzem dem Wasser entnommenen Fischen verursachten Vergiftungen zu verstehen. Es handelt sich demnach um Vergiftungen durch im Organismus lebender Fische normaler, d. h. physiologischer-

---

[1]) Coutière, p. 107—143. Pellegrin, p. 16.

weise gebildete Stoffwechselprodukte (vgl. S. 3 und 6). Ciguatera und Ichthyismus (vgl. S. 136 und 162) sind also nicht identische Begriffe und müssen scharf getrennt und unterschieden werden.

Barbus fluviatilis Agass. s. Cyprinus barbus L., die gewöhnliche Barbe, ist der bekannte giftige Fisch, welcher die sog. **Barbencholera** verursacht[1]). Während man früher die Erkrankungen nach dem Genuß der Barbe auf Krankheiten des Fisches selbst oder auf die Beschaffenheit seiner Nahrung zurückführen wollte, steht jetzt die Tatsache fest, daß nur nach dem Genuß des Barbenrogens die Erscheinungen, welche man unter dem Namen Barbencholera zusammenfaßt, beobachtet werden. Die Symptome der Vergiftung bestehen in Übelkeit, Nausea, Erbrechen, Leibschmerzen und Diarrhöe und sind denjenigen der *Cholera nostras* ähnlich.

Hesse[2]) experimentierte mit Barbenrogen an Menschen und Tieren. Er berichtet im ganzen über 110 Versuche an Menschen, wobei in 67 Fällen keinerlei oder doch nur sehr leichte Erscheinungen auftraten, während in 43 Fällen

26 mal leichtere oder heftigere Unterleibsbeschwerden,
1 mal Erbrechen,
14 mal Diarrhöe,
2 mal „cholerische Zufälle"

beobachtet wurden.

In zwei von Trapenard[3]) beschriebenen schweren Fällen waren unstillbares Erbrechen und profuse Diarrhöen mit darauf folgender lange dauernder Somnolenz die Hauptsymptome.

---

[1]) Die ältere Literatur siehe bei H. F. Autenrieth, Das Gift der Fische, S. 42 bis 46 (1833), sowie bei Carl Gustav Hesse, Über das Gift des Barbenrogens (1835). Nach Dierbach (Geigers Magazin f. d. Pharmazie 13 [1], 94), welcher vor dem Genuß des Barbenrogens warnt und ebenfalls eine Zusammenstellung von Vergiftungsfällen gibt, findet sich die älteste Notiz über diese Krankheit bei Ant. Gaza, Florida Corona Medicinae, Venet. 1491, c. 137. In Hesses umfangreicher Schrift findet sich die Angabe, daß Barbeneier mit Wein und Salz und etwas Ingwer gekocht, von älteren Ärzten als angenehmes Abführmittel empfohlen wurden. Hesse (S. 23) zitiert Boneti, Med. septentr. 1, 601.

[2]) a. a. O., S. 13 bis 21.

[3]) Journal de Chimie méd., p. 584 (1851).

Die Prognose ist meistens günstig; in der Literatur finden sich keine letal verlaufenen Fälle.

Die Behandlung ist eine rein symptomatische. Bettruhe, Opium und warme Kataplasmen bewirken bald Linderung der Magen- und Darmbeschwerden.

Die Barbe bzw. deren Rogen ist am giftigsten zur Laichzeit, weshalb es in Italien verboten ist, um diese Zeit — März bis Mai — Barben zum Verkauf zu bringen[1]).

Massenvergiftungen durch Barbenrogen sind in Deutschland und in Frankreich verschiedentlich beobachtet und beschrieben worden.

Ordnung Plectognathi, Haftkiefer.
Familie Gymnodontes.

Die Gattungen Tetrodon, Triodon und Diodon kommen hauptsächlich in den tropischen Meeren, aber auch in den gemäßigten Meeren und in Flüssen vor und zeichnen sich außer durch ihre Giftigkeit durch ihr absonderliches Äußeres aus. Sie sind häufig mit mehr oder weniger zahlreichen Stacheln ausgerüstet. Gewisse Arten besitzen die Fähigkeit, den Körper manchmal bis zur vollkommenen Kugelform[2]) aufzublasen. Diesen Eigentümlichkeiten verdanken diese Fische die populären Namen „Igelfische" und „Bläser" im Deutschen, die Bezeichnung „Globefish" im Englischen. *Tetrodon Honkenyi Bloch*, welcher am Kap der guten Hoffnung und in Neu-Kaledonien vorkommt, ist dort unter dem Namen „Toad-fish" bekannt. Sein Genuß hat wiederholt schwere Vergiftungen verursacht.

Das Vorkommen von Fischen, welche unter allen Umständen giftige Eigenschaften besitzen, ist durch die eingehenden Untersuchungen des in Japan unter dem Namen **Fugugift** bekannten und sehr wirksamen, dort zahlreiche Todesfälle verursachenden Giftes verschiedener Tetrodon- und Diodonarten

---

[1]) Kobert, Über Giftfische und Fischgifte. Vortrag, S. 14 (1905).

[2]) Vgl. die Abbildungen von *Diodon maculatus* s. *D. hystrix*, gefleckter Igelfisch, bei Leunis, Synopsis der Tierkunde, 3. Aufl., **1**, 766 (1883). Brehms Tierleben, 3. Aufl., **8**, 420 (1892).

durch Ch. Rémy[1]) und D. Takahashi und Y. Inoko[2]) sicher festgestellt.

Die verschiedenen Spezies von Tetrodon enthalten alle, mit Ausnahme von *T. cutaneus*, qualitativ gleich wirkende Gifte, welche sich nur in quantitativer Hinsicht unterschieden.

Am giftigsten erwiesen sich:

Tetrodon chrysops,
„ *pardalis,*
„ *vermicularis,*
„ *poëcilonotus.*

Weniger giftig sind:

Tetrodon rubripes,
„ *porphyreus,*
„ *stictonotus,*
„ *rivulatus.*

Ganz ungiftig ist nach Takahashi und Inoko:

Tetrodon cutaneus.

Von den einzelnen Organen ist der Eierstock bei weitem am giftigsten, bei *T. cutaneus* ist er jedoch giftfrei. Der Hoden enthält bei manchen Spezies nur sehr geringe Mengen des Giftes. Die Leber ist weniger giftig als der Eierstock. Die übrigen Eingeweideorgane zeigen im allgemeinen eine minimale Giftigkeit und sind bei einigen Arten ganz ungiftig. In den Muskeln aller untersuchten Spezies war das Gift nicht nachzuweisen. Im Blute von *Tetrodon pardalis* und *T. vermicularis* fanden sich geringe Mengen des Giftes.

Die chemische Untersuchung der frischen Ovarien von *T. vermicularis* ergab, daß das Gift in Wasser und wässerigem Alkohol, nicht aber in absolutem Alkohol, Äther, Chloroform, Petroleumäther und Amylalkohol löslich ist.

Dasselbe wird weder durch Bleiessig noch durch die bekannten Alkaloidreagenzien gefällt, diffundiert sehr leicht

---

[1]) Ch. Rémy, Compt. rend. de la Soc. de Biologie [7 sér.] **4**, 263 (1883).

[2]) Archiv f. exp. Patholog. **26**, 401 und 453 (1890). Vgl. auch Mitteilungen d. med. Fakultät Tokio **1**, 375 (1892). Daselbst sehr gute farbige Abbildungen dieser Fische und Kasuistik der Vergiftungen beim Menschen.

durch tierische Membranen und wird durch kurzdauerndes Kochen seiner wässerigen Lösung nicht zerstört. Aus diesem Verhalten des Giftes ergibt sich, daß das Fugugift weder ein Ferment noch ein Toxalbumin noch eine organische Base ist. Durch längere Zeit fortgesetztes Erwärmen auf dem Wasserbade, besonders in saurer, aber auch in alkalischer Lösung, wird das Gift in seiner Wirkung abgeschwächt und kann schließlich ganz zerstört werden.

Zur Darstellung des wirksamen Körpers verfuhren Takahashi und Inoko in der Weise, daß sie die frischen Eierstöcke zuerst mit Äther, dann mit absolutem Alkohol erschöpften; hierauf wurde das zerkleinerte Material mit destilliertem Wasser bei Zimmertemperatur extrahiert, die wässerigen Auszüge mit Bleiessig gefällt, das Filtrat vom Bleiniederschlag durch Schwefelwasserstoff von überschüssigem Blei befreit und hierauf mit Phosphorwolframsäure, Kaliumquecksilberjodid oder Quecksilberchlorid die durch diese Reagenzien fällbaren Substanzen, hauptsächlich Cholin, entfernt. Die Filtrate von den letztgenannten Fällungen wurden im Vakuumexsikkator über Schwefelsäure zur Trockne abgedampft und der Rückstand mit absolutem Alkohol mehrmals extrahiert. Der in absolutem Alkohol unlösliche Teil des Rückstandes stellte eine mit anorganischen Salzen vermengte, gelblich gefärbte, amorphe Masse dar und erwies sich als stark giftig.

Im Jahre 1894 hat Y. Tahara[1]) die von Takahashi und Inoko begonnene chemische Untersuchung des Fugugiftes aufgenommen und dabei einen pharmakologisch stark wirksamen, in farblosen Nadeln kristallisierenden Körper von neutraler Beschaffenheit, das **Tetrodonin,** und eine amorphe, ebenfalls stark wirksame Substanz von saurem Charakter, die **Tetrodonsäure,** gefunden.

Aus den Dialysaten von zerquetschtem Rogen des frischen Fisches hat Tahara, nach dem Reinigen mittels Bleiessig, durch Zusatz von Alkohol eine kristallinische Masse erhalten, die ein Gemenge von Tetrodonin und Tetrodonsäure darstellte. Die Trennung dieser beiden Substanzen geschah durch Behandlung der

---

[1]) Über die giftigen Bestandteile des Tetrodon. Zeitschr. d. med. Ges. in Tokio 8, Heft 14. Ref. bei Maly, Jahresber. über die Fortschritte der Tierchemie 24, 450 (1894).

wässerigen Lösung der Kristallmasse mit Silberacetat, wobei das schwer lösliche tetrodonsaure Silber ausfiel. Aus dem Filtrat von letzterem wurde das Tetrodonin durch Fällung mittels Alkohol gewonnen.

Das Tetrodonin ist geruch- und geschmacklos, reagiert neutral, löst sich leicht in Wasser, schwer in konzentriertem Alkohol. Es ist unlöslich in Äther, Benzol und Schwefelkohlenstoff. Die wässerige Lösung wird nicht durch Platinchlorid, Goldchlorid, Phosphorwolframsäure, Sublimat und Pikrinsäure gefällt.

Ein Hund von 1,9 kg Körpergewicht verendete nach subkutaner Injektion von 0,05 g Tetrodonin unter heftigem Erbrechen und Lähmungserscheinungen nach einer halben Stunde.

Ein 3,4 kg schweres Kaninchen erhielt 0,19 g Tetrodonin subkutan; nach sieben Minuten war das Tier vollständig gelähmt und starb nach einer weiteren Minute.

Bei einem weiteren Versuche an einem 2,9 kg schweren Kaninchen wurden 0,06 g Tetrodonin subkutan injiziert, worauf das Tier nach 40 Minuten schwere Lähmungserscheinungen zeigte, sich aber nach mehreren Stunden vollständig erholte.

Die Tetrodonsäure stellt eine amorphe, in absolutem Alkohol, Äther und Benzol unlösliche, hygroskopische Masse dar. Zwei Hunde von 1,03 kg und 6,15 kg Körpergewicht gingen nach subkutaner Injektion von 0,01 g und 0,05 g Tetrodonsäure nach 30 Minuten unter Lähmungserscheinungen zugrunde.

Die **Wirkungen des Fugugiftes** bestehen in einer bald eintretenden und sich bis zur vollkommenen Funktionsunfähigkeit steigernden Lähmung gewisser Gebiete des Zentralnervensystems, wobei zuerst das Respirationszentrum und dann das vasomotorische Zentrum betroffen wird. Gleichzeitig entwickelt sich eine curarinartige Lähmung der peripheren motorischen Nervenendigungen, welche beim Frosche eine vollständige werden kann. Das Herz wird von dem Gifte nicht direkt beeinflußt und schlägt noch nach bereits eingetretenem·Atemstillstande. Infolge der Lähmung des Gefäßnervenzentrums sinkt der Blutdruck. Der Puls erfährt eine allmähliche Verlangsamung. Krämpfe treten im ganzen Verlaufe der Vergiftung nicht ein, was wahrscheinlich auf die bestehende Lähmung der motorischen Endapparate zurückzuführen ist.

An Hunden, Katzen, Kaninchen und Ratten sahen Takahashi und Inoko bei Vergiftungen mit einem aus Ovarien von
verschiedenen Tetrodonspezies dargestellten wässerigen Auszuge
mit einem Gehalt von 11,4 Proz. Trockenrückstand organischer
Substanz die folgenden allgemeinen Erscheinungen.

Bei leichteren Vergiftungen fallen zunächst Störungen der
Motilität auf. Es besteht Schwäche bzw. Parese der Extremitäten
und der Gang wird unsicher und taumelnd. Hunde und Katzen
erbrechen öfters. Die Zirkulation und die Respiration sind scheinbar normal.

Bei schwereren, tödlich verlaufenden Vergiftungen treten
ebenfalls die Lokomotionsstörungen als erstes, äußerlich erkennbares Zeichen auf. Die Atemfrequenz wird bald stark herabgesetzt und die accessorische Atmungsmuskulatur tritt in Funktion,
wobei Maul und Nasenlöcher weit geöffnet sind. Die Atmung wird
eine keuchende. Bald treten konvulsivische Zuckungen der Extremitäten ein. Die Körpertemperatur sinkt. Corneal- und Hautreflex erlöschen und das Tier geht an Atemstillstand ohne Erstickungskrämpfe zugrunde.

Die Sektionsbefunde ließen keinerlei charakteristische Veränderungen an den Organen erkennen.

Die bei Vergiftungen von Menschen mit Fugugift
beobachteten Symptome stimmen im wesentlichen mit den Ergebnissen der Tierversuche von Takahashi und Inoko überein.
Auch beim Menschen treten die motorischen Störungen zunächst
stark in den Vordergrund; erstrecken sich die letzteren auch auf
die Zunge, so bedingt der schwächere oder stärkere Lähmungsgrad derselben Sprachstörungen oder Undeutlichkeit der Sprache.
Daneben scheint auch die sensible Sphäre mehr oder weniger betroffen. Gastro-enteritische Erscheinungen sind beobachtet worden,
fehlen aber meistens. Die lebensgefährliche, rasch tödlich verlaufende Vergiftung, die sich durch Cyanose, kleinen Puls, Dyspnoë,
Schwindel, Ohnmacht, Sinken der Körpertemperatur kennzeichnet,
läßt die Wirkung des Giftes auf das Zentralnervensystem deutlich
erkennen.

Die Therapie ist bei schweren Vergiftungen ohnmächtig;
vielleicht würden künstliche Respiration und elektrische
Reizung des Phrenicus in manchen Fällen von Nutzen sein.

Während der Laichzeit sind die Tetrodonarten giftiger als sonst.

Das Fugugift ist an allen Tetrodonarten unwirksam, gleichgültig ob dieselben selbst giftig sind oder nicht. Männchen und Weibchen dieser Spezies sind gegen das Gift gleich unempfindlich.

Obwohl die Tetrodonarten den japanischen Fischern sehr genau bekannt sind und diese die giftigen Fische in der Regel sofort nach dem Fange beseitigen, sind Vergiftungsfälle[1]) in Japan, sei es durch Unkenntnis oder Unvorsichtigkeit einzelner Individuen, sei es in verbrecherischer Absicht oder infolge von Selbstmordversuchen, ziemlich zahlreich. In der ersten Hälfte des Jahres 1884 waren in Japan von **38** Todesfällen durch Gift **23** durch diese Fischart verursacht. In den Jahren 1885 bis 1892 sind in Japan **933** derartige Vergiftungsfälle verzeichnet worden, von welchen **681,** also **73 Proz.,** tödlich verliefen. Ich entnehme folgende Beschreibung einer Vergiftung, welche nach fünf Stunden letal endete, einer Zusammenstellung solcher Fälle bei **Takahashi** und **Inoko** (a. a. O., S. 396). Ein 41 jähriger Mann aus **Kinshin** aß um 2 Uhr nachmittags fünf Stück Tetrodon (Spezies nicht bestimmt) nach Entfernung der Eingeweide. Vier Stunden nach der Mahlzeit empfand er ein „unangenehmes" Gefühl im Epigastrium. Um diese Zeit war der Puls normal. Durch Kitzeln am weichen Gaumen wurde Erbrechen bewirkt. Plötzlich wurde der Kranke unfähig zu gehen, er taumelte und war bald gelähmt. Die Zungenbewegungen sind erschwert, die Sprache undeutlich. Später Cyanose, Atemfrequenz vermindert, allgemeine Lähmung, stierer Blick, Erweiterung und Reaktionslosigkeit der Pupille. Darauf stellten sich Pulsbeschleunigung bis auf 110 in der Minute, unregelmäßige, stockende Atmung, Schwinden des Cornealreflexes und Sinken der Körpertemperatur bis auf 36° ein. Künstliche Atmung, Injektion von Kampfer und Strychnin ließen keine Besserung eintreten. Der Tod erfolgte ohne Krämpfe um 7 Uhr, also nach fünf Stunden.

In den männlichen Geschlechtsprodukten einiger hierauf untersuchter Fische findet sich eine Anzahl Stoffe von stark

---

[1]) Vgl. auch Coutière, p. 113—120. a. a. O., oben S. 135, Anm. 6.

basischem Charakter, welchen man den Namen „Protamine" beigelegt hat. Von diesen sind bisher dargestellt und chemisch genauer charakterisiert worden:

das Protamin von Miescher (1874),
„ Clupeïn aus der Heringsmilch (*Clupea harengus*), wahrscheinlich mit dem Protamin von Miescher identisch,
„ Scombrin aus dem Makrelensperma (*Scomber scomber*),
„ Sturin aus dem Störsperma *(Acipenser sturio)*,
„ Cyclopterin aus dem Sperma des Seehasen (*Cyclopterus lumpus*),
„ Cyprinin (α und β) aus dem Sperma von Cyprinusarten.

Diese Basen sind in dem Sperma an Nucleïnsäure gebunden und lassen sich leicht rein darstellen.

A. Kossel und seine Schüler haben die oben genannten Körper, mit Ausnahme des Protamins von Miescher, zuerst genauer untersucht und auf ihre pharmakologischen Wirkungen geprüft. Sie fanden, daß das Clupeïn bei intravenöser Injektion in Mengen von 0,15 bis 0,18 g, das Sturin in Mengen von 0,20 bis 0,25 g an etwa 10 kg schweren Hunden bedeutende und rasch eintretende Erniedrigung des Blutdruckes und gleichzeitig Zunahme der Atmungsfrequenz mit Vertiefung der einzelnen Respirationen bewirkten[1]). Größere Gaben als die genannten führen unter allmählicher Abnahme der Frequenz und der Tiefe der Atmung zum Respirationsstillstand und zum Tode.

Das durch Hydrolyse aus dem Clupeïn erhaltene „Clupeïnproton" erwies sich als etwa dreimal weniger wirksam als das Clupeïn.

Die Endprodukte der hydrolytischen Spaltung der Protamine, die von Kossel „Hexonbasen" genannten Körper Arginin, Histidin und Lysin, zeigten keine Wirkung auf Blutdruck und Respiration.

Die oben geschilderten Wirkungen des Clupeïns und des Sturins sind also dem ganzen Protaminmolekül eigen. Sie betreffen anscheinend das Zentralnervensystem.

Vergleicht man die von Takahashi und Inoko beschriebenen Wirkungen des Fugugiftes mit denjenigen der genannten Prot-

---

[1]) W. H. Thompson, Zeitschr. f. physiol. Chemie **29**, 1 (1900).

amine, so bietet sich in deren Wirkung auf den Blutdruck und besonders in dem Einfluß dieser Stoffe auf die Respiration eine auffallende Ähnlichkeit und es entsteht die Frage, ob nicht vielleicht die in den Ovarien und Hoden von Tetrodonarten enthaltenen Protaminverbindungen die giftigen Eigenschaften derselben bedingen. Es könnte sich beim Fugugift um ein (nach den vorliegenden Daten etwa dreimal) giftigeres Protaminderivat handeln, als das in Thompsons Versuchen geprüfte Clupeïn und Sturin. Die Angabe der japanischen Forscher, daß der wirksame Körper des Fugugiftes, Taharas Tetrodonin, neutral reagiert, ist vielleicht darauf zurückzuführen, daß in diesem und möglicherweise auch in der Tetrodonsäure Verbindungen eines Protamins oder Protaminderivates mit anderen Stoffen vorliegen. Jedenfalls wären weitere von obigem Gesichtspunkte aus unternommene Untersuchungen nicht nur des Fugugiftes, sondern auch der Geschlechtsprodukte anderer giftiger Fische, auch der einheimischen Barbe, wünschenswert.

Die bakterizide Wirkung des Sturins wurde von H. Kossel[1] im Jahre 1898 studiert.

b) Das Gift ist im ganzen Organismus verbreitet. Ordnung Physostomi, Familie *Muraenidae*.

Die Muräniden oder Aale wurden bereits im Altertum für gesundheitsschädlich erklärt. Die Hippokratiker warnten vor dem Genuß sogar des gekochten Aales und Galen[2] hielt das Fleisch des Meeraales (*Muraena conger*) nachteilig für die Gesundheit. Albertus Magnus[3] behauptete, daß sein Genuß den Aussatz erzeuge.

Neuere Untersuchungen[4] haben nun gezeigt, daß in dem Blute aller darauf untersuchter Muräniden ein Stoff vorhanden ist, welcher bei subkutaner, intravenöser und intraperitonealer Injektion den Tod der Versuchstiere herbeiführen kann; aber auch nach stomachaler Einverleibung ist das Aalblut, falls

---

[1] Zeitschr. f. Hygiene u. Infektionskrankheiten **27**, 36 (1898).
[2] De alimentis, lib. II.
[3] Bloch, Naturgeschichte der Fische Deutschlands, 2. Teil, S. 39. Berlin 1782—1784.
[4] A. Mosso, Die giftige Wirkung des Serums der Muräniden. Archiv f. exp. Patholog. u. Pharmak. **25**, 111 (1888). Springfeld, Wirkung des Blutserums des Aales. Inaug.-Diss. Greifswald (1889).

es in genügend großer Menge in den Magen gelangt, für den Menschen giftig, wie ein von F. Pennavaria[1]) beschriebener Fall beweist. Ein Mann, welcher das frische Blut von 0,64 kg Aal mit Wein vermischt trank, erkrankte schwer. Die Symptome bestanden in heftigem Brechdurchfall, Atmungsbeschwerden und zyanotischer Verfärbung des Gesichtes.

Das Serum des Muränidenblutes unterscheidet sich schon durch einen nach 10 bis 30 Sekunden wahrnehmbaren brennenden und scharfen Geschmack von dem Serum anderer Fische. Vielleicht handelt es sich dabei eher um eine lokale Reizung als um eine Geschmacksempfindung.

Der im Serum vorhandene giftige Körper, welchem A. Mosso den Namen „Ichthyotoxin" beigelegt hat, muß vorläufig zur Gruppe der sog. Toxalbumine gezählt werden. Erhitzen des Serums vernichtet dessen Wirksamkeit; gleichzeitig geht der brennende Geschmack verloren. Seine Wirksamkeit wird durch organische Säuren, schneller und vollständiger durch Mineralsäuren, aber auch durch Einwirkung von Alkalien aufgehoben. Pepsin-Salzsäure (künstliche Verdauung) vernichtet nach U. Mosso[2]) ebenfalls seine Wirksamkeit. Der wirksame Bestandteil ist in Alkohol unlöslich und dialysiert nicht. Er verträgt das Eintrocknen bei niederer Temperatur. Intraperitoneal oder subkutan injiziert, tötet das Serum die Versuchstiere rasch. Das Serum von *Conger myrus* und *Conger vulgaris* ist weniger wirksam als dasjenige von Anguilla und Muraena.

Über die chemische Natur des Ichthyotoxins ist nichts näheres bekannt.

Die Wirkungen des Serums von Anguilla, Conger und Muraena hat Mosso an Hunden, Kaninchen, Meerschweinchen, Tauben und Fröschen studiert.

Ein Hund von 15,2 kg Körpergewicht wurde nach der Injektion von 0,5 ccm frischem Anguillaserum in die *Vena jugularis* sofort sehr unruhig und konnte sich bald nicht mehr aufrecht halten. Nach zwei Minuten traten Konvulsionen ein und die

---

[1]) Il Farmacisto italiano **12**, 328 (1888). Zitiert nach Kobert, a. a. O., S. 19. Vgl. oben S. 150, Anm. 1.

[2]) U. Mosso, Ricerche sulla natura del veleno che si trova nel sangue dell' anguilla. Rendiconti della R. Accademia dei Lincei **5**, 804—810 (1889).

Respiration stand still. Nach fünf Minuten war der Cornealreflex erloschen.

Die Sektion ließ, wie in allen weiteren Versuchen, keine für diese Vergiftung charakteristischen Veränderungen erkennen, abgesehen von dem Blute, welches nicht geronnen war.

Weitere Versuche ergaben, daß schon 0,02 ccm des Serums pro kg Körpergewicht genügen, um bei Hunden den Tod herbeizuführen. Demnach würde, gleiche Empfänglichkeit des Menschen und des Hundes für die Wirkungen des Ichthyotoxins vorausgesetzt, das Serum einer 2 kg schweren Anguilla genügen, um zehn Menschen bei einer gleichartigen Applikationsweise zu töten.

Bei einem 1,03 kg schweren Kaninchen bewirkten 0,3 ccm Muraenaserum, in die Jugularis injiziert, den Tod in $2\frac{1}{2}$ Minuten. Die Respirationsfrequenz war gleich nach der Injektion gesteigert; das von den Fesseln befreite Tier fiel auf die Seite und war nach kurz dauernden Krämpfen gelähmt.

Meerschweinchen gingen $\frac{1}{2}$ bis $1\frac{1}{2}$ Stunden nach der Injektion von 2 bzw. 1 ccm Anguillaserum in die Bauchhöhle unter Dyspnoë und Respirationsstillstand zugrunde. Auch bei diesen Tieren zeigten sich die bei Hunden und Kaninchen beobachteten Lähmungserscheinungen und Respirationsanomalien. Das Herz schlug noch nach bereits eingetretenem Respirationsstillstand. Bei dieser Art der Einverleibung zeigte sich, wie auch meistens nach der subkutanen Injektion, eine lokale Wirkung des Giftes. Die Injektionsstelle und die derselben benachbarten Gewebe waren entzündet; in der Bauchhöhle fand sich blutig gefärbtes Exsudat.

An Fröschen bewirkt die subkutane Injektion von Aalserum eine Herabsetzung der Erregbarkeit der motorischen Nerven und der Muskeln. Auf das Herz dieser Tiere scheint das Aalserum nicht direkt zu wirken.

Eine genauere Analyse der Wirkungen des Muränidenserums auf Warmblüter ergibt folgendes.

Die Respiration wird zunächst beschleunigt, später herabgesetzt. Diese Wirkung beruht anscheinend auf einer primären Erregung und darauf folgenden Lähmung des Respirationszentrums. Künstliche Atmung vermag, wenn nicht allzugroße Gaben injiziert wurden, das Leben zu erhalten.

Die Zirkulation wird durch kleinere, nicht tödliche Gaben in weit geringerem Maße als die Respiration beeinflußt. Bei Hunden erfolgt zuerst eine Verstärkung der Herzschläge und eine Abnahme ihrer Frequenz. Später wird der Puls stark beschleunigt. Diese Erscheinungen beruhen wahrscheinlich auf einer anfänglichen Erregung mit darauf folgender Lähmung des Vaguszentrums.

Größere Gaben wirken direkt lähmend auf das Herz. Der Blutdruck sinkt dann sehr rasch. Über das Verhalten der Gefäße lassen sich aus den bis jetzt vorliegenden Versuchen keine sicheren Schlüsse ziehen.

Das Ichthyotoxin hebt die Gerinnbarkeit des Blutes auf.

Die Wirkungen des Muränidenserums auf das Nervensystem äußern sich in Lähmungserscheinungen der verschiedenen Gebiete, bei deren Zustandekommen jedoch auch die direkte Wirkung des Giftes auf die Muskeln (vgl. oben Frosch) berücksichtigt werden muß. Die Wirkungen auf das Nervensystem sind direkte und unabhängig von der Zirkulation. Beim Frosche kann z. B. die Erregbarkeit des *Nervus ischiadicus* total erloschen sein zu einer Zeit, da das Herz noch kräftig schlägt.

Nach einem von Mosso beschriebenen Versuche [1] am Kaninchen scheint die Sensibilität vor der Motilität zu erlöschen, d. h. die Lähmung der sensiblen Endapparate vor derjenigen der motorischen einzutreten. Ein Kaninchen, welchem das Giftserum intravenös injiziert worden war, lief frei umher und zeigte keinerlei Lähmungserscheinungen. Die hinteren Extremitäten waren aber um diese Zeit derartig unempfindlich, daß sowohl starke mechanische Reize als auch die stärksten thermischen Reize (Brennen mit einem glühend heißen Glasstab) keine Schmerzäußerungen hervorzurufen imstande waren.

Die Wirkungen des Muränidenserums erinnern in manchen Punkten stark an die Wirkungen der Schlangengifte, insbesondere bezüglich der Wirkung auf die Respiration, auf den Blutdruck und auf das Blut (vgl. S. 67). Nach vergleichend quantitativen Versuchen von Mosso wirkt das Giftsekret der *Vipera Redii* bei Hunden dreimal stärker als Aalserum.

---

[1] a. a. O., S. 133. Vgl. oben S. 157, Anm. 4.

Die schon oben (S. 147) angeführten Neunaugen, **Petromyzon fluviatilis** und **Petromyzon marinus,** besitzen nach den Angaben einiger Autoren wie die Muräniden in ihrem Blute ein dem Ichthyotoxin ähnlich wirkendes Gift, welches im Serum gelöst enthalten ist. Cavazzani[1]) experimentierte an Fröschen, Kaninchen und Hunden und sah bei diesen Tieren nach Injektion von Petromyzonserum Somnolenz und Apathie, sowie die charakteristischen Wirkungen des Muränidenserums auf die Respiration eintreten.

Das Serum von *Thynnus thynnus L.* s. *Th. vulgaris C. et V.,* des gemeinen Tuns und anderer Tunarten, bewirkt nach Maracci[2]) bei seiner intravenösen oder intraperitonealen Injektion an Hunden ähnliche Vergiftungserscheinungen wie das Aal- und Petromyzonserum.

III. Vergiftungen infolge des Genusses durch postmortale Veränderungen gesundheitsschädlich oder giftig gewordener Fische.

Diese Vergiftungen sollen hier nur anhangsweise besprochen werden, weil das in diesen Fällen wirksame Gift nicht ein Produkt der normalen, physiologischen Stoffwechselvorgänge wie bei den bisher angeführten Giften ist (vgl. oben S. 6).

Die in diese Kategorie fallenden Vergiftungen durch Fische gehören streng genommen nicht in eine Abhandlung über tierische Gifte. In Anbetracht jedoch der Bedeutung der Fische als Volksnahrungsmittel und des nicht gerade seltenen Vorkommens derartiger Fälle auch in fischarmen Gegenden, sei hier das Wesentlichste über diese Art von Vergiftung kurz mitgeteilt.

Als feststehend darf heute angenommen werden, daß die Giftigkeit des Fischfleisches nicht zurückzuführen ist

1. auf die Art und die Beschaffenheit der Nahrung der Fische,
2. „ die Schwerverdaulichkeit eines gegebenen Fischfleisches,
3. „ den Fettgehalt des Fischmuskels oder auf eine besondere Beschaffenheit des betreffenden Fettes.

---

[1]) E. Cavazzani, Arch. ital. de Biologie **18,** 182—186 (1893).

[2]) Maracci, Sur le pou voir toxique du sang du Thon. Arch. ital. de Biologie **16,** 1 (1891).

4. auf Idiosynkrasie, d. h. eine besondere Empfindlichkeit gegen oder eine Empfänglichkeit für die Wirkungen des Giftes.

Für die Ätiologie der Fischvergiftungen kommen in Betracht:

1. Fäulnis des Fischfleisches im weiteren Sinne, d. h. bakterielle Zersetzung,
2. Krankheiten der Fische, bedingt durch Infektion,
3. Parasiten der Fische, die auf den Menschen übertragen werden können.

1. Die bakteriellen Zersetzungen des Fischfleisches bedingen die Bildung von giftigen Stoffen, welche im Organismus des Konsumenten ihre deletären Wirkungen entfalten. Über die Natur dieser giftigen Stoffe ist wenig bekannt. Auch wissen wir über besondere **Merkmale oder Kennzeichen von giftigem Fischfleisch** nichts. Die hier in Betracht kommenden Zersetzungen führen nicht notwendigerweise zur Bildung von flüchtigen, übelriechenden Produkten, deren Wahrnehmung durch den Geruch vor dem Genuß des fraglichen Fischfleisches warnen könnte[1]). Auch die sonstige Beschaffenheit des Materials, festere oder weichere Konsistenz, Aussehen und Farbe bieten keine sicheren Anhaltspunkte für die Beurteilung der Giftigkeit.

Es sind in der Hauptsache zwei Formen von Vergiftungen mit Nahrungsmitteln (Fleisch, Wurst, Fische usw.) zu unterscheiden:

1) die **paralytische Form**, welche sich durch einzelne atropinartige Symptome auszeichnet und im allgemeinen sehr gefährlich ist.
2) die **Sepsinvergiftung**, welche weniger gefährlicher Natur zu sein pflegt und sich hauptsächlich durch gastroenteritische Erscheinungen kennzeichnet.

1) Die **Symptome der paralytischen Form der Fischvergiftung,** des sog. **Ichthyismus neuroticus,** welcher besonders häufig in Rußland beobachtet worden ist, stellen sich gewöhnlich nach einigen Stunden, manchmal aber erst nach 24 Stunden, zuweilen noch später ein und bestehen in Druck in der Magengegend, Schwindel, Sehstörungen und heftigem Brennen mit Gefühl

---

[1]) Vgl. das oben auf S. 137 über die Kamtschadalen gesagte.

von Trockenheit im Halse. Periodisch werden die Kranken von heftigen Schmerzen in der Magengegend befallen. Das Abdomen erscheint oft muldenartig gegen die Wirbelsäule eingezogen und vertieft. Die Schmerzen können sich später auf den Mastdarm und auf die Kreuzgegend erstrecken. Erbrechen fehlt in der Regel. Die Vergifteten leiden häufig an hochgradiger Präcordialangst, mühsamer dyspnoischer Atmung und höchst lästigen Schlingbeschwerden.

Die mit Schwindel und Sehstörungen beginnenden nervösen Erscheinungen steigern sich allmählich bis zu einer mehr oder weniger vollständigen Paralyse der willkürlichen Muskeln, während das Bewußtsein bis zuletzt erhalten bleibt. Die Sehkraft soll gegen das Ende gänzlich aufgehoben, die Pupillen dilatiert und unbeweglich sein. Der Tod erfolgt durch Atemstillstand, während das Herz noch einige Zeit fortschlägt.

2) Die choleraartige Form der Fischvergiftung, der sog. **Ichthyismus choleriformis** ist durch gastroenteritische Erscheinungen, d. h. durch mehr oder weniger heftigen Brechdurchfall charakterisiert und ist wahrscheinlich abhängig von den Wirkungen des bei der Fäulnis gebildeten **Sepsins** (vgl. S. 164, Anm. 1).

Rein symptomatologisch unterscheidet man allgemein noch eine dritte Form der Fischvergiftung, eine exanthematische Form, den **Ichthyismus exanthematicus,** welcher sich durch Entwickelung von Hautausschlägen mit oder ohne Fieber und allgemeiner mal-aise kennzeichnet und wenig gefährlich ist (vgl. unten, S. 168, Erythematöse Form der Muschelvergiftung).

Die Sektionsbefunde bieten bei der paralytischen Form der Fischvergiftung nichts Charakteristisches dar, während bei der durch Brechdurchfall charakterisierten choleraartigen Form die für die Sepsinvergiftung charakteristischen Veränderungen an der Magen- und Darmschleimhaut in höherem oder geringerem Grade beobachtet werden.

Die Therapie ist eine rein symptomatische.

Die zahlreichen Versuche zur Gewinnung und Reindarstellung des Giftes aus Fischmaterial, dessen Genuß schwere Erkrankungen verursacht hatte, sowie aus faulenden und gefaulten Fischen, haben bisher zu keinem endgültigen, definitiven Resultate geführt. Die russische Regierung hat neuerdings zwecks Anregung

11*

der Bearbeitung dieser Fragen ein Preisausschreiben erlassen. Die Ausführung derartiger Untersuchungen ist mit großen Schwierigkeiten verknüpft, deren Grund zum Teil in der hochgradigen Veränderlichkeit und Labilität der giftigen Substanz und der äußerst geringen Ausbeute an derselben zu suchen ist. So ist es erst in allerneuester Zeit gelungen, den für die bei der choleraartigen Form der **Fleischvergiftungen** beobachteten Symptome verantwortlichen giftigen Körper [1] — **das Sepsin** — rein darzustellen und genauer zu charakterisieren.

2. Der Genuß von Fischen, welche von Infektionskrankheiten befallen sind, hat wiederholt zu schweren Folgen geführt. Es handelte sich dabei um Infektionen der Fische durch Protozoen, Pilze und Bakterien.

Die Infektionen durch Protozoen betreffend, sei auf die zusammenfassenden Publikationen von Pfeiffer [2] verwiesen.

Die hier in Betracht kommenden Bakterien sind, soweit bekannt, die folgenden:

Bacillus hydrophilus fuscus (Sanarelli) nach Macé [3] identisch
    mit dem Bazillus der gangranösen Froschseptikämie; von
    Ernst unter dem Namen *Bacillus ranicidus* beschrieben.
Bacillus piscicidus (Fischel und Enoch [4]).
Bacillus piscicidus agilis (Sieber-Schoumow [5]).

Die genannten Bakterien verursachen charakteristische Krankheiten und Veränderungen im lebenden Fisch und bedingen auch nach der Aufnahme in den menschlichen Organismus mehr oder weniger schwere Erscheinungen.

Das von dem *Bacillus piscicidus agilis* produzierte Gift verträgt nach Sieber-Schoumow halbstündiges Kochen ohne seine Wirksamkeit zu verlieren. Diese Eigenschaft des Giftes

---

[1] E. S. Faust, Über das Fäulnisgift Sepsin. Archiv für exp. Patholog. u. Pharmakol. 51, 248 bis 269 (1904).

[2] Pfeiffer, Die Protozoen als Krankheitserreger. Jena (1890) und besonders das Supplement (1895) dieses Werkes.

[3] Macé, Traité de bactériologie, p. 818. Paris (1897).

[4] F. Fischel und C. Enoch, Ein Beitrag zu der Lehre von den Fischgiften. Fortschritte der Medizin 10, 277 bis 290, Nr. 8 (1892).

[5] Sieber-Schoumow, Sur le Bacillus piscicidus agilis, microbe pathogène pour les poissons. Arch. d. sciences biologiques, Inst. Imp. de méd. experim. de Saint-Pétersbourg 3, [3] 226 (1894).

hätte praktische Bedeutung; auch das gekochte Fischfleisch wäre dann noch giftig.

3. Nach dem Genuß des Hechtes (*Esox lucius*) sind in den russischen Ostseeprovinzen, in Nordrußland, Nordostdeutschland und am Genfer See beim Menschen wiederholt schwere Erkrankungen beobachet worden. Die Ärzte stellten nach den Symptomen die Diagnose[1]) auf perniziöse Anämie.

Bei dem in den genannten Gegenden vorkommenden Hecht finden sich in den verschiedenen Organen und auch in den Muskeln Finnen eines Bandwurmes — *Bothriocephalus latus* — welche der Fisch aus dem Wasser aufnimmt. Die Finnen gehen beim Genuß derartig kranker Hechte auf den Menschen über und entwickeln sich in dessen Darmkanal zum Bandwurm[2]), welcher ein Blutkörperchen zerstörendes (hämolytisches) Gift[3]) produzieren soll. Falls der Bandwurm im menschlichen Organismus abstirbt, sollen größere Mengen dieses Giftes zur Resorption gelangen und die Krankheit akut verlaufen.

Die Therapie besteht demnach in der Abtreibung des Bandwurmes, nachdem, wie bei Bandwurmkuren überhaupt, die Eier oder Proglottiden dieses Parasiten im Kote nachgewiesen wurden.

---

[1]) G. Braun, Wiener med. Presse, Nr. 6 (1899).
[2]) Vgl. Kobert, Über Giftfische und Fischgifte, S. 7 (1895).
[3]) Vgl. unten, Würmer.

Muscheltiere, Lamellibranchiata.

Ordnung Asiphoniata.

Vergiftungen durch Muscheln sind schon seit langer Zeit bekannt, ereignen sich aber nicht gerade häufig. In der Mehrzahl der Fälle handelt es sich um den Genuß der gewöhnlichen Miesmuschel, *Mytilus edulis L.*, seltener um Vergiftungen durch andere Muschelarten, unter welchen noch *Cardium edule L.*, die eßbare Herzmuschel und *Donax denticulatus L.*, die gezähnelte Stumpfmuschel, sowie *D. anatinus L.*, die gemeinste Muschelart des Mittelmeeres und der Nordsee und *D. trunculus L.*, die gemeine Stumpfmuschel, letztere in Venedig und Triest unter dem Namen „cazonello" bekannt, zu nennen sind.

Die Mehrzahl der Berichte über Vergiftungen durch Muscheln stammen aus England, Frankreich und Holland. Da Costa beschrieb zuerst (1778) in seinem unten zitierten Werke[1]) die Symptome der Muschelvergiftung, und Burrows[2]), dessen Angaben bei Forbes und Hanley[3]) (1850) wiedergegeben sind, lieferte die erste ausführliche Beschreibung der Symptomatologie dieser Vergiftungen. Eine große Anzahl älterer Beobachtungen über Miesmuschelvergiftungen findet sich in einer im Jahre 1851 erschienenen Arbeit von Chevalier und Duchesne[4]), sowie auch bei Orfila[5]). Es kann nach diesen Berichten nicht daran gezweifelt werden, daß **ganz frische, lebende Muscheln**, bei welchen postmortale Zersetzungen oder Veränderungen als Ursache der Giftigkeit sicher ausgeschlossen waren,

---

[1]) British Conchology 2, 218. London (1778). Vgl. Virchows Archiv 104, 179 (1886).

[2]) G. M. Burrows, London medical Repository 3, 415—476 (1815).

[3]) History of British Mollusca, p. 169. London (1850).

[4]) Ann. d'Hygiène publique, p. 387 (1851).

[5]) Orfila, Traité de poisons, p. 508—518. Paris (1818).

unter bestimmten, noch nicht näher bekannten Bedingungen und Verhältnissen giftige Eigenschaften annehmen können und zwar schon in dem Wasser, in welchem sie leben.

In dem weitverbreiteten Gebrauche der Miesmuscheln als Nahrungsmittel ist, wie bei der Fleischvergiftung, der Grund zu suchen, daß in den seltensten Fällen ein einzelnes Individuum von einer derartigen Vergiftung betroffen wird. Meistens werden ganze Familien oder sonstwie zusammen hausende Menschengruppen vergiftet. Es kommt dann zu den wiederholt beobachteten Massenvergiftungen, von welchen die folgenden die wichtigsten von den in der Literatur beschriebenen sind.

Im Jahre 1799 stillte auf dem Marsche in Alaska eine Kompagnie Soldaten ihren Hunger mit Miesmuscheln, die an Ort und Stelle in frischem Zustande gesammelt worden waren. Im Verlaufe von zwei Stunden starben nach einem Bericht von Aurel Krause[1]) 100 dieser Soldaten.

Combe[2]) beobachtete im Jahre 1827 in Leith bei Edinburgh 30 Erkrankungen auf einmal.

Das größte Interesse bietet aber eine Reihe von Muschelvergiftungen, denen im Oktober 1885 mehrere Werftarbeiter auf der Kaiserlichen Werft in Wilhelmshaven zum Opfer fielen. Durch diese Fälle wurde eine Anzahl namhafter Forscher veranlaßt, dem Gegenstande ihre Aufmerksamkeit zu schenken. Die Resultate ihrer Untersuchungen haben viel dazu beigetragen, unsere Kenntnisse dieser eigenartigen Vergiftung, abgesehen von der chemischen Natur des Giftes, zu erweitern.

Die Wilhelmshavener Fälle wurden von Schmidtmann beobachtet und dessen an Virchow gemachte Mitteilungen von letzterem veröffentlicht[3]). Von den am Boden einiger Schiffe anhaftenden Muscheln nahmen mehrere Arbeiter verschiedene Mengen derselben mit nach Hause, kochten und aßen dieselben mit ihren Familien. Im Laufe der Nacht erkrankte eine ganze

---

[1]) Die Tlinkitindianer, S. 91. Jena (1885). Zitiert nach Virchow, Berliner klin. Wochenschr. 22, 785, Nr. 48. 30. Nov. (1885).

[2]) Zitiert nach O. v. Fürth, Vergleichende chemische Physiologie der niederen Tiere, S. 313. Jena (1903). Im 5. Abschnitt dieses Werkes ausführliches Literaturverzeichnis über Gifte wirbelloser Tiere.

[3]) Deutsche med. Wochenschr., 11. Nov. und 2. Dez. 1885.

Anzahl der Arbeiter und ihrer Familienmitglieder. Im ganzen wurden 19 Fälle beobachtet, von denen vier letal verliefen.

Die Symptome waren in allen Fällen die gleichen und bestanden in früher oder später, je nach der Menge der verspeisten giftigen Muscheln auftretendem Gefühl des Zusammenschnürens im Halse, Stechen und Brennen zunächst in den Händen, später auch in den Füßen, Benommensein und einem eigenartigen Gefühl in den Extremitäten, „als wollten sich die Glieder heben". Der Puls war hart, die Frequenz desselben 80 bis 90. Körpertemperatur normal; die Pupillen groß und reaktionslos, die Sehkraft nicht vermindert. Das Sprechen war sehr erschwert. Gefühl der Schwere und Steifheit in den Beinen, Fehlgreifen beim Versuch, Gegenstände zu fassen, Übelkeit und Erbrechen waren weitere Symptome der Vergiftungen. Die Patienten litten an Angstanfällen und klagten über Kältegefühl bei gleichzeitigem, reichlichem Schweiß. Der Tod erfolgte bei vollem Bewußtsein innerhalb 45 Minuten bis fünf Stunden nach dem Genuß der Muscheln.

Die Organe der Verstorbenen wurden von Virchow untersucht. Er berichtet darüber: „Die Dünndarmschleimhaut war stark geschwollen und rot, auch war eine reichliche Menge schleimiger, epithelhaltiger Massen abgesondert. Das Bild deutet auf einen starken Irritationszustand der Schleimhaut. Weiter war die starke große Milzschwellung auffallend; es bestand Hyperplasie der Milz mit starker Vergrößerung der Follikeln, also ebenfalls ein Zustand, der auf starke Irritation deutet. Die Leber zeigte hämorrhagische Infarcte. Am Gehirn war, abgesehen von einer mäßigen Hyperämie, nichts Abnormes wahrzunehmen."

Die oben geschilderte Symptomatologie ist charakteristisch für 1. die **paralytische Form** der Vergiftungen durch Muscheln[1]), welche sich durch akute periphere Lähmungserscheinungen kennzeichnet und manche Ähnlichkeit mit der Curarevergiftung aufweist.

Außer der paralytischen Form werden allgemein noch zwei weitere Formen dieser Art von Vergiftung unterschieden.

2. Die **erythematöse Form**, welche wenig gefährlicher Natur ist, und bei welcher nach dem Genuß von Muscheln ein sich

---

[1]) Vgl. hierzu besonders J. Thesen, Über die paralytische Form der Vergiftung durch Muscheln. Archiv f. exp. Patholog. u. Pharmak. **47**, 311 (1902).

schnell entwickelndes Exanthem auftritt; Kopfschmerzen und leichte Störungen des Allgemeinbefindens können sich dazu gesellen. Diese Form scheint auf eigentümlichen, individuellen Verhältnissen zu beruhen und ist in ihren Symptomen vergleichbar den Erscheinungen, die bei manchen Menschen nach dem Genuß von Erdbeeren, Krebsen usw. auftreten (vgl. oben S. 6).

3. Die **intestinale Form**, welche vielleicht als eine Vergiftung durch Sepsin angesehen werden kann und bei welcher mehr oder weniger heftige gastroenteritische Erscheinungen auftreten und Veranlassung zur Verwechselung dieser Vergiftung mit Cholera geben kann, was sich wiederholt in Triest zur Zeit einer Choleraepidemie ereignet haben soll.

Die Ursachen des Giftigwerdens der Muscheln[1] sind noch nicht mit Sicherheit festgestellt. Es existiert darüber eine Menge Erklärungsversuche, welchen jedoch vorläufig nur die Bedeutung von Hypothesen beigelegt werden kann.

1. Die allgemeinste Annahme ist die, daß die Muscheln in der Periode ihrer Befruchtungszeit giftige Eigenschaften annehmen[2]. Hiermit stimmt die Beobachtung überein, daß sie hauptsächlich in den Sommermonaten verdächtig sind.

2. Ferner wird angenommen, das Gift verdanke seine Anwesenheit im Organismus der Muschel der zufälligen Aufnahme schädlicher Nahrungsmittel oder kleiner giftiger Seesterne, Seenesseln oder deren Eier, oder auch kleiner parasitischer Krabben, insbesondere Pinnoteresarten.

3. Krankheiten der Muschel selbst, namentlich pathologische Veränderungen der Leber, hat man zur Erklärung für die Giftigkeit derselben herangezogen. Coldstream und Virchow fanden die Leber giftiger Muscheln größer, dunkler gefärbt und mürber als bei normalen Tieren. Die Giftmuscheln sollen auch an ihren dünneren, leicht zerbrechlichen Schalen von hellerer Farbe und strahliger Zeichnung von ungiftigen Muscheln zu unterscheiden sein.

4. Die Aufnahme von Kupfer aus dem Schiffbeschlage oder aus dem Meerwasser und die Anhäufung von Jod und

---

[1] Vgl. Husemann, Handbuch der Toxikologie, S. 277 (1862).
[2] Vgl. Burrows, a. a. O. Vgl. oben S. 166, Anm. 2 und 3.

Brom[1]) im Organismus der Muscheln hat man ebenfalls für das Zustandekommen der Giftwirkungen verantwortlich gemacht.

Gegen diese Annahmen sprechen die Tatsachen, daß es des öfteren nicht gelang, Kupfer in giftigen Muscheln nachzuweisen, daß die Menge des in den Muscheln etwa vorhandenen Kupfers nicht groß genug ist, um überhaupt Vergiftung zu bewirken, und daß nach Beobachtungen von Lemaistre, Moreau und anderen Kriegsgefangene auf Pontons sich lange Zeit von den dem aus Kupfer bestehenden Boden solcher Fahrzeuge anhaftenden Muscheln nährten, ohne Nachteil für ihre Gesundheit zu erleiden.

5. Die Annahme einer Idiosynkrasie zur Erklärung der schweren, d. h. der paralytischen und intestinalen Formen der Vergiftung nach dem Genusse von Muscheln ist völlig unhaltbar, weil gewisse Individuen, die gewohnheitsmäßig Muscheln verspeisen, nach dem Genusse bestimmter Muscheln erkranken, und weil letztere dann auch bei Versuchen an verschiedenen Tieren die ihnen eigene Giftwirkung erkennen lassen.

6. Einige Autoren glaubten sich berechtigt, die giftigen Exemplare als eine besondere Art von Muscheln anzusprechen. Crumpe[2]) unterscheidet eine solche und nennt sie „*Mytilus venosus*", ohne jedoch die übrigen Kennzeichen dieser hypothetischen Art zu beschreiben. Lohmeyer[3]), der ebenfalls die Wilhelmshavener Fälle beobachtet hatte, glaubte in den betreffenden Muscheln eine durch Kriegsschiffe in den Hafen eingeschleppte fremde Varietät zu erblicken und auch Kobelt[4]) schloß sich den genannten Autoren in der Annahme einer neuen Varietät an.

Franz Eilhard Schulze und E. von Martens[5]) erklärten dagegen in ihren Gutachten, daß die giftigen Muscheln nicht als eine besondere Abart anerkannt werden könnten, daß die

---

[1]) Buchners Repertorium d. Pharmazie **6**, 418 (1857). Das Ausland **30**, 165 (1857).

[2]) Vgl. S. 173, Anm. 1.

[3]) Die Wilhelmshavener Giftmuschel. Berl. klin. Wochenschrift, Nr. 11 (1886) und Virchows Archiv **104**, 169 (1886).

[4]) W. Kobelt, Die Wilhelmshavener Giftmuschel. Jahrbuch d. deutschen malakozoolog. Ges. **13**, 259 bis 272 (1886).

[5]) Virchows Archiv **104**, 171 bis 180 (1886).

beobachteten morphologischen Abweichungen [1] vielmehr als Folgen einer Wachstumstörung oder Erkrankung anzusehen seien.

Den Beweis dafür, daß die Stagnation des die Muscheln umgebenden Wassers die Ursache der Giftigkeit sei, erbrachte in Übereinstimmung mit den früheren Angaben von Crumpe und Permewan [2] Schmidtmann [3]), indem er giftige Muscheln aus dem Hafen in offenes Seewasser brachte und umgekehrt frische, ungiftige Muscheln in den Binnenhafen überführte, wobei er nach längerem Aufenthalte der Tiere am neuen Standorte im ersteren Falle die Giftigkeit verschwinden, im letzteren Falle eintreten sah. Zum gleichen Resultate gelangte kürzlich Thesen [4]) in Christiania, welcher auch nachwies, daß die Bodenbeschaffenheit an dem Standorte der Muscheln für das Giftigwerden derselben ohne Bedeutung ist.

Wir müssen jetzt annehmen, daß in dem die Muscheln umgebenden stagnierenden Wasser eine bestimmte, nicht zu jeder Zeit vorhandene Verunreinigung sich findet, welche entweder durch a) Hervorrufen einer Krankheit bei den Muscheln die Bildung des Giftes im Organismus derselben verursacht, oder daß b) die in dem Wasser vorhandene Verunreinigung selbst das Gift ist, und daß letzteres von den Muscheln nur aufgenommen und aufgespeichert wird.

Bisher ist es weder gelungen, ein Bakterium als Krankheitserreger nachzuweisen, noch andererseits in dem stagnierenden Wasser oder in den giftigen Muscheln selbst das spezifische Gift mit Sicherheit aufzufinden und zu isolieren.

Die Fähigkeit der Muscheln, aus dem Wasser nicht allein das atropin-curarinartig wirkende, für die Wirkung an Menschen und Tieren verantwortliche, spezifische Gift, sondern auch andere stark wirksame Substanzen (Curare, Strychnin) aus dem Wasser aufzunehmen und aufzuspeichern, hat Thesen durch Aquariumversuche dargetan. Hierbei blieben die Muscheln scheinbar ganz gesund.

Über die chemische Natur des Giftes ist wenig bekannt. Salkowski [5]) fand, daß dasselbe mittels Alkohol aus den Muscheln

---

[1]) Vgl. oben S. 169.
[2]) Lancet **2**, 568 (1888).
[3]) Zeitschr. f. Medizinalbeamte, Nr. 1 und 2 (1887). Vgl. auch Virchows Archiv **112**, 550 (1888).
[4]) Archiv f. exp. Patholog. u. Pharmak. **47**, 311 bis 359 (1902).
[5]) Virchows Archiv **102**, 578 bis 593 (1885).

extrahiert werden kann und durch Erhitzen auf 110⁰ seine Wirksamkeit nicht verliert, während Einwirkung von Natriumcarbonat in der Wärme das Gift zerstört. Giftige Muscheln könnten demnach vielleicht durch Kochen mit natriumcarbonathaltigem Wasser entgiftet werden. Alkoholische Auszüge ungiftiger Muscheln sind nach diesem Autor fast farblos; dagegen geht aus den erkrankten Lebern giftiger Muscheln in Alkohol ein goldgelber Farbstoff über, der mit konzentrierter Salpetersäure in der Wärme eine grasgrüne Färbung gibt. Nach diesem Verhalten kann es sich hierbei vielleicht um einen Gallenfarbstoff der Muscheln handeln. Der Farbstoff steht mit dem Träger der Giftwirkung in keinem Zusammenhang. Brieger[1] isolierte aus giftigen Muscheln einen von ihm „Mytilotoxin" genannten Körper von der Formel $C_6 H_{15} N O_2$, welcher nach diesem Autor das spezifische, curarinähnlich wirkende Gift der Miesmuschel sein soll, ein in Würfeln kristallisierendes Golddoppelsalz vom Schmelzpunkt 182⁰ bildete, und bei der Destillation mit Kalilauge Trimethylamin abspaltete. Ob in dem „Mytilotoxin" in der Tat der wirksame Körper der giftigen Muscheln vorliegt, muß vorläufig noch dahingestellt bleiben. Thesen[2] konnte bei der Verarbeitung eines großen Materials, in Portionen von je 5 kg giftiger Muscheln, in keinem Falle das „Mytilotoxin" aus diesen isolieren. Mäuse gingen an den Wirkungen des von Thesen nach dem Verfahren von Brieger aus Giftmuscheln dargestellten Giftes an Herzlähmung zugrunde; die von den Autoren beschriebene curarin-atropinartige, lähmende Wirkung des Muschelgiftes auf die Respiration sah Thesen bei seinen Tierversuchen mit dem gereinigten Gifte nicht eintreten.

Die Lokalisation des Giftes im Organismus der Muschel betreffend, ist zu sagen, daß Wolff[3] dasselbe ausschließlich in der Leber fand. Sofern es sich um die Aufnahme des präformierten Giftes aus dem Wasser handeln sollte, würde sich eine derartige Lokalisation des Giftes im Einklange mit den Erfahrungen mit mancherlei Giften bei anderen Tieren finden. Die Tatsache,

---

[1]) Deutsche med. Wochenschr. 11, 907, Nr. 53 (1885). Die Ptomaine 3, 65 bis 81 (1886). Virchows Archiv 115, 483 (1889).

[2]) a. a. O., S. 359. Vgl. S. 168, Anm. 1.

[3]) M. Wolff, Die Lokalisation des Giftes in den Miesmuscheln. Virchows Archiv 103, 187 bis 203 (1886).

daß die Leber die verschiedensten Gifte zurückhalten kann, steht fest.

Von gerichtlich-medizinischem Interesse und von Bedeutung ist die Möglichkeit, daß ungiftige Muscheln — ebenso wie ungiftige Schwämme — in verbrecherischer Absicht als Vehikel für andere Gifte dienen können. Es scheint daher bei Verdacht auf Muschelvergiftung trotz der Aussichtslosigkeit des Auffindens des Muschelgiftes selbst, die Vornahme einer chemischen Untersuchung auf andere Gifte wünschenswert und geboten.

Schließlich sei hier noch der therapeutischen Verwendung des Muschelgiftes gedacht, welche Crumpe[1]), nachdem er die curarinartig lähmende Wirkung desselben an Tieren beobachtet hatte, bei einer an Tetanus erkrankten Frau versuchte. Crumpe brachte seiner Patientin mehrere Giftmuscheln bei und sah die tetanischen Erscheinungen nach drei Stunden verschwinden. Die Patientin erholte sich schnell und der findige Arzt fordert zu weiteren derartigen Versuchen auf.

Bei den Vergiftungen mit Austern *(Ostrea edulis)* ist es nach dem vorliegenden literarischen Material schwer zu entscheiden, inwiefern die Erscheinungen bei derartigen Fällen auf die Anwesenheit eines spezifischen, dem Muschelgift ähnlichen, vielleicht mit diesem identischen Gifte, oder aber auf Fäulnisgifte zurückzuführen sind.

---

[1]) Observations on the Musculus venosus and on its use in Tetanus. Dublin Journal of Med. Science, p. 257. October (1872).

Gliederfüßer, Arthropoda.

Von den fünf großen Klassen der Gliederfüßer finden sich
in der Klasse der Hexapoden, der Myriapoden und der
Arachnoidea eine Anzahl von Tieren, welche mehr oder weniger
giftige Sekrete bereiten und welche zum Teil mit besonderen, der
Einverleibung des Giftes dienenden Apparaten ausgestattet, demnach zu den „aktiv" giftigen Tieren zu zählen sind.

1. Klasse. Spinnentiere, Arachnoidea.

Die Giftigkeit verschiedener Spinnen und diesen nahestehender
Tiere hat bereits im Altertum ein tiefes Interesse erweckt, und
der um diese entstandene Aberglaube gab, wie auch bei anderen
Tieren, durch ihr häßliches, in einzelnen Fällen abstoßendes und
schreckenerregendes Äußere, Veranlassung zur Entstehung toxi-
kologischer Fabeln, welche häufig auch ganz harmlose Arten
als äußerst gefährliche Tiere betrachten ließen (vgl. unten S. 184,
Tarantel).

Die Erzählung des Nikander über den Ursprung der Giftspinnen[1]) zeugt für das diesen Tieren schon zu jener Zeit entgegen-
gebrachte Interesse. Nach diesem toxikologischen Klassiker des Altertums sollen die bösartigen Spinnen, die Schlangen und andere schädliche
Tiere aus dem Blute der Titanen entstanden sein. „Den Frostschauer
hervorrufenden, mit scharfem Stachel bewehrten Skorpion jedoch
ließ die titanische Jungfrau[2]) entsprießen, als sie sich anschickte, dem
Böotier Orion ein böses Geschick zu bereiten, weil er mit seinen
Händen das unbefleckte Gewand der Göttin ergriffen hatte. Doch der
Skorpion, unter einem kleinen Felsstücke lauernd verborgen, verletzte
ihn unversehens am Knöchel seines kräftigen Fußes. Das Bild des
Tieres aber wurde ebenso wie das des Jägers als leuchtendes und un-

---

[1]) Theriaka, Verse 8—20.
[2]) Artemis, Tochter des Zeus und der Leto, letztere eine
Tochter des Titanen Köos.

bewegliches unter die Sterne versetzt, wo es in blendendem Glanze strahlt[1])."

Die Giftigkeit mancher Arachnoideen ist indessen durch zahlreiche Untersuchungen und Mitteilung vieler glaubwürdiger Beobachtungen heute mit Sicherheit festgestellt; die Giftapparate sind ebenfalls genauer untersucht und nur über die chemische Natur der betreffenden Gifte sind unsere Kenntnisse noch mangelhaft, was wohl hauptsächlich auf die große Schwierigkeit der Beschaffung ausreichender Mengen des nötigen Tiermaterials zurückzuführen ist. Am besten bekannt und in bezug auf die uns hier interessierenden Verhältnisse am genauesten untersucht ist die, eine Ordnung der Arachnoideen bildende

a) Ordnung Scorpionina.
Arthrogastra, Gliederspinnen.

Der Giftapparat der Skorpione liegt in dem letzten Segmente des aus zahlreicheren Gliedern zusammengesetzten, schmalen und sehr beweglichen Abdomens und besteht aus einer das Gift sezernierenden, paarigen, birnförmigen, in eine harte Hülle eingeschlossenen Giftdrüse und dem Stachel. Die kapselartige Hülle endigt in einer scharfen, gekrümmten Spitze. Die Ausführungsgänge der Drüse liegen in dem Stachel und münden unterhalb der Stachelspitze mit zwei kleinen Öffnungen. Die Drüse ist von einer Schicht quergestreifter Muskeln umgeben, durch deren willkürlich erfolgende Kontraktion das Giftsekret nach außen entleert werden kann.

Die Einverleibung des Giftes geschieht in der Weise, daß der Skorpion das Abdomen hoch emporrichtet und dann bogenförmig nach vorn biegt, während er seine Beute mit den Kiefern festhält, das zu stechende Tier also vor sich hat.

Nach erfolgtem Stiche, durch welchen das Gift dem Beutetier oder dem Gegner einverleibt wird, bleibt der Stachel meistens noch geraume Zeit in der Wunde, während das Sekret der Giftdrüse durch den, mittels Kontraktion der sie umhüllenden Muskulatur bewirkten Druck in die Stichwunde gepreßt wird (Joyeux-Laffuie[2]).

---

[1]) Übersetzung von Brenning.

[2]) Sur l'appareil venimeux et le venin du Scorpion. Archiv de Zoologie exp. 1, 733 (1884), und Compt. rend. 95, 866 (1882).

Die chemische Natur der in dem Giftsekret der Skorpione vorkommenden wirksamen Stoffe ist unbekannt.

Die Wirkungen des Sekretes sind dagegen durch Beobachtungen an vergifteten Menschen und durch Versuche an Tieren in ihren Grundzügen bekannt, doch fehlt bis jetzt eine genauere pharmakologische Analyse derselben. Dabei ist zu berücksichtigen, daß, wie bei den Schlangengiften, auch hier die Gifte verschiedener Spezies wahrscheinlich quantitative und qualitative Unterschiede in ihren Wirkungen aufweisen, und daß ferner, wie bei den Vergiftungen durch Schlangen betont wurde (vgl. S. 63), die Lokalität der Stichwunde, die Menge des einverleibten Giftes, die Jahreszeit[1]) und andere Umstände eine Rolle spielen können.

Der Stich des in ganz Südeuropa vorkommenden *Scorpio europaeus*, welcher kaum länger als $3^{1}/_{2}$ cm wird, scheint beim Menschen nur Schmerz, Rötung und Schwellung, also nur lokale Erscheinungen zur Folge zu haben, während der bedeutend größere, eine Länge bis zu $8^{1}/_{2}$ cm erreichende, ebenfalls in Südeuropa, aber weniger häufig vorkommende *Scorpio occitanus* durch seinen Stich äußerst heftige Schmerzen, phlegmonöse Schwellung der ganzen betroffenen Extremität und außerdem entferntere Wirkungen: Erbrechen, Ohnmacht, Muskelzittern und Krämpfe hervorrufen kann[2]).

Tödlich verlaufene Vergiftungen von Menschen durch Skorpionenstiche sind in der Literatur in ziemlicher Anzahl beschrieben, doch handelt es sich in diesen Fällen um die großen, in tropischen Ländern einheimischen Skorpionenarten. Guyon[3]) berichtet über sechs innerhalb 12 Stunden tödlich verlaufene Fälle, und Cavaroz[4]) gibt an, daß in der Gegend von Durango in Mexiko jährlich etwa 200 Menschen infolge von Skorpionen-

---

[1]) G. Sanarelli, Über Blutkörperchenveränderungen bei Skorpionenstich. Zentralblatt f. klin. Medizin 10, 153 (1889).

[2]) Jousset de Bellesme, Essai sur le venin du scorpion. Annales des sciences natur. Zool. [5] 19, 15 (1874).

[3]) Guyon, Du danger pour l'homme de la piqûre du grand scorpion du nord de l'Afrique (Androctonus funestus). Compt. rend. 59, 533 (1864). Sur un phénomène produit par la piqûre du scorpion. Compt. rend. 64, 1000 (1867). Vgl. auch Compt. rend. 60, 16 (1865).

[4]) M. Cavaroz, Du scorpion de Durango et du Cerro de los remedios. Recueil de Mémoires de Médecine militaire [3] 13, 327 (1865).

stich zugrunde gehen. Dieser Autor sah dort drei Fälle mit tödlichem Ausgange, wovon zwei Erwachsene betrafen.

Dalange[1]) berichtet über drei in Tunis an Kindern beobachtete Fälle von Vergiftungen durch *Androctonus funestus* und *A. occitanus*. Zwei dieser Kinder starben innerhalb sechs Stunden, das dritte Kind blieb am Leben.

Thompson[2]) sah in Yucatan 13 Fälle von Skorpionenstich, von welchen nur zwei schwerere Erscheinungen, d. h. resorptive Wirkungen erkennen ließen. Diese bestanden in nur wenige Stunden dauernden, lähmungsartigen Zuständen.

Die Symptomatologie der schweren, durch die großen tropischen Skorpione verursachten Vergiftungen bestehen in heftigen Lokalerscheinungen und nach der Resorption des Giftes in Trismus, schmerzhafter Steifheit des Halses, welche sich bald auch auf die Muskeln des Thorax fortpflanzt, und schließlich in allgemeinen, tetanischen Krämpfen, unter welchen, anscheinend durch Respirationsstillstand, der Tod erfolgt.

Die Wirkungen des Skorpionengiftes an verschiedenen Tieren gestatten einen genaueren Einblick in die Wirkungsweise desselben. Derartige Versuche haben bereits Maupertius (1731) und Redi (1799) ausgeführt; aus dem 19. Jahrhundert liegen Untersuchungen über diese Frage vor von Bert[3]), Valentin[4]), Joyeux-Laffuie[5]), denen zufolge das Gift seine Wirkungen, nach Art des Strychnins, auf das Nervensystem entfaltet, während Jousset de Bellesme[6]) und Sanarelli[7]) in demselben ein Blutgift erblicken wollen.

Die ersteren stimmen bezüglich der Wirkungen des Skorpionengiftes darin überein, daß zunächst eine hochgradige Stei-

---

[1]) Dalange, Des piqûres par les scorpions d'Afrique. Mémoires de Médecine militaire, Nr. 6 (1866). (Guyon, Compt. rend., 1864.)

[2]) E. H. Thompson, On the effect of scorpion stings. Proc. of the Acad. of nat. science of Philadelphia, p. 299 (1886).

[3]) P. Bert, Venin du scorpion. Compt. rend. Soc. Biol. 1865 und Gazette médicale de Paris, p. 770 (1865); Compt. rend. Soc. Biol., p. 574 (1885).

[4]) G. Valentin, Einige Erfahrungen über die Giftwirkung des nordafrikanischen Skorpions. Zeitschrift f. Biologie 12, 170 (1876).

[5]) a. a. O. Vgl. oben S. 175, Anm. 2.

[6]) a. a. O. Vgl. oben S. 176, Anm. 2.

[7]) a. a. O. Vgl. oben S. 176, Anm. 1.

gerung der Reflexerregbarkeit eintritt, welcher später eine
vollständige Lähmung des Nervensystems folgt.

Joyeux-Laffuie gibt als Todesursache die durch eine
curarinähnliche Lähmung der Atmungsmuskulatur be-
dingte Asphyxie an, während Valentin eine curarinartige
Lähmung der motorischen Nervenendigungen nicht feststellen
konnte; nach ihm reagieren die motorischen Nerven auf elektrische
und mechanische Reize noch ganz normal, wenn das Tier (Frosch)
bereits vollständig gelähmt ist. Beide Autoren beobachteten jedoch
in Übereinstimmung mit Bert strychninartige, tetanische
Krämpfe, welche im ersten Stadium der gesteigerten Reflexerregbarkeit durch sensible Reizung, wie beim Strychnin,
ausgelöst werden.

Die Wirkungen des Skorpionengiftes auf das Blut
beobachtete Jousset de Bellesme an *Lilla viridis*, einer durch
Pigmentarmut ausgezeichneten und deshalb zu diesen Experi-
menten besonders geeigneten Froschart. Die Haut der durch den
Skorpionenstich verletzten Extremität färbte sich bald rotviolett;
diese Färbung, welche nach genanntem Autor auf kapillare
Hyperämie zurückzuführen ist, dehnte sich dann bald über den
ganzen Rumpf aus. In den oberflächlichen Gefäßen schien das
Blut geronnen, während an gewissen Schleimhäuten Ecchymosen
auftraten, woraus man vielleicht auf eine Veränderung in den
Wandungen der Kapillaren schließen darf. Die roten Blutkörperchen werden durch das Gift in der Weise beeinflußt, daß sie
zunächst ihre Form und Konsistenz ändern, klebrig werden und
infolge der Bildung einer formlosen, viskösen Masse die Gefäße
verstopfen (Embolie).

Sanarelli konnte bei Säugetieren keine derartige Veränderung der Erythrocyten beobachten; an den gekernten roten Blutkörperchen von Amphibien, Fischen und Vögeln trat die hämolytische Wirkung deutlich hervor.

Über die für verschiedene Tiere tödlichen Mengen des
Skorpionengiftes stellten P. Bert, Calmette[1], Phisalix und
Varigny[2], Joyeux-Laffuie Versuche an.

---

[1] Calmette, Contributions à l'étude des venins etc. Annales
de l'Institut Pasteur 9, 232 (1895).

[2] C. Phisalix et H. de Varigny, Recherches exp. sur le venin
du scorpion. Bull. du Museum d'Histoire Natur. 2, 67—73. Paris (1896).

Calmette fand, daß 0,05 mg Trockenrückstand des Giftsekretes von *Scorpio (Buthus) afer* weiße Mäuse, 0,5 mg Kaninchen unter ähnlichen Erscheinungen wie „Schlangengift" töteten.

Phisalix und Varigny sammelten die auf elektrische Reizung in Tropfenform am Stachel austretende visköse Flüssigkeit auf einem Uhrglas, ließen das so gewonnene Sekret im Vakuumexsikkator eintrocknen und bestimmten den Trockenrückstand, von welchem 0,1 mg ein Meerschweinchen tötete.

Die oben geschilderten Erscheinungen treten nur nach subkutaner oder intravenöser Einverleibung des Giftes ein.

Bei der Einverleibung per os scheinen keinerlei Wirkungen zu erfolgen. Plutarch berichtet über Menschen, welche ohne Schaden Skorpione essen konnten. Experimentell stellte Charas diese Tatsache zu Beginn des 18. Jahrhunderts fest und Blanchard[1]) kam durch Versuche an Hunden zu demselben Resultate.

Die Skorpione scheinen gegen die Wirkungen ihres eigenen Giftes sehr widerstandsfähig zu sein (Phisalix und Varigny), wie das ganz allgemein bei den verschiedenen, giftige Sekrete liefernden Tieren (vgl. Kröte, S. 105, Schlangen, S. 77) der Fall ist. Aus diesem Grunde sind Zweifel an der Möglichkeit der von alters her überlieferten Berichte über Selbstmord der Skorpione berechtigt, obwohl eine Anzahl von Autoren der Neuzeit diesen Vorgang angeblich beobachtet und beschrieben haben [(Blanchard[2]), Bidie[3]), Thomsen[4]), Gillmann[5]), Baer[6])].

Die genannten Autoren stellten den bei mehreren Schriftstellern des Altertums und des Mittelalters beschriebenen Versuch an, einen Skorpion mit einem Kreise von glühenden Kohlen zu umgeben, wobei das Tier, wenn es sich von der Unmöglichkeit des Entkommens überzeugt hat, sich durch einen Stich in den Kopf töten soll.

---

[1]) Blanchard, Organisation du Règne animal. 1851—1864. Classe des Arachnides, p. 96—99.

[2]) Blanchard, a. a. O.

[3]) G. Bidie, Suicide of Scorpions. Nature 11, 29 (1875).

[4]) A. Thomsen, Suicide of the Scorpion. Nature 20, 577 (1879).

[5]) F. Gillmann, Suicide of Scorpions. Nature 20, 629 (1879) und 21, 275 (1880).

[6]) G. A. Baer, Le suicide du scorpion. Annales de la Soc. Entomologique de France, 6. Bullet. entomolog. Séance du 12. Mai, 1886.

Morgan[1]) gelang es nicht, Skorpione durch Mißhandlungen und Quälereien zum Selbstmord zu bringen und de Varigny[2]) stellte den Kohlenversuch 15 mal an verschiedenen Exemplaren, stets aber mit negativem Erfolge an.

Die Skorpione besitzen also eine hochgradige, aber nicht absolute Immunität gegen ihr eigenes Gift, welches andere, sogar nahe verwandte Arten zu töten vermag (Bourne[3]). Eine zufällige Verwundung eines Individuums durch seinen eigenen Stachel ist nicht ausgeschlossen, doch liegt in solchen Fällen kein Grund für die Annahme einer zielbewußten Handlungsweise vor.

Die Möglichkeit einer Gewöhnung an das Skorpionengift oder einer Immunisierung gegen dasselbe ist bisher an Tieren noch nicht experimentell geprüft worden, doch ist hier der Angabe von Calmette[4]) zu gedenken, daß das Serum eines gegen Cobragift immunisierten Kaninchens die Wirkungen von Skorpionengift zu neutralisieren vermag.

Gegen Viperngift immunisierte Meerschweinchen vertrugen 1 bis 2 mg Skorpionengift, von welchem sonst 0,1 mg diese Tiere tötete.

Für die Therapie des Skorpionenstiches könnte vielleicht die Zerstörbarkeit des Giftes durch Wasserstoffsuperoxyd[5]), Ammoniak[6]), Calciumhypochlorit und Kalkwasser[7]) in Betracht kommen. (Vgl. „Therapie des Schlangenbisses", S. 87.)

Die größten und gefährlichsten Skorpione sind:

Androctonus funestus Ehrenb., wird bis 9 cm lang; kommt in Nord- und Mittelafrika vor.

---

[1]) C. L. Morgan, Suicide of the Scorpions. Nature 27, 313—314, 530 (1883). American Naturalist 17, 446—449. Scorpion virus. Nature 35, 535 (1887).

[2]) H. de Varigny, Le suicide des scorpions. Revue scientifique 34, 766 (1884).

[3]) A. G. Bourne, Scorpion virus. Nature 36, 53 (1887). The reputed suicide of Scorpions. Proc. roy. Society 42, 17—22 (1887).

[4]) Calmette, a. a. O., S. 232. Vgl. oben S. 178, Anm. 1.

[5]) P. Bert et R. Regnard, Influence de l'eau oxygenée sur les virus et les venins. Compt. rend. Soc. Biolog., p. 736—738 (1882).

[6]) P. Bert, Venin du scorpion. Compt. rend. Soc. Biolog., p. 574 —575 (1885).

[7]) Calmette, a. a. O. Vgl. oben S. 178, Anm. 1.

Buthus afer Lin., wird 16 cm lang und findet sich in Afrika und Ostindien.

Buthus occitanicus Amour erreicht eine Länge von 8,5 cm und findet sich in Italien, Griechenland, Spanien, Nordafrika.

Euscorpius europaeus Lin. *(italicus* und *germanus Koch, carpathicus Thon, flavicandus de Geer)*, kommt in Europa vor, wird selten über 3 bis 3,5 cm lang und ist wenig gefährlich (vgl. S. 161).

b) Ordnung Araneina.

Die Araneina oder echten Spinnen haben einen ungegliederten Kephalothorax (Kopfbruststück), mit welchem das ungegliederte, nicht segmentierte Abdomen durch einen kurzen Stiel verbunden ist. Charakteristisch sind die am hinteren Teile des Abdomens gelegenen Spinnwarzen und die klauenförmigen Mandibeln, Kieferfühler oder Chelizeren.

Der Giftapparat der echten Spinnen besteht aus der oberhalb des starken, kräftig entwickelten Basalgliedes der Chelizeren oder in demselben liegenden, länglichen und von Muskeln umgebenen Giftdrüse und deren Ausführungsgang, welcher sowohl das Basalglied als auch das klauenförmige, zum Verwunden dienende, aber viel kleinere Endglied durchsetzt und in einer länglichen Spalte an der Spitze desselben mündet.

Das Sekret der Giftdrüse, das Spinnengift, ist eine klare, ölige Flüssigkeit, reagiert sauer und schmeckt stark bitter. Wie bei den Schlangen wird der Giftvorrat durch wiederholte, rasch aufeinander folgende Bisse bald erschöpft. Die Einverleibung des giftigen Sekretes erfolgt beim Beißen in die durch die Chelizeren gemachte Wunde.

Die chemischen Eigenschaften und die Natur der wirksamen Bestandteile des Spinnengiftes sind unbekannt. Das wirksame Prinzip soll weder ein Alkaloid, noch ein Glykosid, noch eine Säure sein. Es dialysiert nicht und wird beim Eintrocknen unwirksam. Das Sekret der Giftdrüsen und die wirksamen wässerigen Extrakte aus den in Betracht kommenden Körperteilen der Spinnen lassen die Gegenwart von Eiweiß oder

eiweißartigen Stoffen durch die bekannten Farben- und Fällungs-
reaktionen erkennen. Man nimmt daher an, daß es sich hier
um die Wirkungen eines Toxalbumins oder eines giftigen
Enzyms handle (Kobert).

Die wichtigsten und bekanntesten Giftspinnen sind:

Nemesia caementaria Latr., die Minier- oder Tapezier-
spinne. Sie findet sich im südwestlichen Europa, wird etwa 2 cm
lang und ist von dunkler (erdbrauner) Farbe. Die von Frantzius[1])
beschriebenen, besonders in Costarica, aber auch in Honduras,
Guatemala und Nicaragua vorkommende Minierspinne, von den
Eingeborenen „Araña picacaballo" genannt, soll dort an verschiedenen Haustieren (Pferden, Ochsen usw.) großen Schaden
verursachen. Sie ist vielleicht eine Species der Gattung Nemesia.
In Andalusien und in Südfrankreich soll die *Nemesia caementaria*
manchmal Tiere und Menschen beißen und töten[2]).

Theraphosa avicularia Linn. s. **Avicularia vestiaria
de Geer.**, die Vogelspinne, findet sich in Brasilien, St. Domingo,
Cayenne, Surinam und kann eine Körperlänge von 7 cm erreichen.
Die Körperfarbe ist schwarzbraun, die Endglieder der Beine und
der Kiefertaster sind rot gefärbt.

Theraphosa Blondii Latr., die Buschspinne, ist in Südamerika und in Westindien einheimisch. Der Körper ist rötlichbraun, die Endglieder der Beine sind lehmfarben. Sie erreicht
eine Länge von 8 bis 8,5 cm.

Theraphosa Javanensis Walck., kommt auf Java vor und
wird 8 bis 9 cm lang. Sie ist rötlichbraun gefärbt. Die Beine
sind unten zottig behaart.

Die drei letztgenannten Spinnenarten sind stark behaart und
haben ihrer Körpergröße entsprechend große Giftapparate und
daher auch einen größeren Giftvorrat. Es ist nicht bekannt, ob
das Gift auch quantitativ wirksamer ist als das der anderen
Giftspinnen. Sie sollen selbst kleine Wärmblüter überfallen und
töten. Sie gehören zur Gruppe der sog. „**Mygalidae**", Riesen-
spinnen oder Würgspinnen und finden sich nur in tropischen

---

[1]) A. v. Frantzius, Vergiftete Wunden bei Tieren und Menschen
durch den Biß der in Costarica vorkommenden Minierspinne (Mygale).
Virchows Archiv **47**, 235 (1869).

[2]) Journal de Chimie méd., p. 170 (1866).

Ländern. Cremer[1]) berichtet über tödlich verlaufene Bisse bei vier Mitgliedern einer Familie.

Chiracanthium nutrix Walck., kommt in der Schweiz, Frankreich, Italien und in Deutschland[2]) vereinzelt (Rochusberg bei Bingen) vor und wird etwa 6 bis 12 mm lang. Die Folgen des Bisses scheinen nur lokale oder auf die betroffene Extremität beschränkte zu sein und bestehen in einer leichten, aber diffusen Anschwellung und Rötung mit heftigem brennendem Schmerze (Bertkau).

Theridium tredecim guttatum F. s. **Lathrodectes tredecim guttatus**, die Malmignatte ist von dunkler Farbe (schwärzlich bis schwarz), mit meist 13 roten, dreieckigen oder halbmondförmigen Flecken auf dem Hinterleibe, wird etwa 8 bis 12 mm lang und findet sich in Italien (Toscana), auf Korsika und Sardinien, sowie an der unteren Wolga, wo sie zeitweise massenhaft vorkommt und dem Viehstande großen Schaden bringen soll. Nomadisierende Völker in Südrußland verloren in den Jahren 1838 bis 1839 durch diese Spinnen angeblich 70000 Stück Rinder (Motchoulsky[3]). Der Biß der Malmignatte verursacht bei 12 Proz. der gebissenen Rinder den Tod (Szczesnowicz).

Theridium lugubre Koch s. **Lathrodectes lugubris**, **L. Erebus**[4]), die Karakurte (tatarischer Name „Kara-Kurt", d. h. „schwarzer Wolf", auch „schwarzer Wurm"), findet sich hauptsächlich in Griechenland und Südrußland, wird etwa 1 bis 2 cm lang; das Abdomen ist braun bis schwarz, die Beine braungrau gefärbt. Das Gift ist nicht allein in der Giftdrüse vorhanden; es findet sich in den verschiedenen Körperteilen der Spinne und konnte auch in den Eiern nachgewiesen werden. Es diffundiert nicht und wirkt nur bei subkutaner oder intravenöser Einverleibung.

---

[1]) Schmidts Jahrbücher **225**, 239. Siehe auch **146**, 238.

[2]) Vgl. Bertkau bei Kobert, a. a. O., S. 172, daselbst auch Abbildungen.

[3]) Vgl. bei Koeppen, Über einige in Rußland vorkommende giftige und vermeintlich giftige Spinnen. Beiträge zur Kenntnis des russ. Reiches. N. F. 4, 180 bis 226 (1881).

[4]) Vgl. hierzu Thorell, Remarks on Synonyms of European Spiders, p. 509. London (1870—73).

Segestria perfida Stav. [1]), die Kellerspinne, wird etwa
2 cm lang. Kephalothorax rötlichbraun, Hinterleib braungrau
gefärbt. Letzterer zeigt in der Mitte einen schwarzen, gezähnten
Streifen. Die Kieferfühler sind grün. Sie findet sich in Mitteleuropa, lebt unter Baumrinden und in Kellern und wird in der
Volksmedizin als Heilmittel gegen Hautentzündungen und der-
gleichen verwendet (Ozanam [2]). Die Wirkungen des Giftes scheinen
nur lokaler Natur zu sein.

Lycosa Tarantula L. s. **Tarantula Apuliae Rossi.**, die
süditalienische Tarantel, auch in Spanien und Portugal vorkommend, wird etwa 3 bis 3,5 cm lang und unterscheidet sich
von der russischen Tarantel durch ihre Rückenzeichnung,
welche in schwarzen, gelblichweiß geränderten Querstreifen besteht. Ihr Biß ist wenig gefährlich und verursacht nur lokale
Erscheinungen an der Bißstelle, niemals aber Allgemeinerscheinungen, die auf resorptive Wirkungen zurückgeführt
werden könnten. Sie beansprucht trotzdem ein gewisses, kulturhistorisches Interesse wegen der mit dem Bisse dieser Spinne angeblich in kausalem Zusammenhange stehenden und nach ihr be-
nannten, im Mittelalter häufig beobachteten Erscheinung der
Tanzwut, des Tarantismus [3]) *(Chorea saltatoria)*, welcher sich
nach erfolgtem Bisse dieses Tieres in unwillkürlichen, heftigen
Tanzbewegungen äußern und tödlich verlaufen sollte, wenn
derselbe nicht rechtzeitig durch Musik gelindert und geheilt werde.

Lycosa singoriensis Laxmann s. **Trochosa singoriensis**,
die russische Tarantel, erreicht eine Länge von 3 bis 3,5 cm,
ist dunkelbraun gefärbt, ohne Zeichnungen und kommt hauptsächlich im südlichen Rußland vor. Die Beine sind von hellbrauner
Farbe und schwarz gefleckt. Sie soll sehr selten beißen. Bei
subkutaner und intravenöser Injektion der durch Extraktion

---

[1]) Staveley, British Spiders, p. 263. London (1866). Plate II,
Fig. 38; Plate XVI, Fig. 4.

[2]) Ch. Ozanam, Sur le venin des Arachnides et son emploi en
therapie, suivie d'une dissertation sur le tarantisme et le tigretier. Paris
(1856). Vgl. auch Schmidts Jahrbücher **93**, 45 (1857).

[3]) Vgl. hierzu: J. F. C. Hecker, Die Tanzwut. Berlin (1832).
Die großen Volkskrankheiten des Mittelalters. Hist.-patholog. Untersuchungen, gesammelt von A. Hirsch, S. 163 bis 185. Berlin (1865).
Koberts ausführliche Monographie: Beiträge zur Kenntnis der Giftspinnen, Stuttgart (1901), enthält viele historische Angaben S. 28 bis 37.

dieser Spinnen mit physiologischer Kochsalzlösung oder Alkohol gewonnenen Auszüge ließen sich an Katzen keinerlei Erscheinungen wahrnehmen (Kobert).

Epeira diadema Walck., die gewöhnliche Kreuzspinne verdankt ihren Namen der charakteristischen Zeichnung des Abdomens, welches eine Anzahl kreuzförmig angeordneter, weißer, oft verwischter Flecken zeigt. Grundfarbe gelblichbraun; Länge 10 bis 15 mm. Die Kreuzspinne findet sich in ganz Europa, in Gebüschen, Gärten und Häusern, gerne in der Nähe von Gräben, Sümpfen und Seen.

Die Giftigkeit der Kreuzspinne ist vielfach bezweifelt worden, neuerdings aber von Kobert, welcher mit wässerigen Auszügen dieser Spinne an Tieren experimente, bestätigt worden. Die Wirkungen des Giftes sind denjenigen der Karakurtengiftes ähnlich; letzteres wirkt jedoch stärker als das Kreuzspinnengift. Dieses findet sich auch in den Eiern der Spinne. Die in einer einzigen weiblichen Kreuzspinne enthaltene Giftmenge soll genügen, um 1000 Katzen zu vergiften. (Kobert, S. 184.)

Wirkungen der Spinnengifte.

Die nach dem Bisse giftiger Spinnen beobachteten Erscheinungen sind bedingt durch lokale und resorptive Wirkungen.

Die lokalen Wirkungen bestehen in mehr oder weniger heftiger Schmerzempfindung, Rötung und Schwellung der Bißstelle und deren Umgebung, erstrecken sich aber auch in manchen Fällen auf das ganze betroffene Glied.

Die resorptiven Wirkungen des Spinnengiftes, welche nur nach subkutaner und intravenöser Injektion, nicht aber nach der Einverleibung per os zustande kommen, betreffen das Zentralnervensystem, die Kreislaufsorgane und das **Blut**. Nach den an verschiedenen Tierarten mit dem Gifte der Karakurte in großer Zahl ausgeführten Versuchen scheint das Gift dieser Spinne, welches in Ermangelung mit den Giften anderer Spinnenarten ausgeführter Untersuchungen vorläufig als Prototyp für die Wirkungen der Spinnengifte im allgemeinen gelten muß, mancherlei Ähnlichkeiten mit den Wirkungen des Ricins und Abrins zu zeigen (Kobert[1]).

---

[1] a. a. O., S. 144 und 160. Vgl. oben S. 184, Anm. 3.

Die Wirkungen des Karakurtengiftes auf das Blut (Hund) äußern sich in der Auflösung der roten Blutkörperchen und dem Austritt des Hämoglobins aus den letzteren (Hämolyse). Diese Wirkung tritt noch bei einer Verdünnung des Giftes von 1 : 127 000 ein.

In wässerigen Auszügen von Kreuzspinnen findet sich eine „Arachnolysin" genannte Substanz, welche ebenfalls die Erythrocyten bestimmter Tierarten (Mensch, Kaninchen, Ochs, Maus, Gans) zu lösen vermag[1]), während die roten Blutkörperchen anderer Tiere (Pferd, Hund, Hammel, Meerschweinchen) nicht angegriffen werden.

Außerdem steigert dasselbe, wenigstens außerhalb des Organismus im Reagenzglasversuche, die Gerinnbarkeit des Blutes (Pferd). Diese letztere Wirkung, welche noch bei einer Konzentration von 1 : 60 000 eintritt, kommt vielleicht auch im Organismus des lebenden Tieres zustande und ist dann für die bei manchen Tierversuchen, aber nicht regelmäßig beobachtete intravaskuläre Gerinnung des Blutes verantwortlich. Diese würde ungezwungen das Zustandekommen der ebenfalls nicht regelmäßig beobachteten Konvulsionen erklären (vgl. die Versuchsprotokolle Koberts).

Die Konvulsionen wären dann als Erstickungskrämpfe zu deuten, bedingt durch das Darniederliegen der Zirkulation. Diese Annahme findet eine Stütze in der von Kobert gemachten Erfahrung, daß künstliche Respiration den letalen Ausgang nicht hinauszuschieben oder zu verhindern vermag. Der Grad der gerinnungsbefördernden Wirkung im Organismus ist vielleicht abhängig von der Menge des einverleibten oder resorbierten Giftes (vgl. unter Schlangengift *Pseudechis porphyriacus*, S. 41, 70).

Auf das isolierte Froschherz wirkt das Karakurtengift lähmend und diese Wirkung tritt noch bei einer Verdünnung des Giftes von 1 : 100 000 ein. Die Ursachen der Herzlähmung sind entweder in der Lähmung der motorischen Ganglien dieses Organes oder in einer direkten Wirkung auf den Herzmuskel, vielleicht in beiden der genannten Wirkungen zu suchen. Die

---

[1]) Sachs, Zur Kenntnis des Kreuzspinnengiftes. Hofmeisters Beiträge zur chem. Physiolog. usw. 2, 125 (1902).

Folgen der letzteren äußern sich in dem Sinken des Blutdruckes. Seitens des Gefäßsystems scheinen besonders die kleinsten Arterien und die Kapillaren von der Wirkung des Giftes in der Weise betroffen zu werden, daß die Wandungen derselben Veränderungen erleiden und infolgedessen das Blut bzw. Serum durchlassen. Daher treten punktförmige und zirkumskripte Blutungen und Ödeme auf. Am häufigsten und am besten sind diese Ödeme in dem lockeren Lungengewebe zu erkennen; man findet deshalb bei der Sektion die Lunge häufig mit lufthaltiger, schaumiger und manchmal blutiger Flüssigkeit infiltriert. Auch im Magen und im Darme treten derartige Erscheinungen auf, wo sie in der Regel an der Schwellung und Rötung der Schleimhaut zu erkennen sind; manchmal kommt es auch hier zum Blutaustritt. Thrombosierung der Gefäße kann dabei wohl auch eine Rolle spielen, doch würde die Verstopfung der Gefäße allein kaum die Blutextravasate usw. erklären können.

Die Wirkungen des Karakurtengiftes auf das Zentralnervensystem äußern sich in Lähmungserscheinungen, über deren Ursachen vorläufig ein sicheres Urteil nicht gefällt werden kann. Vielleicht handelt es sich um eine direkte lähmende Wirkung, doch ist zu berüchsichtigen, daß die oben geschilderten Kreislaufstörungen ähnliche Erscheinungen seitens des Zentralnervensystems bewirken könnten. Insbesondere findet in dieser Annahme das Auftreten von Krämpfen eine befriedigende Erklärung, nachdem doch eine erregende Wirkung des Giftes auf das Zentralnervensystem nicht beobachtet wurde.

Die tödlichen Mengen des Giftes sind bei der Injektion desselben in das Blut äußerst kleine. Katzen sterben schon nach intravenöser Einverleibung von 0,20 bis 0,35 mg organischer Trockenrückstände wässeriger Spinnenauszüge pro kg Körpergewicht; Hunde scheinen weniger empfindlich zu sein. Der Igel ist auch diesem Gifte gegenüber resistenter als andere Tiere. Frösche werden erst durch die 50fache Menge der für Warmblüter pro kg letalen Menge getötet.

Durch wiederholte Einverleibung nicht tödlicher Mengen kann Gewöhnung an das Spinnengift eintreten.

Über die am Menschen nach dem Bisse giftiger Spinnen, insbesondere der Lathrodectesarten, beobachteten Symptome hat Kobert in seiner Monographie Berichte aus Asien, Australien und

Europa zusammengestellt. Die an zahlreichen Orten am Menschen gemachten Beobachtungen stimmen im wesentlichen mit den Versuchen an Tieren überein. Die Symptome dieser Vergiftung beim Menschen bestehen in heftigen Schmerzen, zu welchen sich auch Rötung und Schwellung (Lymphangitis und Lymphadenitis) gesellen kann. Die Schmerzen sind nicht auf die Bißstelle und das betroffene Glied beschränkt. Erbrechen, Angstgefühl, Dyspnoë und Beklemmung, Ohnmachtsanfälle, Parästhesien, Paresen und zuweilen auch Krämpfe sind die am häufigsten beobachteten Erscheinungen. Die völlige Rekonvaleszenz erfolgt in manchen Fällen nur langsam, wobei große Mattigkeit und Abgeschlagenheit noch lange Zeit bestehen können.

Die therapeutische Verwendung[1]) der Spinnen beansprucht ein gewisses kulturhistorisches Interesse und möge daher hier kurz erwähnt werden.

Ozanam (1856) empfiehlt die innerliche Anwendung von Taranteln bei Wechselfibern, vielen Nervenleiden, z. B. Hysterie, Hypochondrie, Epilepsie, Chorea usw.; äußerlich bei der Behandlung von Phlegmonen und Anthrax.

Clubiona medicinalis wird in gewissen Gegenden Amerikas als Vesicans benutzt und *Epeira diadema* nebst ihrem Gewebe als „Antiperiodicum" und Sudorificum empfohlen. Lathrodectesarten sollen bei Cardialgie, Chorea, Asthma, Gelenkschmerzen und Icterus nützlich sein. In Brasilien sollen einige Tegenariaarten wegen einer bei innerlichem Gebrauche dem Cantharidin ähnlichen Wirkung auf die Geschlechtsorgane Verwendung finden.

c) Ordnung Solifugae.

Die Solifugen, Solpugen oder Walzenspinnen, deren bekannteste Art **Galeodes araneoïdes Pall.** ist, haben in den Kiefern keine Giftdrüsen (R. Hertwig), jedoch kann der Biß derselben lokale Reizerscheinungen und heftige Entzündungen hervorrufen, welche zum Teil durch mechanische Reizung,

---

[1]) Vgl. hierzu außer der schon auf S. 184 zitierten Schrift von Ozanam: C. F. Paullinus, Usus aranearum. Miscell. acad. natur. curios. 1, Dec. A, 5 (1686). J. L. Hannemann, De usu aranearum. Ibid. 3, Dec. A, 3 (1695). J. Jühling, Die Tiere in der deutschen Volksmedizin, mit einem Anhange von Sagen usw. Mitweida (1900).

vielleicht aber auch durch eine reizende Wirkung des Speichels bedingt sind.

Gewisse Solifugen des Massailandes sollen durch ihren Biß Schafe und Ziegen töten[1]). Von russischen Ärzten liegen Berichte über tödliche Vergiftungen bei Menschen vor (Köppen, a. a. O.). Kobert[2]) bespricht in seiner Monographie die Erscheinungen nach den Bissen dieser Tiere und kommt zu dem Schlusse, daß diese „wohl keine größere Bedeutung haben als etwa ein Bienenstich".

d) Acarina, Milben.

Bei den Milben ist das Abdomen mit dem Kephalothorax verschmolzen. Beide sind ungegliedert. Die Beine sind in der Regel gut entwickelt. Die Mundteile sind mit gewissen Vorrichtungen ausgestattet, mit welchen die Tiere beißen, stechen oder saugen können. Sie leben teils frei, teils parasitisch, z. B. die Krätzmilbe, *Sarcoptes scabiei,* und andere beim Menschen und Säugetieren schmarotzende Arten.

Gattung Argas.

Argas reflexus Latr., die Taubenzecke, muschelförmige Saumzecke, von blaßgelber Farbe mit dunkelroten Streifen oder Zeichnungen, wird 4 bis 6 mm lang. Findet sich in Holz- und Mauerwerk, besonders häufig in Taubenschlägen. Auf der Haut des Menschen erzeugt ihr Stich keine Schwellung und ist äußerlich nur an einem kleinen roten Punkt zu erkennen. Der Stich ist schmerzhaft und erzeugt oft acht Tage lang anhaltendes Jucken.

Argas persicus Fischer[3]), die persische Saumzecke, Mianawanze, wird 4 bis 6 mm lang, ist von braunroter Farbe und findet sich besonders in der Stadt Miana in Persien und deren Umgebung, wo sie von den Eingeborenen „Malleh" genannt wird, kommt aber auch in Ägypten vor. Diese Milbe hält sich in den Wohnungen der Menschen auf und wird durch ihren schmerzhaften, heftiges Jucken erzeugenden Stich eine gefürchtete Landplage.

---

[1]) Vgl. Zoologischer Jahresbericht **2**, 79 (1885).

[2]) a. a. O., S. 71 bis 88.

[3]) Oken, Über giftige Milben in Persien. Isis, S. 1567 bis 1570 (1818). Perroncito, I parassiti dell' uomo e degli animali utili, p. 460, Fig. 200. Milano (1882).

Argas (Amblyomma) americanus de Geer, die amerikanische Waldlaus, von rotbrauner Farbe und 2 bis 3 mm lang, findet sich in den amerikanischen Wäldern und soll ähnliche Erscheinungen wie *Argas persicus* verursachen [1]).

Holothyrus coccinella, eine auf der Insel Mauritius einheimische Milbe [2]), soll dort unter dem Geflügel (Gänse, Enten) großen Schaden anrichten, indem die Milbe durch ihren Biß im Rachen dieser Tiere Erstickung verursachende Geschwülste hervorruft.

Über das Gift dieser Milben und dessen Natur ist nichts bekannt. Die immerhin nicht geringfügigen und lange dauernden Erscheinungen nach ihrem Bisse machen die Anwesenheit eines reizenden Stoffes, welcher beim Biß oder Stich in die Wunde gelangt, jedoch sehr wahrscheinlich.

2. Klasse. Myriapoda, Tausendfüßer.

Die Myriapoden sind flügellose, durch Tracheen atmende Arthropoden, deren Körper in Kopf und Rumpf gesondert ist. Der Kopf trägt ein Fühlerpaar und zwei oder drei Kieferpaare. Der meist langgestreckte Rumpf zeigt keine deutliche Trennung in Brust und Hinterleib und besitzt fast an allen Segmenten ein oder zwei Paar gegliederte Beine, deren Endglied in der Regel nur eine Kralle trägt.

a) Ordnung Chilopoda.

Die der Ordnung der Chilopoden angehörigen Myriapoden sind mit einem Giftapparate ausgestattet, dessen sie sich zum Erlangen ihrer Beute bedienen. Die Beute wird durch Biß getötet. Spinnen und Käfer sind gegen den Biß der Myriapoden sehr empfindlich, Skorpione scheinen der Wirkung des Giftes nur schwer, die Myriapoden selbst derselben kaum zu erliegen.

Familie Scolopendridae.

Scolopendra morsitans Lin., in Südeuropa vorkommend, wird etwa 90 mm lang und ist braungelb, der Kopf, die Fühler und die Ränder der Leibesringe sind grünlich gefärbt.

---

[1]) Vgl. bei Brehm 9, 687 (1884).

[2]) Mégnin, Un Acarien dangereux de l'île Maurice, l'Holothyrus coccinella (Gervais). Compt. rend. Soc. Biol. [10], 4, 251—252 (1897).

Scolopendra Lucasii Eyd. et Soul[1]), ist von rostgelber Farbe mit divergierenden Linien auf den Leibesringen, wird bis 120 mm lang und findet sich auf Isle de France und Bourbon.

Scolopendra gigantea Lin., erreicht eine Länge von 148 bis 244 mm und ist in Ostindien einheimisch. Die Farbe ist hellbraun, am Bauche weiß oder gelblich.

Familie Geophilidae.

Geophilus longicornis Leach., ist hellgelb, Kopf und Fühler braun, wird bis 40 mm lang; 48 bis 55 Leibesringe und Beinpaare, in Mitteleuropa häufig.

Der Giftapparat[2]) der Scolopendra besteht aus einer zylindrischen, sich nach vorn verschmälernden Giftdrüse und einem Ausführungsgange derselben, welcher an der Spitze des Kieferfußes in einer kleinen Öffnung mündet. Der ganze Giftapparat liegt innerhalb der Kieferfüße, welche umgebildete oder modifizierte Brustbeine (erstes Paar) darstellen.

Die chemische Natur des Sekretes der Giftdrüse und der wirksamen Bestandteile dieses Sekretes ist unbekannt.

Beim Menschen verursacht der Biß einheimischer Scolopendren nur lokale Erscheinungen. Es bildet sich meistens nur eine kleine Quaddel an der Bißstelle, doch soll im Sommer der Biß oft Entzündungen von erysipelartigem Charakter verursachen, so daß die zunächst an der Bißstelle auftretende Schwellung und Rötung sich über die ganze betroffene Extremität verbreiten kann. Allgemeine Erscheinungen treten nie auf (Dubosq). Eine in Indien einheimische Art, welche eine Länge von 2 Fuß erreichen soll, tötet angeblich durch ihren Biß auch Menschen[3]).

Mäuse und Murmeltiere werden durch den Biß von Scolopendren gelähmt und gehen an den Wirkungen des Giftes zugrunde (Jourdain[4]).

[1]) Eydoux et Souleyet, Voyage de la Bonite. Paris 1841—1852. Zoologie, Aptères, Tab. I, Fig. 12.

[2]) O. Dubosq, La glande venimeuse de la Scolopendre. These de Paris (1894). Compt. rend. 119, 355 (1895). Arch. de Zool. exp. [3], 4, 575. Les glandes ventrales et la glande venimeuse de Chaetochelynx vesuviana. Vgl. Zool. Zentralblatt 3, 280. Recherches sur les Chilopodes. Arch. de Zool. exp. 6, 535 (1899).

[3]) O. v. Linstow, Die Gifttiere, S. 111. Berlin (1894).

[4]) S. Jourdain, Le venin des Scolopendres. Compt rend. 131, 1007 (1900).

b) Ordnung Chilognatha s. Diplopoda.

Eine Anzahl der Ordnung der Chilognathen angehöriger Myriapoden besitzen in dem Sekrete gewisser Hautdrüsen Schutzmittel gegen Feinde. Diese Sekrete enthalten flüchtige, zum Teil unangenehm riechende, manchmal auch ätzende Stoffe und werden durch Poren, sog. *Foramina repugnatoria*[1]), welche auf beiden Seiten des Rückens liegen, nach außen entleert.

Über die chemische Natur derartiger von Myriapoden ausgeschiedener, flüchtiger Stoffe liegen in der Literatur mehrere Angaben vor, nach welchen es sich bei *Fontaria gracilis*[2]) und *Fontaria virginica*[3]) um einen in Benzaldehyd und Blausäure spaltbaren Körper, bei *Julus terrestris*[4]) um Chinon und bei *Polyzonium rosalbum*[5]) um einen nach Kampfer riechenden Stoff handeln soll. *Spirostrephon lactarima* sezerniert ein milchiges, sehr übelriechendes Sekret.

Ein besonderes, wenn auch nicht speziell toxikologisches Interesse beansprucht die Angabe, daß gewisse in den Tropen einheimische Geophilusarten in bestimmten, an der Bauchfläche gelegenen Drüsen ein zu einer viskösen Masse erstarrendes Sekret bereiten, welches prachtvoll phosphoresziert, und die Tiere daher bei ihren Bewegungen einen Lichtstreifen nach sich zu ziehen scheinen[6]).

---

[1]) M. Weber, Über eine Cyanwasserstoff bereitende Drüse. Arch. f. mikr. Anatomie **21**, 468 bis 475 (1882).

[2]) C. Guldensteeden-Egeling, Über die Bildung von Cyanwasserstoffsäure bei einem Myriapoden. Pflügers Archiv **28**, 576 (1882).

[3]) E. D. Cope, A Myriopod, which produces Prussic Acid. Amer. Naturalist **17**, 337 (1883). E. Haase, Eine Blausäure produzierende Myriapodenart, *Paradesmus gracilis*. Sitzungsber. d. Ges. naturforsch. Freunde, S. 97 (1889).

[4]) C. Phisalix, Un venin volatil, secretion cutanée du *Julus terrestris*. Compt. rend. **131**, 955 (1900). Béhal und Phisalix, La quinone, principe actif du venin du *Julus terrestris*. Compt. rend. **131**, 1004 (1900).

[5]) O. F. Cook, Camphor secreted by an animal (Polyzonium). Science, N. S. **12**, 516 (1900).

[6]) O. F. Cook, a. a. O.

3. Klasse. Hexapoda, Insekten.

a) Ordnung Hymenoptera, Hautflügler.

Unterordnung Aculeata, Stech-Immen.

Familie Apidae, Bienen.

Unter den Hymenopteren verdienen die Aculeaten aus naheliegenden Gründen das besondere Interesse des Arztes und des Laien. Aculeaten nennt man diejenigen Hymenopteren (Hautflügler), welche mit einem Stachel (Aculeus) versehen sind und mittels dieses Stachels Stichwunden verursachen können. Gleichzeitig mit dem Stich erfolgt auch eine Entleerung giftiger Flüssigkeit in die Wunde. Die genannten Insekten sind also in die Gruppe der aktiv giftigen Tiere einzureihen (vgl. S. 5). Die bekanntesten Repräsentanten der Aculeaten sind die Honigbiene, **Apis mellifica Lin.**, die Wespe, **Vespa vulgaris Lin.**, die Hornisse, **Vespa crabro Lin.**, und die Hummel, **Bombus hortorum Lin.**

Über die anatomischen Verhältnisse des Stachelapparates, auf welche hier nicht eingegangen werden kann, finden sich ausführliche Angaben bei Sollmann, Zeitschr. f. wissenschaftl. Zoologie, S. 528 (1863), und bei Kraepelin, ebenda, S. 289 (1873).

Über die chemischen Eigenschaften des Bienengiftes liegen Untersuchungen von Brandt und Ratzeburg[1], von Paul Bert[2], dessen Angaben sich auf das Gift der Holzbiene (*Xylocopa violacea*) beziehen, und von Carlet[3] vor.

Den eingehenden und sorgfältigst ausgeführten Untersuchungen von Josef Langer[4] verdanken wir in erster Linie unsere Kenntnisse über die chemische Natur und die pharmakologischen Wirkungen des Giftes unserer Honigbiene. Langer sammelte das Gift der Bienen (im ganzen von etwa 25 000 Stück) in der Weise, daß er das dem Bienenstachel entquellende Gifttröpfchen in Wasser brachte, oder aber, was eine bessere Ausnutzung des Materials gestattete, die dem Bienenkörper frisch

---

[1] Medizinische Zoologie 2, 198 (1833).
[2] Gazette médicale de Paris, p. 771 (1865).
[3] Compt. rend. 98, 1550 (1884).
[4] Archiv f. exp. Patholog. 38, 381 (1897).

entnommenen, mit einer Pinzette herausgerissenen Stachel samt
Giftblasen in Alkohol von 96 Proz. brachte, in welchem sich der
wirksame Bestandteil des Sekretes der Giftdrüse nicht löst.
Seine Löslichkeit in Wasser erleidet durch die Alkoholbehandlung
keine Veränderung und die charakteristischen Eigenschaften
bleiben vollkommen erhalten.

Der in Alkohol unlösliche Rückstand wurde bei 40° getrocknet,
zu einem feinen Pulver verrieben und dann mit Wasser ausgezogen. Der filtrierte wässerige Auszug stellte eine klare, gelblich braune Flüssigkeit dar, welche die für das ganze Giftsekret
charakteristischen Wirkungen zeigte. Die Wirksamkeit solcher
wässerigen Lösungen des Bienengiftes wird durch zweistündiges
Erhitzen auf 100° nicht vermindert.

Das frisch entleerte Gifttröpfchen, dessen Gewicht
zwischen 0,2 bis 0,3 mg schwankt, ist wasserklar, reagiert deutlich
sauer, schmeckt bitter und besitzt einen eigenartigen, aromatischen
Geruch; sein spezifisches Gewicht ist 1,1313. Beim Eintrocknen
bei Zimmertemperatur hinterläßt das native Bienengift etwa
30 Proz. Trockenrückstand.

Die saure Reaktion des nativen Giftes ist wahrscheinlich durch Ameisensäure bedingt, welche aber für die Wirkungen des Giftsekretes nicht in Betracht kommt. (Vgl. Langer,
a. a. O., S. 387.) Letzteres gilt auch für den flüchtigen Körper,
welcher den fein aromatischen Geruch des Giftsekretes bedingt
und beim Öffnen einer gut bevölkerten Bienenwohnung wahr-
genommen wird.

Zur Darstellung des giftigen Bestandteiles des Sekretes
sammelte Langer 12 000 Stachel samt Giftblasen in Alkohol
von 96 Proz.; vom Alkohol wurde abfiltriert, die Stachel bei 40°
getrocknet und zu einem Pulver zerrieben, letzteres sodann mit
Wasser extrahiert. Der klare, bräunlich gefärbte, filtrierte,
wässerige Auszug wurde durch Eintropfenlassen in Alkohol von
96 Proz. gefällt, der Niederschlag gesammelt, mit absolutem
Alkohol und Äther gewaschen. Nach dem Verdunsten des Äthers
hinterblieb eine grauweiße Substanz in Lamellen, welche noch
Biuretreaktion zeigte. Zur weiteren Reinigung dieses Produktes
wurde dasselbe in möglichst wenig reinem oder schwach essigsäure-
haltigem Wasser gelöst und durch Zusatz von einigen Tropfen
konzentrierten Ammoniaks die wirksame Substanz nach mehr-

maligem Lösen und Fällen in eiweißfreiem Zustande erhalten.
Die charakteristischen Wirkungen des ganzen Sekretes
waren dieser aschefreien Substanz eigen. Die schwach essigsaure
Lösung dieses Körpers zeigte keine der bekannten Eiweißreak-
tionen. Mit einer Reihe von Alkaloidreagenzien dagegen gab
dieselbe Fällungen. Man ist daher wohl berechtigt, die wirksame Substanz des Bienengiftes als eine organische Base
anzusprechen. Die nähere chemische Charakterisierung der Base
steht infolge der Schwierigkeiten der Beschaffung des zu diesem
Zwecke erforderlichen Materials noch aus.

Das Bienengift wird zerstört oder seine Wirksamkeit
vermindert durch gewisse oxydierende Agenzien, insbesondere
durch Kaliumpermanganat, aber auch durch Chlor und Brom, und
ferner durch die Einwirkung von Pepsin, Pancreatin und Lab-
ferment[1]). Die Empfindlichkeit des Bienengiftes gegen die genannten Stoffe ließ an die therapeutische Verwendung derselben
beim Bienenstich denken, doch haben in dieser Richtung und
Absicht unternommene Versuche bisher keine praktisch brauch-
baren Resultate ergeben.

Die pharmakologischen Wirkungen des Bienengiftes
charakterisieren sich als heftig schmerz- und entzündungs-
erregend. Außerdem verursacht es an der Injektionsstelle
und deren Umgebung lokale Gewebsnekrose. In der Umgebung des nekrotischen Herdes entwickeln sich Hyperämie
und Ödem. Am Kaninchenauge bewirkten 0,04 mg des nativen
Giftes, auf die Konjunktiva appliziert, Hyperämie, Chemosis und
darauf eiterige oder kruppöse Konjunktivitis. Auf die unver-
sehrte Haut appliziert, ist das native Bienengift sowie auch
eine 2 proz. Giftlösung ohne jede Wirkung. Die Schleimhäute
der Nase und des Auges reagieren dagegen in spezifischer
Weise.

Bei der intravenösen Applikation von 6 ccm einer 1,5 proz.
Giftlösung (auf natives Gift berechnet) an einem 4,5 kg schweren
Hunde erfolgten bald klonische Zuckungen, die sich sehr rasch
zu wiederholten Anfällen von allgemeinen klonischen Zuckungen

---

[1]) J. Langer, Abschwächung und Zerstörung des Bienengiftes.
Archives internationales de Pharmacodynamie et de Therapie **6**,
181—194 (1899).

13*

mit Trismus, Nystagmus und Emprosthotonus steigerten. Das Tier
ging unter Respirationsstillstand zugrunde.

Bei der Wirkung am Hunde verdient die Blutkörperchen
lösende Eigenschaft des Bienengiftes im Organismus hervorgehoben zu werden. Im mikroskopischen Blutpräparate fanden sich
nur wenige erhaltene Erythrocyten; das lackfarbene Blut enthielt
sehr viel gelöstes Hämoglobin und zeigte, spektroskopisch untersucht,
die Anwesenheit von Methämoglobin. Die Sektionsbefunde an dem
betreffenden Versuchstiere ließen in allen Organen, mit Ausnahme
der Milz, starke Hyperämie und Hämorrhagien erkennen. Es
erinnern diese Befunde an die Wirkungen gewisser Schlangengifte
(vgl. S. 65, 70).

Durch Maceration von Wespen mit Glycerin erhielt Phisalix[1])
eine Flüssigkeit, welche Kaninchen nach subkutaner Injektion derselben gegen das Mehrfache der sonst tödlichen Menge Viperngiftes
schützte. Die Resultate dieser Versuche lassen an die Möglichkeit
näherer Beziehungen zwischen dem Vipern- und Wespengifte denken.

Pharmakologisch ist das Bienengift vorläufig in die Gruppe
der diffusiblen, Nekrose erzeugenden, nicht flüchtigen Reizstoffe
einzureihen, deren Hauptrepräsentant das Cantharidin ist.

Von hohem wissenschaftlichen Interesse und von
praktischer Bedeutung ist die den Imkern schon lange bekannte und von Langer[2]) genauer studierte Möglichkeit der
Gewöhnung an das Bienengift.

Langers Angaben beruhen auf den nach der Versendung
von Fragebogen an eine große Anzahl von Bienenzüchtern erhaltenen Antworten, wonach beim Menschen unzweifelhaft Gewöhnung an das Bienengift eintreten kann.

Von **164** Imkern gaben an, von vornherein gegen das
    Bienengift **unempfindlich** gewesen zu sein . . .   **11**
Empfindlich gegen das Gift bei Beginn der Bienenzucht
    waren **153**
Weniger empfindlich für das Gift wurden während der
    Imkerei **126**

---

[1]) C. Phisalix, Antagonisme entre le venin des Vespidae et celui
de la Vipère: le premier vaccine contre le second. Compt. rend. de
la Soc. de Biologie [10] 4, 1031 (1897).

[2]) J. Langer, Bienengift und Bienenstich. Bienenvater, Jahrg. 33,
Nr. 10, S. 190 bis 195 (1901). Derselbe, Der Aculeatenstich. Fest-
schrift für F. J. Pick. (1898.)

Gleich empfindlich für das Gift wie bei Beginn der Imkerei
blieben . . . . ·. **27**

Von den 153 anfänglich empfindlichen erfuhren **126** Personen
während eines mehrjährigen Betriebes der Bienenzucht eine Herabsetzung ihrer reaktiven (nicht subjektiven!) Empfindlichkeit;
von diesen gaben **14** an, **giftfest** zu sein und betonten, daß sogar
mehrere gleichzeitig oder rasch hintereinander applizierte Stiche
keinerlei Wirkung bei ihnen hervorriefen, abgesehen von der
als Blutpunkt erscheinenden Hämorrhagie an der Stichstelle, die
doch wohl nur als eine Folge der mechanischen Läsion durch das
Eindringen des Stachels zu betrachten ist.

Bei **21** Imkern verursachten Bienenstiche keine oder eine nur
sehr geringfügige und bald verschwindende Schwellung an der
Stichstelle und deren Umgebung.

91 Bienenzüchter beobachteten an sich selbst Herabsetzung
der Empfindlichkeit gegen das Bienengift. Während sie bei
Beginn der Bienenzucht wiederholt an Urticaria, heftiger
lokaler Entzündung und Allgemeinerscheinungen litten,
blieben diese Wirkungen später aus oder traten doch nur in
schwachem Grade auf und dauerten nur sehr kurze Zeit. Bei
den Berufsimkern kommt es nicht selten vor, daß sie an einem
Tage von 20 bis 100 Bienen gestochen werden und daß auch
nach Einverleibung derartiger großer Giftmengen nur geringe
reaktive Erscheinungen (Entzündung, Schwellung und resorptive
Wirkungen) auftreten (Langer).

Bei manchen Individuen scheint dagegen die (relative) Immunität nur schwer zustande zu kommen. Die Immunität gegen
das Bienengift scheint niemals eine absolute zu werden und der
Grad derselben erfährt leicht eine Verminderung, wenn das
Individuum längere Zeit nicht gestochen wird. Manche Bienenzüchter geben an, daß sie nach den ersten Stichen im Frühjahr
auffallend stark reagieren, während sie später wieder unempfindlich werden und selbst mehrere Stiche dann keinerlei Wirkung
erkennen lassen.

Die wissenschaftliche Bedeutung der Möglichkeit der
Immunisierung gegen das in minimalen Mengen wirksame
Bienengift ist in der Tatsache zu suchen, daß in diesem Falle eine,

wenigstens bis zu einem gewissen Grade, chemisch charakterisierte Substanz vorliegt, die jedenfalls kein Eiweißkörper,
kein sog. „Toxalbumin" ist. Sollte es gelingen, ein gegen die
Wirkungen des Bienengiftes aktives „Antiserum" zu gewinnen, so
wäre damit der Beweis erbracht, daß auch gegen „chemisch
definierbare" Körper (vgl. oben S. 83) eine sog. „Antitoxin-
bildung" möglich ist.

Derartige Versuche könnten vielleicht wissenschaftlich und
praktisch wichtige Resultate ergeben. Ihre Ausführung scheitert
nur an der Schwierigkeit der Beschaffung des nötigen Materials.

Die beim Menschen auf einen Bienen- oder Wespenstich
folgenden Lokalerscheinungen sind hinlänglich bekannt und
brauchen daher hier nicht weiter erörtert zu werden. Sie entsprechen genau den Resultaten der von Langer an Tieren mit
dem von ihm gereinigten Gifte gemachten Versuchen. Allgemeine
Erscheinungen oder resorptive Wirkungen werden selten
beobachtet; zuweilen stellen sich jedoch bei sehr empfindlichen
Personen Frost und leichtes Fieber mit Kopfschmerz ein. In
besonderen Fällen, wo Menschen von Bienenschwärmen oder
Hornissen überfallen und durch zahlreiche Stiche verwundet und
vergiftet wurden, traten schwere Erscheinungen seitens des
Zentralnervensystems, Ohnmacht, Schlafsucht und Delirien ein.
Insbesondere bei Kindern, aber auch bei Erwachsenen, sind verschiedene Fälle mit tödlichem Ausgange in der Literatur verzeichnet. v. Hasselt beschreibt einen Fall bei einem dreijährigen
Kinde in Drenthe, Holland (1849), Caffe einen solchen aus Frankreich von einem sechsjährigen Kinde, welches nach einem Stich in
die Schläfengegend nach einer Stunde gestorben sein soll. Bei dem
letztgenannten Falle liegen Angaben über die Sektionsbefunde
vor [1]); diese ergaben starke Hyperämie der Hirnhäute und
Sinus neben blutig serösem Exsudate in den Hirn-
ventrikeln. (Vgl. oben Langers Versuch am Hund, S. 196.)

In Landshut hat sich 1857 ein Fall mit tödlichem Ausgange
nach einer Viertelstunde ereignet [2]). „Die Bäuerin Maria Stimpfl
von Eck in der Pfarrei Aidenbach, Ldg. Vilshofen, wurde jüngst

---

[1]) Schmidts Jahrbücher, S. 311 (1852).
[2]) Buchners Repertorium für Pharmazie 6, 420 (1857).

von einer Biene ins Gesicht gestochen. Sogleich nach dem Stiche stellte sich Übelbefinden ein, das schnell zu Krämpfen sich steigerte, und nach einer Viertelstunde war Maria Stimpfl eine Leiche."

Diese kurze Notiz gestattet kein Urteil über den Fall, bei welchem vielleicht eine hochgradige Idiosynkrasie vorlag, oder sonstige, den raschen letalen Ausgang begünstigende, nicht näher präzisierte Umstände eine Rolle spielten.

Ein ähnlicher, ebenfalls rasch tödlich verlaufener Fall soll sich nach Berichten der Tagespresse[1]) im August 1905 in Sachsen ereignet haben. „Der Mühlenbesitzer Weinhold in Taubenheim wurde von einer Biene ins linke Ohr gestochen. Nach zehn Minuten war Weinhold eine Leiche. Nach Aussage des Arztes war das Bienengift ins Herz gedrungen und hatte den Tod durch Herzschlag herbeigeführt."

Toxikologisch verdienen die Bienen aus einem weiteren Grunde noch die Aufmerksamkeit des Arztes. Der von ihnen bereitete **Honig** besitzt zuweilen **giftige Eigenschaften,** welche zu gefährlicher Erkrankung, manchmal sogar zu Todesfällen Veranlassung geben können. Das Vorkommen giftigen Honigs kann keinem Zweifel unterliegen.

W. J. Hamilton[2]) hat die Erzählung Xenophons[3]) von der Giftwirkung des Honigs zu Trapezunt[4]) durch Untersuchungen an Ort und Stelle bestätigt. Strabo und Plinius wissen von dem Gifthonig zu berichten, wie auch Stellen bei Aristoteles, Dioscorides und Diodorus Siculus darauf hinweisen, daß diese Tatsache im Altertum ganz bekannt war. Barton[5]) teilte 1790 viele Fälle von Vergiftungen durch Honig in Pennsylvanien und Florida mit. In Brasilien ist die *Vespa Lecheguana* wegen ihres giftigen Honigs berüchtigt. In Altdorf in der Schweiz starben (1817) zwei Hirten durch den Genuß des Honigs von *Bombus terrestris.*

---

[1]) Frankfurter Zeitung, Straßburger Post, 21. August 1905.
[2]) Reise in Kleinasien usw. Deutsch von Schomburgk. Leipzig (1843).
[3]) Anabasis IV, Kap. 8.
[4]) 10 000 Griechen sollen nach dem Genusse von „mel ponticum" bei der Belagerung von Trapezunt in wilde Delirien verfallen sein.
[5]) Zitiert nach Husemann, S. 274. Vgl. S. 201, Anm. 1.

Nach Auben[1]) sind in Neu-Seeland, hauptsächlich unter den Maoris, Vergiftungsfälle durch wilden Honig nicht selten. Bei schweren Fällen tritt der Tod schon nach 24 Stunden ein[2]).

Die Ursache einer derartigen Wirkung des Honigs suchte man bei einzelnen Personen in Idiosynkrasie, besonders wenn die Symptome sich auf Angstgefühl, Nausea, Magenschmerz und Diarrhöe beschränkten. Der Grund für die Giftigkeit liegt in dem Umstande, daß die Bienen aus den Blüten gewisser Pflanzen giftige Pflanzenstoffe aufnehmen.

Von solchen Giftpflanzen, deren Giftstoffe durch die Bienen in den Honig übergehen können, sind besonders solche aus den Familien der Apocyneae, Ericaceae[3]), Ranunculaceae zu nennen.

Eine mikroskopische Untersuchung des verdächtigen Honigs auf darin vorhandene Pollenkörner zwecks Bestimmung der Pflanzen, von welchen der Honig bzw. der Blütenstaub gesammelt wurde, um dadurch für die Ätiologie der Vergiftung und womöglich auch für die therapeutische Behandlung Anhaltspunkte zu gewinnen, scheint aussichtslos, weil es sich doch nur um den an den Beinen der Bienen klebende Pollen handeln kann, dieser aber nicht in den Honig gelangt.

Bei derartigen Vergiftungen dürfte es zunächst indiziert sein, die Entfernung des noch im Magen restierenden giftigen Honigs aus dem Organismus durch Erbrechen zu bewirken.

Von historischem Interesse ist die Angabe von Dupuytren, derzufolge die Kreuzfahrer bei der Belagerung von Massa von den Belagerten durch Zuwerfen oder Entgegenwerfen von Bienenkörben stark gedrangsalt wurden. Durch Tacitus, Amoreux und andere erfahren wir, wie durch Bienenschwärme, nicht nur bei Kindern, sondern auch bei erwachsenen Menschen ernste Folgen veranlaßt wurden.

Familie Formicidae, Ameisen.

Die nach dem Bisse einheimischer Ameisen auftretenden lokalen Erscheinungen sind sehr unbedeutende. An der Biß-

---

[1]) Auben, British Medical Journal 1 (1905). Zitiert nach Kühn.
[2]) W. Kühn, Pharmazeutische Zeitung 50, 642 (1905).
[3]) Vgl. hierzu Archangelsky, Über Rhododendrol, Rhododendrin und Andromedotoxin. Archiv f. exp. Patholog. 46, 313 (1901).

stelle pflegt sich nur eine geringfügige Entzündung und höchstens Quaddelbildung zu entwickeln.

Die durch gewisse tropische Ameisen verursachten Verletzungen sind dagegen ernsterer Natur und können Allgemeinerscheinungen, Ohnmacht, Schüttelfrost und vorübergehende Lähmungen verursachen (Husemann [1]).

Manche Arten von Ameisen *(Myrmica, Ponera)* haben einen dem Giftapparat der Bienen analogen Stechapparat, d. h. sie besitzen einen mit einer Giftdrüse verbundenen Giftstachel. Bei anderen Arten liegt die Giftdrüse in der Nähe des Afters; diese spritzen das Sekret der Giftdrüsen in die durch ihren Biß verursachte Wunde, indem sie den Hinterleib nach oben und vorn biegen.

Die morphologischen Verhältnisse des Giftapparates der Ameisen hat Forel [2] eingehend untersucht und beschrieben.

Die chemische Natur des in dem Giftsekret der Ameisen enthaltenen wirksamen Körpers ist nicht mit Sicherheit festgestellt. Man nahm an, daß die in dem Sekrete in großer Menge vorhandene Ameisensäure, $H \cdot COOH$, das giftige Prinzip sei, wie das auch bei dem Gifte der Honigbiene früher geschah. Die schwache, lokal reizende Wirkung des Giftes unserer einheimischen Ameisen könnte allenfalls durch die lokale, ätzende Wirkung der Ameisensäure bedingt sein; für die schwereren, durch gewisse exotische Arten verursachten Erscheinungen kann die Ameisensäure jedoch kaum verantwortlich gemacht werden. Dafür spricht auch die Angabe Stanleys, der zufolge gewisse afrikanische Völkerschaften sich des Giftes bestimmter roter Ameisen als Pfeilgift [3] bedienen. Die getrockneten Ameisen werden pulverisiert, das Pulver mit Öl vermischt und das Gemenge auf die Pfeilspitzen gestrichen. Durch solche Pfeile verursachte Verwundungen sollen rasch den Tod herbeiführen. Es handelt sich wahrscheinlich um die Wirkungen einer noch unbekannten Substanz, welche vielleicht nach Art des in den Brenn-

---

[1]) Th. und H. Husemann, Handbuch der Toxikologie, S. 275 bis 276. Berlin (1862).

[2]) A. Forel, Der Giftapparat und die Analdrüsen der Ameisen. Zeitschr. f. wissenschaftl. Zoologie 30, Supplement S. 28 (1878).

[3]) H. M. Stanleys Briefe über Emin Paschas Befreiung. Herausgegeben von J. Scott Keltie. Deutsche Übersetzung von H. v. Wobeser. 5. Aufl., S. 48. Leipzig (1890).

haaren der ostindischen Juckbohne[1] (*Negretia pruriens*) oder in der Brennnessel[2] (*Urtica dioica*) enthaltenen Stoffes wirkt.

b) Ordnung Lepidoptera, Schuppenflügler, Schmetterlinge.

Die Raupen mancher Schmetterlinge sind nach neueren Untersuchungen unzweifelhaft Gifttiere. In der Mehrzahl der Fälle handelt es sich um passiv giftige Tiere, doch sind auch solche Raupen bekannt, die sich ihres Giftes willkürlich bedienen können.

In die erste Kategorie gehören die Raupen von

Cnethocampa processionea Lin., Eichen-Prozessionsspinner,
Cnethocampa pinivora Tr., Kiefern-Prozessionsspinner, und
Cnethocampa pityocampa Fabr., Pinien-Prozessionsspinner.

Diese Schmetterlinge, deren Raupen in großer Anzahl in Nestern gesellig zusammenleben, verdanken ihre deutschen Namen der eigentümlichen, geordneten Marschweise, welche diese bei ihren nächtlichen Ausflügen innehalten, wobei eine Raupe voraus, dahinter die übrigen in einer geschlossenen Reihe marschieren, oder so, daß der Zug allmählich zwei- bis mehrgliederig wird. In letzterem Falle verschmälert er sich aber wieder nach hinten. Am Abend ziehen sie zwecks Nahrungsaufnahme aus und kehren bei Tagesanbruch wieder in das Nest oder Gespinst zurück.

C. processionea findet sich hauptsächlich im nordwestlichen Deutschland im August und September namentlich in der Ebene, *C. pinivora* vorwiegend in den Tiefebenen und dem Hügellande in der Umgebung der Ostsee im April und Mai. *C. pityocampa* ist in Südeuropa, namentlich in den Küstenländern des Mittelmeeres, einheimisch.

Die durch die Prozessionsraupen hervorgerufenen Krankheitserscheinungen sind seit den Untersuchungen von Réaumur (1756), welcher diese Tiere und ihre Lebensgewohnheiten zuerst genauer beschrieb, gut bekannt. Sie bestehen nach den

---

[1] Vogel, Über Ameisensäure, Sitzungsber. d. Akad. d. Wissenschaften in München, Mathem.-phys. Klasse, 12, 344 bis 355 (1882).

[2] G. Haberlandt, Zur Anatomie und Physiologie der pflanzlichen Brennhaare. Sitzungsber. d. Wiener Akademie 1 [93], 130 (1886).

übereinstimmenden Angaben von Réaumur[1]), Brockhausen[2]),
Morren[3]), Fabre[4]) und anderer Autoren in mehr oder weniger
heftiger Entzündung und Schwellung, insbesondere der
Schleimhäute der Konjunktiva, des Kehlkopfes und des Rachens;
doch kann auch die äußere Haut (Gesicht und Hände) durch das
Eindringen der Haare in einen Zustand entzündlicher Reizung
(Urticaria) versetzt werden.

Ein von Ratzeburg[5]) beschriebener Fall soll sogar tödlich
verlaufen sein. Es handelte sich um einen mit dem Einsammeln
von Prozessionsraupen beschäftigten Mann, der an einer schweren,
von einer verletzten Stelle der Hand ausgehenden und sich über
den ganzen Arm verbreitenden Entzündung erkrankte und starb.

Die Massenvermehrung des Kiefern-Prozessionsspinners an
der Ostseeküste in den achtziger Jahren des vergangenen Jahrhunderts und das wiederholte Auftreten endemischer Urticaria
bei den Bewohnern dieser Gegend und den Gästen der Badeorte
Kahlberg, Hela und Dievenow hat schweren wirtschaftlichen
Schaden zur Folge gehabt (Laudon[6]).

Die Frage nach der Ursache der geschilderten Wirkungen der Haare dieser Raupen ist durch die Untersuchungen
von Fabre (a. a. O.) entschieden. Nach diesem Autor verursachen
die mit Äther sorgfältig extrahierten Haare, die bei
dieser Behandlung die Widerhaken nicht verloren, nach der
Applikation auf die menschliche Haut keinerlei Erscheinungen,
während der nach dem Verdunsten des Äthers zurückbleibende
Stoff auf der Haut Schwellung und Bläschenbildung verursachte. Die gleiche Wirkung auf die intakte Haut zeigte auch
das Blut dieser Raupen und in weit höherem Grade die Rückstände von Ätherauszügen der Exkremente dieser Tiere.

---

[1]) Réaumur, Des chenilles qui vivent en société. Mémoires pour
servir à l'histoire des insectes 2, 179 (1756). (Morren.)

[2]) M. B. Brockhausen, Beschreibung der europäischen Schmetterlinge 3, 140 (1790).

[3]) Ch. Morren, Observations sur les moeurs de la processionaire
et sur les maladies qu'occasionne cet insect malfaisant. Bull. de l'Acad.
roy. de Belge [1] 15 [2], 132—144 (1848).

[4]) H. J. Fabre, Un virus des Insectes. Ann. des sciences nat.
[8] 6, 253—278 (1898).

[5]) J. Th. Ch. Ratzeburg, Die Forstinsekten. 2. Teil, S. 57—58 (1840).

[6]) Laudon, Einige Bemerkungen über die Prozessionsraupen und
die Ätiologie der Urticaria endemica. Virch. Arch. 125, 220—238 (1891).

Fabre dehnte seine Untersuchungen dann auch auf eine Reihe anderer Lepidopteren aus und fand in dem Harne aller darauf untersuchter Schmetterlinge (auch von solchen Exemplaren, die eben ausgeschlüpft waren und noch keine Nahrung aufgenommen hatten) einen Stoff, welcher auf der Haut heftige Entzündung verursachte. Demnach ist das Vorkommen eines lokal reizenden und Entzündung erregenden, nach Art des Cantharidins wirkenden Stoffes nicht auf die Prozessionsraupen allein beschränkt, sondern auch bei anderen Lepidopteren erwiesen. Derartig wirkende Stoffwechselprodukte finden sich auch bei anderen Insekten, als den darauf untersuchten Lepidopteren und Coleopteren. Fabre hat bei einigen Hymenopteren und Orthopteren ebenfalls einen blasenziehenden und sogar Geschwürbildung verursachenden Stoff nachweisen können.

Es fragt sich aber, warum von den behaarten Raupen die Prozessionsraupen allein die geschilderten Krankheitserscheinungen verursachen. Fabre findet die Erklärung für diese Frage in der Lebensweise dieser Tiere, welche sich tagsüber dicht gedrängt in ihren mit Exkrementen stark verunreinigten Nestern aufhalten. Die Exkremente haften an den Haaren der Raupen fest und werden dann mit diesen im Freien zerstäubt, so daß auch ohne direkte Berührung der Tiere der entzündungserregende Stoff auf die äußere Haut und die Schleimhäute gelangt und dort seine Wirkungen entfaltet.

Für das Vorkommen von lokal reizend wirkenden Stoffen auch bei anderen als den von Fabre untersuchten Lepidopteren sprechen ferner gewisse, bei den in Seidenfabriken beschäftigten Arbeiterinnen gemachten Erfahrungen. Es handelt sich um die Erscheinungen der in Frankreich „Mal de Bassine“, in Italien „Mal della caldajuola“ genannten Affektion. An den Händen der Arbeiterinnen, welche mit dem Abspinnen der in heißem Wasser aufgeweichten Kokons beschäftigt sind, bilden sich häufig Bläschen und Pusteln, wobei es zur Eiterung kommen kann und die Hände stark schmerzen [Potton[1]), Melchiori[2])].

---

[1]) Potton, Recherches et observations sur le mal de vers ou mal de bassine, eruption vesico-pustuleuse qui attaque exclusivement les fileuses de cocons de vers à soie. Annales d'hygiène 49, 245—255 (1853).

[2]) G. Melchiori, Die Krankheiten an den Händen der Seidenspinnerinnen. Schmidts Jahrbücher 96, 224 bis 226 (1857).

Vielleicht handelt es sich hier um die Wirkungen eines im Kokon vorhandenen und aus dem Organismus des Seidenspinners *(Bombyx mori)* oder dessen Raupe stammenden, cantharidinartig wirkenden Stoffwechselproduktes.

Zu den aktiv giftigen Lepidopteren sind die Larven der Gattung *Cerura Schr.* s. *Harpyia Ochs.* (Gabelschwanz) zu zählen, welche sich (Juni bis August) an Weiden, Pappeln und Linden finden und bei der Berührung aus einer Querspalte des ersten Ringes unter dem Kopfe (Prothorax) eine stark saure, ätzende Flüssigkeit hervorspritzen. Von Meldola auf Veranlassung von Poulton[1]) ausgeführte Analysen des Sekretes (Dicranura) ergaben einen Gehalt desselben von 33 bis 40 Proz. wasserfreier Ameisensäure.

c) Ordnung Coleoptera, Käfer.

Zahlreiche Käferarten besitzen neben ihrer zum Schutz dienenden Chitinbedeckung noch eigenartige Vorrichtungen zur Bereitung und Absonderung von defensiv zu verwendenden Stoffwechselprodukten. Es kann sich dabei um Sekrete bestimmter Drüsen handeln, oder aber um Giftstoffe, die im ganzen Organismus der Käfer verbreitet sind. Im ersteren Falle sind es meistens Anal-, Speichel- oder Tegumentdrüsen, die ein spezifisches Sekret von höchst unangenehmem Geruche oder auch von ätzender Wirkung liefern. Im zweiten Falle ist das Gift im Blute enthalten.

Das Blut kann an bestimmten Stellen des Körpers, meistens an den Gelenken, an die Oberfläche desselben treten, und wirkt dann infolge seines Gehaltes an gewissen Stoffen als Abwehr- oder Verteidigungsmittel.

Virey[2]) beobachtete zuerst, daß der Maiwurm *(Meloë majalis)* beim Anfassen eine gelbe Flüssigkeit aus den Beingelenken austreten läßt, welche einen „scharfen" Stoff enthält. Dieser Autor machte auch darauf aufmerksam, daß gerade diese Käferart, ebenso wie die Canthariden, bei denen eine ähnliche Erscheinung

---

[1]) E. B. Poulton, The secretion of pure aqueous formic acid by Lepidopterous Larvae for the purpose of defence. British Ass. Report., p. 765 (1887). Trans. Entomological Society. London (1886).

[2]) J. J. Virey, Bulletin de Pharmacie 5, 108—109 (1813).

des Austretens von Flüssigkeit aus den Gelenkspalten bekannt ist, zu medizinischen Zwecken als entzündungserregendes und blasenziehendes Mittel verwendet wird.

Leydig[1]) wies dann (1859) an bestimmten Arten von Coccinella, Timarcha und Meloë nach, daß die aus den Gelenkspalten austretende Flüssigkeit dieselben morphologischen Elemente enthält wie das Blut der genannten Käfer, und Cuénot[2]) konnte sich davon überzeugen, daß dieser wahrscheinlich reflektorische Blutaustritt, von ihm als „Saignée reflexe" bezeichnet, bei den verschiedensten Chrysomeliden, Coccinelliden und Vesicantien, sowie auch bei gewissen Orthopteren (Eugaster und Ephippiger) zu beobachten ist. Auch bei einzelnen Carabiden ist dieser Vorgang beobachtet worden[3]).

Die Art und Weise, wie das Blut aus dem Körper austritt, ist noch nicht mit Sicherheit festgestellt. Cuénot deutet den Vorgang so, daß das Blut durch Kontraktion des Abdomens unter Druck gebracht wird, worauf es die Cuticula an den Stellen des geringsten Widerstandes sprengt und so nach außen gelangt. Nach Lutz[4]) wird das Blut bei starker Kontraktion des Abdomens und der Flexoren der Tibia durch präformierte Spalten in den Gelenkhäuten willkürlich herausgepreßt.

Ist man nun auch über den Mechanismus des Blutaustrittes noch nicht im klaren, so darf man doch wohl kaum daran zweifeln, daß das auf die eine oder die andere Weise an die Körperoberfläche gelangte Blut eine Schutzwirkung gegenüber den Feinden dieser Tiere entfaltet. Die Ergebnisse und Beobachtungen der diese Tatsache begründenden Tierversuche von Cuénot und von Beauregard[5]), welche ich hier nicht wiedergeben will, lassen kaum eine andere Deutung zu.

---

[1]) Leydig, Archiv f. Anatomie, S. 36 (1859).

[2]) L. Cuénot, Bull. de la Soc. zoolog. de France 15, 126 (1890). Compt. rend. 118, 875 (1894) und 122, 328 (1896). Arch. de Zoolog. expér. [3] 4, 655 (1896).

[3]) Vgl. Zoologischer Jahresbericht 1895 (C. E. Pórter).

[4]) Das Bluten der Coccinelliden. Zoologischer Anzeiger 18, 244 und Zoologischer Jahresbericht 1895.

[5]) Compt. rend. de la Soc. de Biologie [7] 6, 509 (1884). Journ. de l'Anat. et de Physiol. 21, 483 und 22, 83—108, 242—284 (1886). Les insectes vésicants, Paris (1890).

Die chemische Natur der im Blute der genannten Insekten vorkommenden, scharfen, entzündungserregenden Stoffe ist, mit Ausnahme des im Blute von **Lytta vesicatoria L.** sich findenden Cantharidins, völlig unbekannt. Über das Cantharidin sind wir jedoch nach den verschiedensten Richtungen, sowohl chemisch als pharmakologisch, auf das genaueste informiert.

Das **Cantharidin** wird aus verschiedenen, der Familie der **Pflasterkäfer, Vesicantia,** angehörenden Lytta-, Mylabris- und Melöearten gewonnen. Von diesen ist *Lytta vesicatoria,* Spanische Fliege, die bekannteste Art; in getrocknetem Zustande stellt dieser Käfer das offizinelle Präparat „Cantharides" der deutschen Pharmakopöe dar.

Die entzündungserregenden und blasenziehenden Eigenschaften der *Lytta vesicatoria* und verwandter Coleopteren haben schon die Aufmerksamkeit der alten Griechen und Römer auf die genannten Käfer gelenkt. Aristoteles erwähnt bereits die Canthariden und Plinius[1]) berichtet über die Giftigkeit und die Heilkraft derselben. Die Giftigkeit der Canthariden war im Altertum allgemein bekannt, da man sie sogar den zum Tode Verurteilten an Stelle des Schierlingtrankes verabreichte.

Hippokrates bediente sich der *Mylabris trimaculata F.* zuerst zu medizinischen Zwecken. Seitdem sind diese Käferarten, innerlich angewendet, bis in die neueste Zeit als Diuretikum gegen Wassersucht, bei Krankheiten der Harn- und Geschlechtsorgane, gegen Gicht, bei Bronchitis und vielen anderen Krankheiten verwendet worden[2]).

Auch als vermeintlich den Geschlechtstrieb steigerndes Mittel, als Aphrodisiakum, haben die Canthariden vielfach Verwendung gefunden[3]). Bei den sog. Liebestränken (Philtra) haben die Canthariden von jeher eine große Rolle gespielt.

---

[1]) Hist. nat., Lib. 11, 41.

[2]) Steidel, Über die innere Anwendung der Canthariden. Eine historische Studie. Dissert. Berlin (1891). L. M. V. Galippe, Étude toxicologique sur l'empoisonnement par la cantharidine et par les préparations cantharidiennes. Paris (1876). Kobert, Hist. Studien 4, 129. R. Forsten, Disquisitio medica Cantharidum, historiam naturalem, chemicam et medicam exhibens. Straßburg (1776). v. Schroff, Lehrbuch der Pharmakologie, 4. Aufl., S. 398 (1873).

[3]) Vgl. hierzu E. Dühren, Der Marquis de Sade und seine Zeit. 2. Aufl., S. 103 u. 599. Berlin (1900).

Im Altertume galten die thessalischen Weiber als Meisterinnen in der Kunst, Tränke zu bereiten, welche die Liebe zu einer bestimmten Person zu erwecken imstande sein sollten[1]). Nachdem als häufigste Wirkung der sog. Philtra Wut und Raserei (vgl. Ovid und Juvenal) beschrieben werden, darf man wohl annehmen, daß hier in vielen Fällen Atropin oder verwandte Stoffe enthaltende Pflanzen verwendet wurden.

Der Glaube an die Liebestränke war im Mittelalter allgemein verbreitet (Tristan und Isolde). Auch im 16. und 17. Jahrhundert dauerte dieser Aberglaube fort bis etwa zur Mitte des 18. Jahrhunderts. Paré nennt die Canthariden als hauptsächlichsten und wichtigsten Bestandteil der italienischen Liebestränke. In Italien erfreuten sich die Canthariden und die Canthariden enthaltenden Diabolini di Napoli großer Beliebtheit, sowie in Frankreich die Pastilles aromatique, Pastilles galantes, Pastilles à la Richelieu, Beaumes de Gilead, Tablettes de Ginseng zu ähnlichen Zwecken Verwendung fanden. Mit derartigen Präparaten wird auch heute noch Mißbrauch getrieben, welcher dann nicht gerade selten Veranlassung zu forensischen Untersuchungen gibt. In England und Frankreich wird das sog. „Lustpulver" (love powder) auch heute noch zu erotischen Zwecken benutzt, häufig mit lebensgefährlichen Folgen für die Betroffenen. Solche Fälle finden sich bei Christison, Neret und Marck beschrieben[2]).

Vergiftungen mit Canthariden sind keineswegs selten. In der Statistique criminelle von Brunet sind für Frankreich allein für das Jahr 1847 und einige Jahre vorher 20 Giftmorde oder Giftmordversuche mit Canthariden aufgezählt. In einem Falle wurden während eines Monats bald kleinere bald größere Mengen von Canthariden in Pulverform den Speisen oder Getränken zugesetzt; in einem anderen Falle, der bekannten „Affaire Poirier", war Cantharidenpflaster der Suppe beigemischt worden[3]).

Auch Selbstmorde durch innerlichen Gebrauch des Cantharidenpulvers und des Pflasters sind bekannt. Der Mißbrauch von Canthariden zur Herbeiführung von Abortus hat ebenfalls zur Vergiftung mit tödlichem Ausgange geführt.

Als Beispiel von ökonomischen Vergiftungen durch Canthariden möge hier der von Frestel[4]) beschriebene Fall dienen, in welchem sechs Studenten sechs Monate lang beim

---

[1]) Husemann, Handbuch der Toxikologie, S. 262 (1862).

[2]) van Hasselt, Handbuch der Giftlehre 2, 38 bis 39 (1862).

[3]) Taylor, Die Gifte 2, 553 (1863).

[4]) Frestel, Symptômes déterminés par l'ingestion des Cantharides chez des individus qui y ont été accidentellement soumis pendant longtemps. Journal de Chimie médicale etc., p. 17 (1847).

Mittagsmahle einer Verwechselung von Pfeffer mit Canthariden pulver ausgesetzt waren.

Die Erscheinungen waren, wohl infolge der in größeren Zeitabständen einverleibten kleinen Mengen des Giftes, nur geringfügige. Sie bestanden in Harndrang und Brennen in der Harnröhre. Priapismus wurde nicht beobachtet.

Der 1846 zum Leibarzt des Schahs von Persien ernannte Louis André Ernest Cloquet (1818 bis 1856) soll in Persien durch einen ähnlichen Irrtum tödlich vergiftet worden sein.

Technische Vergiftungen. Bei der Herstellung der verschiedenen pharmazeutischen Cantharidenpräparate kann es leicht zu mehr oder weniger schweren Vergiftungen kommen, infolge des Einatmens des beim Zerreiben und Pulvern der Canthariden auftretenden Staubes.

Medizinale Vergiftungen durch Canthariden waren früher häufig, so durch:

1. zu große innerliche Gaben, besonders in Form verschiedener Geheimmittel, gegen Hydrophobie, Wassersucht usw. und durch

2. äußerlichen Gebrauch des Pflasters, wobei es infolge der Veränderungen der Haut zur Resorption des Cantharidins mit deren Folgen kam. Dies gilt besonders für Kinder, bei welchen schwere Vergiftungen mit zum Teil tödlichen Ausgange nach zu lange dauernder Applikation von Cantharidenpflaster beschrieben worden sind (Beck, Leriche, Metz, Pereira u. a.).

3. Verwechselungen der Cantharidentinktur mit anderen Spirituosa oder des Pulvers mit Jalappen-[1]), Aloe- oder Cubebenpulver.

Christison[2]) beschreibt einen Fall, in welchem eine mit Scabies behaftete Frau in dem Spitale zu Windsor nach fünftägigem Leiden starb, nachdem man derselben statt mit Krätzsalbe den ganzen Körper mit *Unguentum cantharidum* eingerieben hatte.

Das **Cantharidin** ist, wie bereits oben angegeben, derjenige Bestandteil der *Lytta vesicatoria* und verwandter Käferarten, welcher die weiter unten beschriebenen charakteristischen Wir-

---

[1]) Taylor, Die Gifte 2, 551 (1863).
[2]) v. Hasselt, a. a. O. 2, 40. Vgl. oben S. 208, Anm. 2.

kungen hervorruft. Dasselbe kristallisiert in trimetrischen Tafeln, deren Schmelzpunkt bei 218° liegt und deren empirische Zusammensetzung der Formel $C_{10}H_{12}O_4$ entspricht. Es ist in Wasser schwer löslich, leichter löslich in Alkohol, Schwefelkohlenstoff, Äther und Benzol, sehr leicht löslich in Chloroform, Essigäther und in fetten Ölen.

Das Cantharidin ist von saurer Natur; aus kohlensauren Alkalien macht es Kohlensäure frei unter Bildung von Alkalisalzen, welche ebenfalls sehr wirksam sind. Durch Säuren wird das Cantharidin aus wässerigen Lösungen seiner Alkalisalze abgeschieden. Nach Untersuchungen von H. Meyer[1] ist das Cantharidin, entgegen früheren Annahmen, nicht ein Säureanhydrid, sondern ein β-Lakton einer Ketonsäure, für welches der genannte Autor die Konstitutionsformel[2]

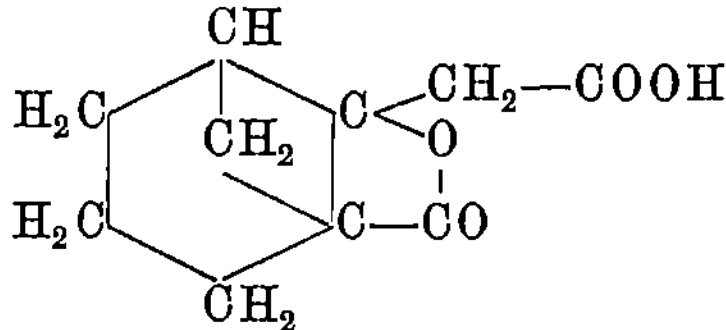

aufstellt.

Die Titration ergibt die Anwesenheit von nur einer Carboxylgruppe. Das Cantharidin wird durch kochende Soda-Permanganatlösung nicht verändert, woraus auf einen vollständig hydrierten Kern geschlossen werden kann.

Der Cantharidingehalt der verschiedenen Coleopteren variiert innerhalb ziemlich weiter Grenzen, auch bei derselben Art. Warner[3], Bluhm[4], Rennard[5], Beauregard[6] u. a.

---

[1] Monatshefte für Chemie **18**, 393 bis 410 (1897) und **19**, 707 bis 726 (1898).

[2] Über die Konstitution des Cantharidins vgl. auch Piccard, Homolka, Anderlini, Spiegel.

[3] Vierteljahrsschrift f. prakt. Pharmazie **6**, 86 bis 89 (1857). Vgl. auch American Journal of Pharmacy **28**, 193 (1856).

[4] C. Bluhm, Beiträge zur Kenntnis des Cantharidins. Vierteljahrsschrift f. prakt. Pharmazie **15**, 361 bis 372 (1866).

[5] E. Rennard, Das wirksame Prinzip im wässerigen Destillate der Canthariden. Inaug.-Diss. Dorpat (1871).

[6] H. Beauregard, Recherches sur les insectes vésicants. Journal de l'Anat. et de Physiolog. **21**, 483—524 und **22**, 83—108, 242—284 (1886).

haben die Mengen des Cantharidins quantitativ bestimmt und folgende Zahlen erhalten:

	pro Mille Cantharidin
Cantharis s. *Lytta vesicatoria* . enthält nach Warner	4,06
„ *vittata* . . . . . „ „ „	3,98
Mylabris Cichorii . . . . . „ „ „	4,26
Cantharis s. *Lytta vesicatoria* . „ „ Bluhm	2,6
Mylabris quattuordecim punctata „ „ „	4,8
Verschiedene Arten . . . enthalten nach Rennard	3,8—5,7
Cantharis s. *Lytta vesicatoria* enthält nach Beauregard	3,6—4,9
Mylabris pustulata . . . „ „ „	3,5

Der brasilianische Pflasterkäfer, *Epicauta adspersa*, soll 2,5 Proz. Cantharidin und *Melöe majalis* über 1 Proz. enthalten [1]).

Die **Wirkungen des Cantharidins** bei äußerlicher Anwendung charakterisieren sich durch äußerst heftige Entzündungen an der Applikationsstelle. Schon in Mengen von weniger als 0,1 mg in Öl gelöst auf die menschliche Haut gebracht, bewirkt es nach einigen Stunden Blasenbildung. Infolge seiner Nichtflüchtigkeit durchdringt das in einem die Hautschmiere lösenden Vehikel auf die Haut gebrachte Cantharidin nur langsam die Epidermis und erzeugt in der Cutis, zunächst aber nicht in den tieferen Schichten, eine exsudative Entzündung, welche zur Bildung von Blasen führt. In ähnlicher Weise wirkt das Cantharidin **nach der Resorption**, auch in Form seiner Alkalisalze, auf die verschiedensten drüsigen Organe, seröse Höhlen und Schleimhäute, wo es zur Ausscheidung kommt und verursacht da eine entzündliche Reizung. Die Hauptmenge des resorbierten Cantharidins wird durch die Nieren ausgeschieden und deshalb kommt es leicht nach Anwendung von Cantharidenpflastern zu Nierenreizung mit Eiweißausscheidung im Harn und später zur ausgebildeten Nephritis.

Demme berichtet über einen derartigen Fall nach Applikation eines großen Blasenpflasters bei einem fünfjährigen Knaben. Die Erscheinungen bestanden in heftigem Erbrechen, schleimigblutigen Stühlen, Schmerzen in der Nierengegend, heftigem Brennen

---

[1]) Bernatzik-Vogl, Lehrbuch der Arzneimittellehre, 3. Aufl., S. 542 (1900).

in der Urethra, Dysurie, spärlichem blutigen Harne. Nach wochenlang andauernder Cystitis erfolgte Genesung.

Außer den oben beschriebenen Wirkungen des Cantharidins auf die genannten Organe wirkt dasselbe nach seiner Resorption aber auch direkt auf das Zentralnervensystem. Katzen und Hunde erbrechen heftig nach subkutaner Injektion von wenigen mg eines Alkalisalzes des Cantharidins, die Respiration wird stark beschleunigt, dann tritt Dyspnoe und durch Respirationsstillstand der Tod ein, welchem heftige Konvulsionen vorausgehen können.

Das Studium der Wirkungen des Cantharidins auf verschiedene Tierarten hat äußerst interessante Resultate ergeben, zunächst die Tatsache, daß gewisse Tiere gegen das Cantharidin eine **relative Immunität** besitzen. Frösche und Hühner sind nach den Untersuchungen von Radecki[1] sehr wenig empfindlich. Gaben von 15 bis 30 mg Cantharidin als Kaliumsalz subkutan injiziert verursachen bei Hühnern keinerlei Wirkung; ebenso können Hühner Cantharide und Cantharidin ohne Schaden fressen. Versuche von Harnack, Horvath, Lewin und Ellinger[2] ergaben, daß auch der Igel sehr resistent gegen das Cantharidin ist. Ein Igel von 700 g zeigt nach intravenöser Injektion von 20 mg keine Nierenstörung. Bei diesem Tiere rufen bei subkutaner Applikation 30 bis 50 mg nur eine geringe Nierenschädigung hervor; 100 mg verursachen schwere Nephritis und führen nach einigen Tagen zum Tode.

Am Kaninchen bewirkt schon 0,1 mg Cantharidin, subkutan injiziert, Nephritis und 1,0 mg pro kg Tier führt den Tod herbei.

Die tödliche Dosis für den Menschen ist nicht mit Sicherheit festgestellt. Die Autoren nehmen dieselbe allgemein zu etwa 0,03 g an. · Nach den bei der Liebreichschen Tuberkulosebehandlung mit dem Kaliumsalz des Cantharidins gewonnenen Erfahrungen rufen bereits 0,2 mg häufig Albuminurie hervor.

---

[1] Radecki, Die Cantharidinvergiftung. Inaug.-Diss. Dorpat (1866). J. Sussnitzki, Das Verhalten der Hühner gegen Cantharidin. Inaug.-Diss. Königsberg (1903).

[2] Ellinger, Studien über Cantharidin und Cantharidinimmunität. Archiv f. exp. Path. u. Pharmak. 45, 89 (1900).

An der Hand folgender Zahlen läßt sich eine Vorstellung von dem Grade der Resistenz verschiedener Tierarten gegenüber dem Cantharidin gewinnen.

1 g Cantharidin ist eine krankmachende Dosis für
350 000 kg Mensch,
20 000 „ Kaninchen,
weniger als 35 „ Igel;

1 g Cantharidin ist die tödliche Dosis für
20 000 kg Mensch,
500 „ Kaninchen,
7 „ Igel.

Ellinger stellte bei seinen Versuchen fest, daß beim Igel fast die ganze Menge des einverleibten Giftes durch die Nieren unverändert ausgeschieden wird. Eine Zerstörung des Cantharidins im Organismus des Igels, eine Entgiftung auf chemischem Wege findet also nicht statt. Daraus folgt, daß die Igelniere dem Cantharidin gegenüber in hohem Grade widerstandsfähig ist. Diese Widerstandsfähigkeit der Igelniere scheint eine spezifische für das Cantharidin zu sein, denn ein anderes „Nierengift", das chromsaure Kalium, mit welchem Ellinger[1] einen Versuch zur Beantwortung dieser Frage anstellte, tötete in der gleichen Dosis, welche für ein Kaninchen letal ist, auch einen Igel, dessen Nieren bei der Sektion die gleichen Veränderungen zeigten, wie sie für diese Verbindung für die Kaninchenniere beschrieben worden sind.

Eine Gewöhnung an das Cantharidin tritt auch bei längere Zeit fortgesetzter Einverleibung desselben nicht ein, wahrscheinlich infolge der Unzerstörbarkeit dieses Stoffes im Organismus, wie dies auch bei der Oxalsäure [Faust[2]] und beim Codeïn [Bouma[3]] aus dem genannten Grunde nachgewiesen ist.

Der Nachweis einer stattgehabten Vergiftung mit Cantharidin oder Cantharidin für forensische Zwecke gelingt leicht; im ersteren Falle durch die Auffindung der glänzenden, grünlich schillernden Teilchen der Flügeldecken im Erbrochenen, sowie im Magen- und Darminhalt. Diese werden nur sehr langsam, wenn

---

[1] a. a. O., S. 109. Vgl. S. 212, Anm. 2.
[2] Archiv f. exp. Patholog. u. Pharmak. 44, 234 bis 237 (1900).
[3] Ebenda 50, 353 bis 360 (1903).

überhaupt verändert und können noch lange Zeit nach dem Tode nachgewiesen werden. Der Darm wird zweckmäßig aufgeblasen, getrocknet und dann mit der Lupe untersucht, falls die Untersuchung des Darminhaltes nicht schon die Anwesenheit der charakteristischen, kaum zu verkennenden Körperteile von Canthariden ergab.

Über den chemischen Nachweis des Cantharidins und die Isolierung des letzteren aus dem Inhalt des Magendarmkanals finden sich ausführliche Angaben bei Dragendorff[1]). Auch aus dem Harn kann das Cantharidin in manchen Fällen isoliert werden, wenn große Mengen desselben einverleibt wurden.

Entsprechend seinen Wirkungen gehört das Cantharidin im pharmakologischen System in die Gruppe der sog. „Phlogotoxine", welcher neben demselben noch das Euphorbin des Euphorbiumharzes, das im spanischen Pfeffer enthaltene Capsaicin, das Mezereïn der Seidelbastrinde *(Daphne mezereum)* das Anemonin verschiedener Anemone- und Rannuculusarten und besonders noch das in den Anacardiumfrüchten und dem Giftsumach *(Rhus toxicodendron)* vorkommende Cardol angehören[2]). Das Bienengift, welches mancherlei Ähnlichkeiten mit dem Cantharidin in pharmakologischer Hinsicht aufweist, findet auch in dieser Gruppe des natürlichen Systems vorläufig seinen Platz.

Zoologisches über Cantharideden findet man bei H. Beauregard, Brandt und Ratzeburg, K. Escherich[3]).

Melolontha vulgaris Fab., der Maikäfer, enthält wahrscheinlich Cantharidin oder einen ähnlich wirkenden Körper, vielleicht auch einen Melolanthin genannten Eiweißkörper.

Cetonia aurata L., der Rosenkäfer, enthält wahrscheinlich auch Cantharidin und wird wie die Cantharideden in Abessinien gegen Hundswut therapeutisch verwendet.

Außer den Cantharideden, deren genaue Kenntnis wir ihrer medizinischen Verwendung verdanken, kennen wir noch eine

---

[1]) Dragendorff, Ermittelung von Giften, 4. Aufl., S. 321 bis 324 (1995).

[2]) Schmiedeberg, Grundriß der Pharmakologie, 4. Aufl., S. 293 bis 294 (1902).

[3]) Beiträge zur Naturgeschichte der Meloidengattung Lytta Fab. Verhandlungen der K. K. zoolog.-botan. Ges. in Wien. (1894.)

Anzahl mit chemischen Waffen, deren Gebrauch aber ein willkürlicher ist, ausgerüsteter Coleopteren.

Brachinus crepitans L., der Bombardierkäfer, und andere der Gattung Brachinus angehörige Arten spritzen den sie angreifenden Feinden einen dampfförmigen Stoff aus dem Mastdarme entgegen. Die dampfförmige Ejakulation stammt aus zwei in den Mastdarm mündenden Drüsen, die ein flüchtiges Sekret bereiten. Auf die Zunge gebracht, soll der Inhalt einer solchen Drüse schmerzhaftes Brennen verursachen und einen gelben Fleck, wie nach der Einwirkung von Salpetersäure, hinterlassen. Die Substanz erzeugt angeblich auch auf der Haut Jucken und Brennen und färbt dieselbe braunrot. Karsten[1] gibt an, daß das in der Drüse wasserhelle Sekret an der Luft vielleicht Sauerstoff aufnimmt unter Bildung von Stickoxyd und von salpetriger Säure. Der ausgespritzte Dampf reagiert sauer und riecht nach salpetriger Säure. Schlägt sich der ausgespritzte Dampf auf kalte Gegenstände nieder, so bilden sich gelbe, ölartige Tropfen, die in einer wasserhellen Flüssigkeit schwimmen. Bei dem Zerreißen des Sekretionsbehälters braust der Inhalt desselben auf und der flüssige Rückstand färbt sich rot. Dieselbe Farbe nehmen Wasser und Alkohol an, wenn man das Organ in diese Flüssigkeiten bringt. „Die alkoholische Lösung nimmt den Geruch des Salpeteräthers an."

Von hervorragendem biologischem Interesse wäre die Nachprüfung und Bestätigung einer Angabe von Loman[2], nach welcher **Cerapterus quatuor maculatus**, ein zur Familie der Paussiden gehöriger Käfer, eine Bombardierflüssigkeit ausspritzt, die freies Jod enthalten soll. Lomans Angabe über die Anwesenheit von freiem Jod in dem Sekret von *Cerapterus quatuor maculatus* stützt sich außer auf der Bläuung von Stärkepapier auf das Verhalten desselben zu Alkohol und Äther.

Auch bei **Paussus Favieri**, einem in der algerischen Provinz Oran einheimischem Paussiden, hat Escherich[3] das Ausspritzen

---

[1] H. Karsten, Harnorgane des *Brachinus complanatus.* Archiv f. Anat. u. Physiolog., S. 368 bis 374 (1848). Mit Tafeln.

[2] C. Loman, Tijdschrift d. nederl. Dierk. Vereen [2] 1, 106—108 (1887). Journ. Royal Microsc. Soc., p. 581 (1887).

[3] K. Escherich, Zur Naturgeschichte von *Paussus Favieri Fairm.* Verhandlungen der K. K. zoolog.-botan. Ges. in Wien.

einer Stärkepapier bläuenden Explosions- oder Bombardierflüssigkeit beobachtet.

Nach Escherich macht der genannte Käfer, wie auch sein
naher Verwandter, **Paussus turcicus**, jedoch nur äußerst selten
Gebrauch von seinem Verteidigungsapparat. „Auf Berührung,
selbst auf heftige Angriffe von seiten der Ameisen[1] reagiert er
nicht im geringsten; erst durch Drücken mit dem Finger konnte
ich ihn zum Bombardieren bringen; er spritzt dann zu beiden
Seiten des Abdomens (achtes Segment) unter einem ganz kurzen
Geräusch eine stark (ammoniakalisch?) riechende Flüssigkeit aus,
die sich teilweise in der Umgebung der Ausführöffnung als gelbe
Kruste niederschlägt."

Manche Käfer besitzen in gewissen flüchtigen, von ihnen
produzierten Stoffwechselprodukten von eigentümlichem oder auch
unangenehmem[2] Geruche chemische Schutzmittel, so z. B.:

Carabus niger L. und **Carabus auratus L.**, welche ein nach
Buttersäure riechendes Sekret absondern. Bei der Behandlung
des stark sauer reagierenden Sekretes mit Alkohol und konzentrierter Schwefelsäure hat Pelouze[3] den ananasartigen Geruch
des Buttersäureesters wahrnehmen können.

Aromia moschata L., der sog. Moschusbock, verbreitet einen
moschusartigen Geruch. Die Larve des Espenkäfers, **Lina
tremulae**, sondert angeblich eine nach Bittermandelöl (Blausäure)
riechende Flüssigkeit ab.

Die Schwimmkäfer, **Dyticidae**, lassen, wenn man sie anfaßt
oder reizt, eine milchweiße Flüssigkeit zwischen Kopf und Prothorax austreten, die einen charakteristischen, unangenehmen Ge-

---

[1] *Paussus Fav.* und *Paussus turcicus* leben in Symphilie mit
Ameisen. Vgl. Escherich, a. a. O.

[2] Der Begriff „unangenehm" ist ja, was den Geruch anbetrifft,
bekanntlich individuell und relativ; es ist daher nicht statthaft, nur
nach den Geruchsempfindungen des Menschen zu urteilen, bei welchem
ja auch das Individuelle und Rasseneigentümlichkeiten eine Rolle
spielen, so z. B. Neger und Weiße in Amerika, Japaner in europäischer
Gesellschaft, besonders europäischer Frauen.

[3] Pelouze, Sur la nature du liquide sécréte par la glande ab-
dominale des Insectes du Genre Carabe. Compt. rend. **43**, 123—125
(1856).

ruch[1]) besitzt. Dierx[2]) erblickt in der Rectaltasche der Schwimmkäfer deren Verteidigungsapparat. Der Inhalt der Rectaltasche wird nach diesem Autor mit großer Heftigkeit, ehe der Käfer untertaucht, nach außen entleert, wodurch im Wasser eine dunkelbraune, angeblich nach Schwefelwasserstoff riechende Zone entsteht, in welcher das verfolgte Tier dann schwer zu erkennen ist oder ganz unsichtbar wird.

Die von den Eingeborenen von Java als „Lĕgèn" bezeichnete, aus Borneo importierte Masse, identisch mit dem Pfeilgift der Dajaks, enthält nach einer Bestimmung von Verschorff 12,47 Proz. Strychnin. Sie hat wohl nichts mit dem Käfer „Dendang" *(Epicauta ruficeps)* für dessen Exkret sie gehalten wird[3]), zu tun. Allerdings wurde Strychnin mehrmals in Exemplaren von Epicauta gefunden, wahrscheinlich, weil dieselben sich von Strychnosarten genährt hatten. Diese Käfer sollen sehr resistent gegen die Wirkung des Strychnins sein; Injektionen von Mengen dieses Alkaloids bis zu $^1/_{200}$ des Körpergewichtes riefen keine Konvulsionen hervor.

Gift der Larven von Diamphidia locusta.

Pfeilgift der Kalachari.

In seinem Reisewerk über Deutsch-Südwest-Afrika[4]) berichtet H. Schinz über die Verwendung einer Käferlarve als Pfeilgift seitens der Buschmänner. Mit dem von Schinz ihm überlassenen Materiale, bestehend aus einer Anzahl Kokons (Puppen) und mehreren isolierten eingetrockneten Larven von **Diamphidia locusta,** sowie einigen, zur vollen Entwickelung gelangten Käfern, stellte R. Boehm[5]) zunächst fest, daß die Kokonschalen, die die Larven einhüllenden Häutchen, und auch die zur vollen Ent-

---

[1]) F. Plateau, Recherches sur les phénomènes de la digestion chez les insectes. Mém. de l'acad. Royale de Belgique 41, 36—38 (1875).

[2]) F. Dierx, Sur la structure des glandes anales des Dytiscides et le prétendu rôle defensif de ses glandes. Compt. rend. 128, 1126 (1899).

[3]) Gronemann, Untersuchung eines Käfers und seines strychninhaltigen Exkrets. Über das strychninhaltige Lĕgèn und den Käfer Dendang. Geneeskundig Tijdschrift van Nederlandsch Indie. Neue Serie 10, 679, 693; 11, 197. Rec. des travaux chim. des Pays-Bas 2, 65, 129. Vgl. Malys Jahresbericht 14, 354 (1884).

[4]) Deutsch-Südwest-Afrika. Forschungsreisen durch die deutschen Schutzgebiete 1884 bis 1887. Oldenburg und Leipzig.

[5]) Archiv f. exp. Pathologie 38, 424 (1897).

wickelung gekommenen Käfer ungiftig sind. In der trockenen Larve behält das Gift jahrelang seine Wirksamkeit.

Zur Darstellung von Lösungen des Giftes mazerierte Böhm die unzerkleinerten Larven in destilliertem Wasser, wobei eine durch Papier leicht filtrierbare klare Flüssigkeit von hellgelber Farbe resultiert, welche das in Wasser leicht lösliche Gift in reichlicher Menge enthält. Zur Verhinderung der sonst rasch eintretenden Zersetzung des Giftes infolge der Entwickelung von Fäulniskeimen, die der Oberfläche der Larven anhaften, wird der Giftlösung zweckmäßig etwas Chloroform zugesetzt.

Die Intensität der Giftwirkung stellte Böhm in der Weise annähernd fest, daß er den Trockenrückstand einer Mazeration einer bestimmten Anzahl von Larven in der gleichen Anzahl ccm Wasser bestimmte. Durch zweimalige Extraktion mit Wasser wurden aus den Larven in zwei Versuchen 29 und 20 Proz. des Larvengewichtes gelöst. Durch Salzlösungen ließ sich nicht mehr Gift extrahieren als durch Wasser; die Menge des in einer einzelnen Larve enthaltenen Giftes variierte von Fall zu Fall, vielleicht infolge der Zersetzlichkeit des Giftes. Eine genaue Dosierung des Giftes war unter diesen Umständen nicht ausführbar. 0,5 bis 1,0 ccm einer nach obigem Verfahren (1 ccm Wasser auf eine Larve) hergestellten ersten Mazeration wirkte bei Kaninchen ausnahmslos tödlich. Die kleinste Menge, welche bei Kaninchen den Tod herbeiführte, war 0,25 ccm, entsprechend etwa 0,0015 bis 0,0028 g Trockenrückstand.

Die Mazerationsflüssigkeit reagiert stets deutlich sauer; beim Erwärmen trübt sich die Lösung und scheidet beim Kochen flockige Gerinnsel ab. Alkoholzusatz bewirkt eine flockige Fällung. Die Lösung gibt alle die bekannten Reaktionen auf Eiweiß; ihre Wirksamkeit wird durch Kochen aufgehoben. Der Giftstoff ist durch Ammoniumsulfat aussalzbar und dialysiert nicht. Diesem chemischen Verhalten gemäß muß der Giftstoff der Larven von *Diamphidia locusta* vorläufig der Gruppe der Toxalbumine eingereiht werden.

Die Wirkungen des Giftes der Larven von *Diamphidia locusta* hat F. Starcke[1] eingehend studiert. Nach subkutaner Einverleibung dieses Giftes zeigten Kaninchen, Hunde und Katzen

---

[1] Archiv f. exp. Pathologie **38**, 428 (1897).

niemals stürmische Vergiftungserscheinungen. Als erste
Symptome der Wirkung treten Abnahme der Munterkeit, ver-
minderte Freßlust, später Entleerung von blutig- und
ikterisch gefärbtem Harn ein. Bei Katzen können schon
nach 1 bis $2^1/_2$ Stunden paretische Erscheinungen in den hinteren
Extremitäten sich einstellen. Im Harn finden sich reichliche
Mengen von Eiweiß und Hämoglobin, rotes flockiges Sediment,
aber keine unveränderten Erythrocyten; Leukocyten und Epi-
thelialzylinder fehlten im Harn. Blutige Darmentleerungen kamen
bei Hunden und Katzen nicht vor, bei Kaninchen wurden die
Fäces bei längerer Versuchsdauer weich und breiig. Der Tod
erfolgt schließlich unter fortschreitender allgemeiner Lähmung,
nachdem, insbesondere bei Katzen und Hunden, sich als charakteristisches Symptom im Laufe einiger Stunden eine zur vollkommenen Reaktionsunfähigkeit führende Abnahme der Sensibilität
entwickelt hat. Von der Injektionsstelle ausgehend wurden die
anliegenden Gewebspartien in weiter Ausdehnung verändert;
diese Veränderungen charakterisieren sich je nach der Dauer und
Intensität der Wirkung als diffuse, blutig-ödematöse Infiltration oder als eiterige Entzündung. Auch wenn der
Einstich sorgfältig nur unter die Haut geschah, pflanzten sich
doch wiederholt die Veränderungen, in die Tiefe gehend, durch
die Muskeln und Fascien bis in die Brust- oder Bauchhöhle fort.

Wie die Hämoglobinurie während des Lebens zu den charakteristischen Symptomen der Vergiftung mit dem Larvengifte gehört,
so zeigen auch von den inneren Organen die Nieren regelmäßig
bei der Sektion die auffallendsten pathologischen Veränderungen,
welche als Folge der durch das Gift bedingten Hämoglobinurie
aufzufassen sind. Das Larvengift verändert den Blutfarbstoff
nicht; es bewirkt nur dessen Austritt aus den Blutkörperchen in
das Plasma; die Hämolyse erfolgt sowohl intra vitam als auch
extra corpus im Reagenzglase.

Versuche, welche Starcke mit dem Larvengifte an der Konjunktiva und am Ohre von Kaninchen ausführte, ergaben, daß
dasselbe in typischer Form den Symptomenkomplex der Entzündung
hervorruft. Die weite Verbreitung der entzündlichen Wirkung
spricht dafür, daß das Gift mit dem Lymphstrom sich auf größere
Entfernungen unverändert verbreiten kann. Hierdurch unterscheidet es sich wesentlich von anderen Entzündung erregenden

Stoffen, deren Wirkung eine weit mehr lokalisierte oder zirkumskripte ist.

Die charakteristischen Wirkungen des Giftes der Larven von *Diamphidia locusta* sind also Lösung des Hämoglobins und Erregung von Entzündung. Die Symptome der Vergiftung während des Lebens und die Sektionsbefunde sind ungezwungen auf diese beiden Wirkungen zurückzuführen. Die in manchen Fällen beobachteten Erscheinungen seitens des Zentralnervensystems sind wahrscheinlich von der Blutveränderung abhängig, doch ist eine spezifische Einwirkung des Giftes auf die Nervenzellen nicht ausgeschlossen.

Die Einverleibung des Giftes per os blieb bei einigen an Vögeln angestellten Versuchen ohne schädliche Folgen für diese Tiere.

Bei intravenöser Applikation traten bei Hunden die Vergiftungserscheinungen nicht früher als bei subkutaner Einverleibung ein. Die spät eintretenden Wirkungen des Giftes lassen dessen Anwendung als Pfeilgift unzweckmäßig oder wenigstens unvorteilhaft erscheinen, weil das getroffene und vergiftete Tier sich immerhin noch auf beträchtliche Entfernungen flüchten kann.

d) Ordnung Orthoptera, Geradflügler, Schrecken.

Die der Familie **Blattidae**, Schaben, angehörige Gattung *Periplaneta*, insbesondere *Periplaneta orientalis Burm.* s. *Blatta orientalis L.*, die gemeine Küchenschabe, Brotschabe, Kakerlak, Tarakane, beansprucht ein gewisses pharmakologisches Interesse wegen ihrer auch heute noch in manchen Ländern (Österreich, Rußland) üblichen Verwendung als Diueticum bei Hydrops.

Nach Steinbrück[1] wurde die *Blatta orientalis* zuerst in Rußland vom Volke als Arzneimittel verwendet. Bogomolow[2] isolierte aus diesen Insekten den angeblich wirksamen Stoff in Form eines kristallinischen Körpers, den er „Antihydropin" nannte und sah in einer Anzahl Fälle von Hydrops, Nephritis und Urämie

---

[1] O. Steinbrück, Über Blatta orientalis. Inaug.-Diss. Halle a. S. (1881).

[2] Petersburger med. Wochenschrift Nr. 31, Oktober 1876. Zitiert nach Steinbrück.

günstige Erfolge nach der Behandlung mit dem von ihm dargestellten Stoffe, während Budde, Paul[1]), Wyschinski[2]) u. a. weniger günstige Erfahrungen mit dem Mittel machten. Zur Verwendung kommt in den oben genannten Ländern gewöhnlich ein aus den getrockneten Tieren hergestelltes braunes, eigenartig riechendes Pulver, nach dessen Einverleibung in der Regel die Harnmenge vermehrt wird · (vgl. die bei Steinbrück wiedergegebenen Fälle). Vielleicht ist dabei eine Reizung der Nierenepithelien im Spiele, deren Folgen sich in gesteigerter Sekretionstätigkeit der Nieren äußern.

e) Ordnung Diptera, Zweiflügler, Fliegen.

Unterordnung Nematocera, Mücken. Familie Culicidae, Stechmücken.

Die Stechmücken (Schnaken, Gelsen, gnats, mosquitos, moustiques, zanzari) zeichnen sich aus durch einen den verhältnismäßig kleinen Kopf um ein Mehrfaches an Länge übertreffenden Stech- und Saugrüssel, mit welchem sie bei der Blutentnahme vom Menschen und von Tieren kleine und wenig schmerzhafte Verwundungen der Haut verursachen. Die verletzte Hautstelle wird bald durch mehr oder weniger heftiges Jucken und durch Bildung einer Quaddel kenntlich. Die genannten lokalen Erscheinungen lassen darauf schließen, daß bei dem Stich oder Biß ein lokal reizend wirkender Stoff in die Wunde gelangt, über dessen Natur nichts bekannt ist.

Die biologisch hoch interessanten und für die Aufklärung der Ätiologie gewisser Infektionskrankheiten hochwichtigen Forschungen der Neuzeit haben aber ergeben, daß durch den Stich bestimmter Stechmücken[3]) eine Übertragung von Krankheitserregern (Protozoen) in das Blut des verletzten Individuums erfolgen kann. So wird z. B. beim Menschen das Wechselfieber, die **Malaria**, durch die Übertragung von Plasmodien durch Ano-

---

[1]) Bernatzik-Vogl, Lehrbuch der Arzneimittellehre, 3. Aufl., S. 610 (1900).

[2]) Petersburger med. Wochenschrift, Nr. 21 (1879). Zitiert nach Steinbrück.

[3]) A. Eysell, Die Stechmücken, in C. Mense, Handbuch der Tropenkrankheiten 2, 44 bis 94 (1905). Literatur.

pheles (Gabelmücke) verursacht und die „afrikanische Schlaf-krankheit“, **Nagana**, Trypanosomiasis des Menschen durch ver-schiedene Arten der Tsetsefliegen[1]), **Glossinae Wiedemann,** hervorgerufen, welche auch in gleicher Weise, durch Infektion, oft ganze Rinderherden vernichten.

Von den in Europa einheimischen Dipteren, deren Stiche im allgemeinen mehr lästig als gefährlich sind, sind zu nennen:

Stomoxys calcitrans Lin., die gemeine Stechfliege, Wadenstecher, welche etwa 6 mm lang wird und besonders häufig im August und September vorkommt.

Simulia columbacschensis Fabr., die Kolumbaczer Mücke, erreicht eine Länge von 3 bis 4 mm und kommt besonders häufig in den unteren Donaugegenden, in Serbien in der Um-gegend der Dorfes Kolumbacz (Gollubatz) vor. Diese Mücken erscheinen im April, Mai und August oft in wolkenartigen Scharen. Sie überfallen Tiere und Menschen, bei welchen dann infolge der zahlreichen Stiche schwere Vergiftungserscheinungen, bestehend in Schwellungen, Entzündungen, Fieber und Krämpfen eintreten; zuweilen erfolgt sogar der Tod.

Von den der großen Klasse der **Crustacea,** Krebse, an-gehörigen Arten, möge hier **Crangon vulgaris Fabr.,** die Garneele, Nordsee-Krabbe, Shrimp oder Crevette erwähnt werden, weil durch den Genuß dieser Krabbe wiederholt Massen-vergiftungen vorgekommen sind. Im Jahre 1881 ereignete sich bei Emden eine Massenvergiftung, bei welcher 250 Menschen unter choleraartigen Erscheinungen nach dem Verspeisen von Krabben erkrankten. Es handelt sich hier höchstwahrscheinlich wie bei gewissen Vergiftungen durch Fische (vgl. S. 161) um die Wirkungen nach dem Tode der Tiere entstandener Zer-setzungsprodukte.

---

[1]) L. Sander, Die Tsetsen (Glossinae Wiedemann). Leipzig (1905).

Vermes, Würmer.

Klasse der Plathelminthes, Plattwürmer.

Die der Ordnung **Cestodes, Bandwürmer**, angehörigen
Würmer haben einen abgeflachten, langgestreckten, aus einer
kleineren oder größeren Anzahl von Gliedern (Proglottiden)
zusammengesetzten Körper. Der Kopf (Scolex) trägt verschieden
gestaltete Haftorgane. Darm und Blutgefäßsystem fehlen.
Sie leben als Schmarotzer oder Parasiten im Darmkanal
anderer Tiere (Wirte).

Bothriocephalus latus Brems., der breite Bandwurm
des Menschen[1]), erreicht eine Gesamtlänge von 5 bis 9 m; die
Zahl der Proglottiden kann 4000 betragen. Er findet sich besonders häufig in der westlichen Schweiz (Genfer See), im nordwestlichen und nördlichen Rußland und in Schweden; seltener in
Holland, Belgien und an der preußischen Ostseeküste. Außerhalb
Europa ist sein Vorkommen nur an wenigen Orten mit Sicherheit
nachgewiesen.

Der hauptsächlichste Zwischenwirt ist der Hecht (vgl. oben
S. 165), welcher die freischwimmenden, mit einer Flimmerhülle um-
gebenen Embryonen aus dem Wasser aufnimmt. Letztere gelangen
dann aus dem Darm des Zwischenwirtes in die Darmwand und in die
Muskeln, wo sie, bis zur Übertragung auf den Wirt (Mensch und
Hund) als sog. „Finne" eingekapselt weiterleben.

In den meisten Fällen verursachen die Bandwürmer nur verhältnismäßig leichte Beschwerden[2]); zuweilen kann sich jedoch auch
ein schwerer Krankheitszustand ausbilden. Man hat beobachtet,
daß bei Anwesenheit von *Bothriocephalus latus* im Darme, viel
seltener bei Anwesenheit von Taenien, manchmal sich eine sehr

---

[1]) R. Leuckart, Die Parasiten des Menschen, 2. Aufl., 1 [1],
864 bis 929. Leipzig und Heidelberg (1879 bis 1886).

[2]) E. Peiper, Tierische Parasiten des Menschen. Ergebnisse der
allgem. Pathologie usw. von Lubarsch und Ostertag 3, 22 bis 72
(1897). E. Peiper, Zur Symptomatologie der tierischen Parasiten.
Deutsche med. Wochenschrift 23, 763 (1897).

schwere Anämie entwickelt, ganz nach Art der sog. „perniciösen Anämie" (vgl. S. 165). Die Kranken werden sehr blaß und magern stark ab. Wird der Bandwurm rechtzeitig abgetrieben, so tritt rasche und vollständige Erholung ein.

Die Ursache dieser schweren Erscheinungen scheint ein von dem Bandwurme unter Umständen produziertes Gift zu sein.

Schauman und Tallquist[1]) verfütterten Hunden und Kaninchen zerkleinerte Bandwürmer (Bothriocephalus), welche sie auch in einzelnen Versuchen vorher der tryptischen Verdauung unterwarfen, und injizierten ihren Versuchstieren auch subkutan mittels physiologischer Kochsalzlösungen aus diesen Parasiten hergestellte Auszüge. In einzelnen Fällen entwickelte sich bei Hunden, nicht aber bei Kaninchen, eine unter Erschöpfung tödlich verlaufende Anämie, wobei in einem Falle die Zahl der roten Blutkörperchen auf weniger als die Hälfte der anfänglichen Zahl herabsank. Auch im Reagenzglase wurde Hundeblut auf Zusatz von Bandwurmextrakt lackfarben.

Taenia saginata Goeze s. T. mediocanellata Küchenm., der unbewaffnete Bandwurm des Menschen, erreicht eine Länge von 4 bis 8 m. Der Kopf (Scolex) trägt keine Haken (daher „unbewaffnet").

Taenia solium Rud., der bewaffnete Bandwurm des Menschen, wird 2 bis $3^1/_2$ m lang und kommt vorherrschend in Zentraleuropa vor. Der Kopf trägt einen Hakenkranz (daher „bewaffnet"). Die Eier entwickeln sich im Organismus des Schweines zu der bekannten Muskelfinne, **Cysticercus cellulosae Anct.**

Über den Giftgehalt der Taenien liegen Untersuchungen von Messineo[2]) und Calamida[2]) vor. Die Würmer wurden mit Sand fein verrieben und mit physiologischer Kochsalzlösung extrahiert. Die durch Tonzellen filtrierten oder auch durch Salzfällung gereinigten Extrakte wurden den Versuchstieren nach den üblichen Methoden einverleibt.

---

[1]) O. Schauman und T. W. Tallquist, Über die Blutkörperchen auflösenden Eigenschaften des breiten Bandwurms. Deutsche med. Wochenschrift **24**, 312 (1898).

[2]) E. Messineo und D. Calamida, Über das Gift der Taenien. Zentralblatt f. Bakteriologie, Abt. 1, **30**, 346 (1901). D. Calamida, Weitere Untersuchungen über das Gift der Taenien. Ebenda, S. 374.

Die genannten Autoren glauben nach ihren Versuchen die Gegenwart eines spezifischen Giftes in den Taenien annehmen zu dürfen, obwohl die beobachteten Erscheinungen, sogar nach der intravenösen Injektion, wenig charakteristisch waren. Die Extrakte sollen Wirbeltierblut hämolysieren und im Organismus des lebenden Tieres auf die Leukocyten positiv chemotaktisch wirken.

Picou und Ramond[1]) beobachteten, daß Auszüge von Taenien nur sehr schwer, wenn überhaupt faulen und daß dieselben eine ausgesprochene bakterizide Wirkung zeigen.

Taenia echinococcus v. Sieb., der Hülsenbandwurm, Echinococcus-Bandwurm, dessen Gesamtlänge 5 mm nicht überschreitet, lebt im ausgewachsenen Zustande im Darme des Hundes und ist mit letzterem fast über die ganze Erde verbreitet, ganz besonders häufig auf Island. Geschlechtsreife Proglottiden und Eier dieses Bandwurmes gelangen durch die Hundefäces zur Ausscheidung und entwickeln sich im Organismus verschiedener Haustiere, aber auch des Menschen zur **Finne,** welche schwere, unter Umständen tödlich verlaufende Erkrankungen verursachen kann.

Diese Finne, **Echinococcus,** Hülsenwurm, ist in einer Blase, Echinococcusblase, eingeschlossen. Letztere kann die Größe eines Menschenkopfes erreichen und enthält eine größere oder kleinere Menge meistens eiweißfreier Flüssigkeit, in welcher Bernsteinsäure und Zucker vorzukommen pflegen. Echinococcusblasen finden sich am häufigsten in der Leber, können aber auch in anderen Organen vorkommen.

Die Punktion oder spontane Ruptur einer Echinococcenblase oder -cyste kann auch beim Menschen Vergiftungserscheinungen hervorrufen (**Intoxication hydatique**[2]). Am häufigsten kommt es bei der Punktion oder Ruptur von Leberechinococcen[3]) zu peritonitischen Erscheinungen und fast regelmäßig entwickelt sich eine Urticaria.

---

[1]) R. Picou und F. Ramond, Action bactéricide de l'extrait de Taenia inerme. Compt. rend. de la Soc. de Biologie 51, 176—177 (1899).

[2]) C. Achard, De l'intoxication hydatique. Archive générale de médécine [7] 22, 410—432 und 572—591. Paris (1887). (Literatur).

[3]) C. Langenbuch, Chirurgie der Leber und Gallenblase, 1. Teil. Der Leberechinococcus, S. 36 bis 198 (1894).

Versuche an Tieren haben ergeben [Mourson und Schlagdenhauffen[1]), Humphrey[2])], daß nach intraperitonealer, intravenöser und subkutaner Injektion von Echinococcusflüssigkeit Kaninchen und Meerschweinchen bald starben. Nach subkutaner Injektion von filtriertem Inhalt einer Echinococcusblase sah Debove[3]) bei zwei Individuen Urticaria auftreten.

Die chemische Natur der wirksamen Substanz der Echinococcusflüssigkeit ist unbekannt. Brieger[4]) isolierte daraus die Platinverbindung einer Substanz, welche Mäuse schnell tötete.

Die der Ordnung **Turbellaria, Strudelwürmer,** angehörigen Planarien verbreiten einen sehr starken, wahrscheinlich von einer flüchtigen Base herrührenden Geruch. Bei der Destillation von Planarien mit Kalk wurde Dimethylamin erhalten[5]). Planarien sollen, auf die Zunge gebracht, Brennen und Schwellung der Schleimhaut verursachen. Diese Würmer besitzen nach Moseley[6]) in der Haut eigenartige Gebilde (Stäbchen, Körperchen), vergleichbar den Nesselorganen der Coelenteraten.

Klasse der Nemathelminthes, Rundwürmer.

Die der Ordnung **Nematodes, Fadenwürmer,** angehörigen Würmer haben einen faden- oder spindelförmigen Körper und leben frei oder als Schmarotzer in Tieren, seltener in Pflanzen. Sie unterscheiden sich von den Bandwürmern durch das Vorhandensein eines Darmkanals, und haben in der Regel Mund und After.

Ascaris lumbricoides Lin.[7]), der Spulwurm des Menschen, verursacht bei Kindern vielfach nervöse Erscheinungen, Konvulsionen, Ernährungsstörungen und Anämie. Es fragt sich aber, ob diese Symptome reflektorisch zustande kommen

---

[1]) Mourson und Schlagdenhauffen, Nouvelles recherches chimiques et physiologiques sur quelques liquides organiques. Compt. rend. **95** [2] 793 (1882).

[2]) Humphrey, An inquiry into the severe symptoms occasionally following puncture of hydatid cysts of the liver. Lancet **1**, 120 (1887).

[3]) M. Debove, De l'intoxication hydatique. Bulletins et mémoires de la Soc. méd. des hôpitaux, 9 Mars (1888).

[4]) Langenbuch, a. a. O., S. 109 u. 110. Vgl. oben S. 225, Anm. 3.

[5]) Geddes, Sur la chlorophylle animale. Archiv de Zoolog. exp. **8,** 54—57 (1878/1880).

[6]) H. N. Moseley, Urticating organs of Planarian worms. Nature **16,** 475 (1877).

[7]) Vgl. Leuckart, a. a. O., **2,** 156 bis 258.

oder auf ein von diesen Würmern produziertes Gift[1]) zurückzuführen sind.

In den Ascariden findet sich nach v. Linstow[2]) ein flüchtiger Körper von eigenartigem und unangenehmem, pfefferartigem Geruch, welcher die Schleimhäute heftig reizt. Der genannte Autor hatte Gelegenheit, die lokalen Wirkungen des Stoffes an sich selbst kennen zu lernen, indem ihm etwas davon ins Auge kam, worauf heftige, langdauernde Conjunctivitis und Chemosis des betroffenen Auges erfolgten.

Arthus und Chanson[3]) sahen drei Personen, die von Pferden stammende Ascariden zergliedert hatten, an Conjunctivitis und Laryngitis erkranken. Diese Autoren injizierten auch Kaninchen lebenden Spulwürmern entnommene Flüssigkeit und sahen die Tiere nach subkutaner Einverleibung von 2 ccm derselben innerhalb 10 Minuten zugrunde gehen.

Trichina spiralis Owen verursacht schwere Erkrankungen, die sog. Trichinosis[4]), bei welcher man anfangs Magendrücken, Nausea, Erbrechen, später Durchfälle beobachtet, die zuweilen so heftig werden können, daß die Erscheinungen denjenigen der Cholera ähnlich sind. Es folgen dann die bekannten Erscheinungen seitens der Muskeln und später ein Stadium, welches durch das Auftreten von Ödemen und Hautausschlägen charakterisiert ist. Neben diesen Symptomen bestehen gewöhnlich auch schwere Allgemeinerscheinungen, besonders Fieber, welches zeitweise eine beträchtliche Höhe (40 bis 41°) erreichen kann. Diese Symptome zusammen mit den Erscheinungen seitens des Zentralnervensystems (Kopfschmerzen, Benommenheit, Insomnia) und den Störungen in der Zirkulation sowie gewisse pathologisch-anatomische Befunde (fettige Degeneration der Nierenepithelien) können wohl kaum eine befriedigende Erklärung in der Invasion der Trichinen in die Muskeln finden. Sie nötigen vielmehr zur

---

[1]) G. H. F. Nuttall, The poison given off by parasitic worms in man and animals. American Naturalist **33**, 247 (1899).

[2]) O. v. Linstow, Über den Giftgehalt der Helminthen. Intern. Monatsschrift f. Anatomie u. Physiologie **13**, 188 (1896). Die Gifttiere, S. 128 (1894).

[3]) Arthus et Chanson, Accidents produits par la manipulation des Ascarides. Médecine moderne, p. 38 (1896). Zentralblatt f. Bakteriologie **20**, 264 (1896).

[4]) Vgl. Peiper, a. a. O., S. 51 bis 59.

Annahme einer von den Trichinen bereiteten giftigen Substanz, über welche jedoch bis jetzt nichts bekannt ist.

Die schweren Erscheinungen, welche durch **Ankylostoma duodenale Leuck.** hervorgerufen werden, legten auch hier den Gedanken an die Produktion eines Giftstoffes seitens dieser Parasiten nahe (Bohland[1]); nachgewiesen ist ein derartiges Gift bis jetzt nicht, ebensowenig wie bei der **Filaria (Dracunculus) medinensis Gm.** (Guineawurm), welche im Unterhautzellgewebe des Menschen schmarotzt und Geschwürbildung verursacht. Das Zerreißen des Wurmes beim Herausziehen desselben verursacht angeblich heftige Entzündung mit nachfolgendem Gangrän. Inwieweit ein „Toxin" für diese Wirkung verantwortlich ist[2], bleibt vorläufig unentschieden.

Der Guineawurm war schon den Alten in seinem Vorkommen bei den Küstenbewohnern des Roten Meeres bekannt. Die „feurigen Schlangen", von denen die Kinder Israels in der Wüste heimgesucht wurden, werden von manchen Autoren auf den Guineawurm bezogen.

Klasse der Annelida, Ringelwürmer.

Lumbricus terrestris L., der gemeine Regenwurm, enthält, wie auch bei anderen, sonst ungiftigen Tieren nachgewiesen ist, nach den Angaben von Pauly[3] während der Brunstzeit einen giftigen Stoff, nach dessen Einverleibung zuweilen ganze Frühbruten von Enten zugrunde gehen können. Pauly verfütterte einigen Enten eine größere Anzahl Regenwürmer. Die Tiere schienen bald darauf sehr durstig und wurden später von Krämpfen befallen. Gänse und Hühner, denen Trinkwasser vorenthalten wurde, starben bei ähnlichen Fütterungsversuchen mit Regenwürmern nach einigen Stunden. Das Gift ist in den bei der Sexualfunktion beteiligten Ringen enthalten; von den wässerigen Auszügen dieser Körperteile töteten einige Tropfen Sperlinge; Kaninchen gingen nach der Einverleibung größerer Mengen des wässerigen Auszuges ebenfalls zugrunde.

---

[1] K. Bohland, Über die Eiweißzersetzung bei Anchylostomiasis. Münch. med. Wochenschrift, Jahrg. 41, Nr. 46, S. 901 bis 904 (1874).

[2] v. Linstow, Über den Giftgehalt der Helminthen. Internat. Monatsschr. f. Anatomie u. Physiologie 13, 188 bis 205 (1896).

[3] M. Pauly, Der Regenwurm. Der illustrierte Tierfreund, S. 42 und 79, Graz (1896), zitiert nach Physiolog. Zentralbl. 10, 682 (1896).

Echinodermata, Stachelhäuter.

1. Asteroïdea, Seesterne.

Einige Berichte über Fütterungsversuche[1]) mit Seesternen an Hunden und Katzen, bei welchen die letzteren entweder schwer erkrankten oder starben, scheinen den Verdacht auf die Giftigkeit gewisser Seesterne zu rechtfertigen. Genauere Untersuchungen liegen über diese Frage nicht vor.

Dagegen ist wohl als festgestellt zu betrachten, daß Seesterne, ähnlich wie die Muscheln (vgl. S. 167) unter bestimmten, noch nicht näher bekannten Umständen, einen giftigen, nach Art des Muschelgiftes wirkenden Stoff entweder aus dem Wasser aufnehmen oder in ihrem Organismus bilden können (Wolff[2]).

Manche Seesterne sollen nach der Angabe von Hess (vgl. unten, S. 229, Anm. 2) sich ihrer Beute, bestehend in verschiedenen Muscheln, in der Weise bemächtigen, daß sie zwischen die Schalen der letzteren ein Sekret einfließen lassen, welches das Muscheltier lähmen oder töten soll.

2. Echinoidea, Seeigel.

Gewisse Seeigel besitzen wohl ausgebildete Giftapparate, deren sie sich zur Verteidigung und zum Erlangen ihrer Beute bedienen. Prouho[3]) und besonders v. Uexküll[4]) haben diese

---

[1]) C. A. Parker, Poisonous qualities of the Star-fish. The Zoologist 5, 214 (1881). Zoolog. Jahresbericht 1, 202 (1881). Husemann, Handbuch der Toxikologie, S. 242 (1862).

[2]) M. Wolff, Die Ausdehnung des Gebietes der giftigen Miesmuscheln und der sonstigen giftigen Seetiere in Wilhelmshaven. Virchows Archiv 104, 180 bis 202 (1886).

[3]) H. Prouho, Du rôle de pédicillaires gemmiformes des oursins. Compt. rend. 109, 62 (1890).

[4]) J. v. Uexküll, Die Physiologie der Pedicellarien. Zeitschrift f. Biologie 37 [N. F. 19], 334 bis 403 (1899).

Apparate, deren Funktion und Art und Weise ihres Gebrauches genauer untersucht. An den Spitzen der Giftzangen oder „gemmiformen" (v. Uexküll) Pedicellarien tritt das in den früher irrtümlich als Schleimdrüsen betrachteten Giftdrüsen bereitete giftige Sekret aus. Das Gift bzw. der Inhalt der Giftdrüse ist eine klare, leicht bewegliche, nicht visköse oder fadenziehende Flüssigkeit, welche schwach sauer reagiert und nach der Entleerung aus der Drüse gerinnt.

Die Wirkungen des Giftsekretes scheinen das Zentralnervensystem der vergifteten Tiere zu betreffen. Bei Fröschen sah v. Uexküll nach Bissen, welche das Rückenmark trafen, „allgemeine Krämpfe" auftreten und „kleine Aale von 2 bis 3 cm Länge ringelten sich nach dem Bisse zusammen und schlugen wild umher; traf sie der Biß in die Medulla, so war er tödlich" (v. Uexküll).

Die Eierstöcke von **Toxopneustes lividus Agass**[1]) waren bei den Griechen und Römern roh oder gekocht als Nahrungs- und Genußmittel geschätzt (Hess[2]) und sollen auch heute noch in Marseille in großen Mengen auf den Markt kommen. Mourson und Schlagdenhauffen[3]) fanden, daß die genannten Organe dieses Tieres zur Laichzeit (vgl. auch Fische, S. 155) giftig werden können.

3. Holothurioidea, Seewalzen, Seegurken.

Die Cuvierschen Organe gewisser polynesischer Arten, nahe verwandt oder identisch mit **Holothuria argus**, sollen auf der menschlichen Haut schmerzhafte Entzündung und, wenn sie in das Auge gelangen, Erblindung verursachen[4]).

[1]) Vgl. R. Blanchard, Traité de Zoologie médicale 1, 264—279, Fig. 185. Paris (1889).

[2]) W. Hess, Die wirbellosen Tiere des Meeres, S. 234. Hannover (1878).

[3]) Compt. rend. Acad. Sc. 95, 791 (1882).

[4]) Vgl. bei W. Saville-Kent, The great Barrier Reef of Australia, p. 293. London (1893).

Coelenterata (Zoophyta), Pflanzentiere.

Die Coelenteraten zeichnen sich durch den Besitz der nur bei den Schwämmen fehlenden Nesselkapseln aus.

Diese sind bei den Cnidarien, Nesseltieren, am vollkommensten entwickelt, weisen jedoch bei den einzelnen Arten sehr große Verschiedenheiten auf, sowohl in bezug auf ihre Größe und Form, als auch auf die Anordnung derselben; bei den Ctenophoren, Rippenquallen, sind die Nesselorgane zu eigenartigen Kleborganen umgewandelt.

Die Nesselkapseln der Cnidarien sind länglich-ovale, von einer Membran umgebene Gebilde, in welchen sich je ein spiralig aufgewundener oder zu einem Knäuel zusammengeballter und mit Widerhaken versehener Faden, der sog. Nesselfaden findet. Wird das Tier gereizt, oder will es sich seiner Beute bemächtigen, so wird der Nesselfaden, welcher die zwanzig- bis vierzigfache Länge der Kapsel erreichen kann, hervorgeschnellt, wobei die neben dem Faden in der Kapsel enthaltene visköse oder gallertige, giftige Masse auf die Oberfläche oder infolge des Eindringens der Fäden in die Tiefe, in den Organismus des Beutetieres oder des Feindes befördert und übertragen wird.

Die lokalen Wirkungen der Sekrete dieser Tiere auf die Haut des Menschen sind allgemein bekannt; sie bestehen in mehr oder weniger heftigem Jucken und Brennen der betroffenen Hautpartie; diese Erscheinungen verschwinden nach längerer oder kürzerer Zeit. Bei kleinen Tieren kann allgemeine Lähmung und Tod folgen (Bigelow[1]), aber auch beim Menschen scheinen, besonders durch das Gift der großen Schwimmpolypen (Siphonophora), welche einen Durchmesser von 25 bis 30 cm erreichen, schwere, vielleicht resorptive Erscheinungen nach der Be-

---

[1] R. P. Bigelow, Physiology of the Caravella maxima (Physalia Caravella). Johns Hopkins University Circular 10, 93 (1891).

rührung mit diesen Tieren eintreten zu können, wie der von Meyen[1]) beschriebene Fall beweist, in welchem es sich um Berührung der sog. „Portugiesischen Galeere", **Physalia pelagica**, handelte. Der Betreffende erkrankte schwer an „Entzündungen und Fieber". Ähnliches berichtet auch E. Forbes[2]) über Cyanea capillata.

Die chemische Natur des Giftes der Coelenteraten haben Portier und Richet[3]) zuerst untersucht. Sie verrieben Filamente (Nesselfäden) von Physalien und anderen Nesseltieren mit Sand und Wasser und erhielten so giftige Lösungen, mit welchen sie an Tieren Versuche anstellten. Die wässerigen Auszüge wirkten tödlich, die Tiere wurden somnolent und der Tod erfolgte durch Lähmung der Respiration. An der Applikationsstelle schien das Gift keine Schmerzempfindung hervorzurufen. Die genannten Autoren nannten die wirksame Substanz „Hypnotoxin".

In letzter Zeit ist es Richet[4]) gelungen, aus den Tentakeln von Aktinien, durch geeignete Behandlung mit Alkohol und Wasser, einen aus Alkohol kristallisierenden, aschefreien Körper, das Thalassin, zu gewinnen, welcher unter Zerlegung und Abspaltung von Carbylamin und Ammoniak bei 200° schmilzt. Das Thalassin enthält 10 Proz. Stickstoff, scheint aber keine Base zu sein, da es durch Phosphorwolframsäure, Jod-Jodkalium, Platinchlorid und Silbernitrat nicht gefällt wird. In wässeriger Lösung zersetzt sich das Thalassin rasch unter Entwickelung von Ammoniak. Erhitzen des Thalassins auf 100° zerstört dasselbe dagegen nicht. Intravenös injiziert, soll das Thalassin bei Hunden schon in Mengen von 0,1 mg pro kg Körpergewicht heftiges Hautjucken, Urticaria und Niesen verursachen, jedoch sind auch 10 mg pro kg Körpergewicht nicht tödlich.

Neben dem Thalassin findet sich in den Tentakeln der Aktinien nach Richet[4]) eine zweite Substanz, das Kongestin,

---

[1]) Vgl. O. Schmidt und W. Marshall, Brehms Tierleben (niedere Tiere), 3. Aufl., S. 552 und 553 (1893).

[2]) E. Forbes, Monograph of the British naked-eyed Medusae, p. 10—11. London (1848).

[3]) P. Portier und C. Richet, Sur les effets physiologiques du poison des filaments pêcheurs et des tentacules des Coelenterés (Hypnotoxine). Compt. rend. **134**, 247—248 (1902).

[4]) Charles Richet, Compt. rend. soc. biolog. **55**, 246—248, 707—710, 1071—1073. Vgl. auch Maly **33**, 709 (1904).

von welchem 2 mg pro kg Körpergewicht Hunde innerhalb 24 Stunden töten. Durch vorhergehende, wiederholte Injektionen von Thalassin konnte die Wirkung des Kongestins stark abgeschwächt werden, so daß nach einer derartigen Vorbehandlung 13 mg erst tödlich wirkten. Thalassin und Kongestin scheinen demnach im Verhältnis von „Toxin" und „Antitoxin" zueinander zu stehen.

Die Giftstoffe der Coelenteraten besitzen ein gewisses praktisches Interesse, weil eine Gewerbekrankheit der Taucher und Schwammfischer auf die Wirkungen derselben zurückzuführen ist. Die Symptome der Krankheit bestehen in heftigem Jucken und Brennen der Haut, Quaddelbildung und Entzündungen, die sich mehr oder weniger ausbreiten. Prophylaktisch soll eine dünne Fettschicht auf der Haut genügenden Schutz gegen die Wirkungen dieser Gifte gewähren.

NAMENVERZEICHNIS.

A.

Abel 16, 18.
Achard 225.
Addison 17.
Aelianus 10, 31.
Aissâua 82.
Alcock 33, 37.
Aldrich 18.
Aldrovandus 135.
Allman 135.
Alphonso le Roy 10.
Alt 74, 88.
Amberg 22.
Amoreux 200.
Amphisbänen 31.
Anderlini 210.
Andersson 16.
Archangelsky 200.
Aristoteles 31, 134, 199, 207.
Aron 87, 90, 91.
d'Arsonval 57.
Artemis 174.
Arthus 227.
Athanasiu 21.
Auben 200.
Autenrieth 146, 149.
Axford 14.

B.

Baer 179.
Barton 31, 199.

Beauregard, H., 206, 210, 211, 214.
Beck 209.
Béhal 192.
Bennett 14.
Bernard, C., 106.
Bernatzik 211, 221.
Bert, P., 177, 178, 180, 193.
Bertkau 183.
Bertrand 19, 33, 36, 78, 107, 108.
Bibron 35.
Bidie 179.
Bigelow 231.
Blainville 14.
Blanchard 33, 179, 230.
Blay 27.
Bloch 157.
Bluhm, C., 210, 211.
Blum, F., 22.
Blum, J., 47, 94.
Blyth 58.
Bock 20.
Bocourt 99.
Boehm, R., 217.
Boehmer 81.
Bogomolow 220.
Bohland 228.
Boie 35.
Bolau 108.
Bollinger 85.
Bonaparte Lucien 59.
Boneti 149.

Bottard 135, 138, 139, 140, 141, 142, 145.
Boulenger 34, 99.
Boullet 85.
Bouma 213.
Bourne 180.
Brainard 57.
Brandt 11, 193, 214.
Braun 165.
Brehm 34, 81, 95, 140, 146, 150, 190.
Brenning 7, 38, 40, 44, 45, 46, 47, 82, 84, 85, 94, 123, 175.
Brieger 172, 226.
Briot 146.
Brockhausen 203.
Brown-Sequard 17.
Brunet 208.
Brunton 87.
Buchner 199.
Budde 221.
Bunge 137.
Burrows 166, 169.
Byerley 135.

C.

Caffe 198.
Calamida 224.
Calmels 107, 108.
Calmette 16, 33, 38, 40, 51, 52, 53, 56, 57, 68, 75, 77, 78, 79,

SACHREGISTER.